践行"人民城市"理念，推进上海"15分钟社区生活圈"探索与实践

——

理念篇

上海市规划和自然资源局
上海市规划编审中心　　　编著
上海市城市规划设计研究院

U0196165

上海文化出版社

主编单位　上海市规划和自然资源局
　　　　　上海市规划编审中心
　　　　　上海市城市规划设计研究院

参编单位　华建集团华东建筑设计研究院有限公司
　　　　　上海营邑城市规划设计股份有限公司
　　　　　上海同济城市规划设计研究院有限公司

协编单位　**上海市全面推进"15分钟社区生活圈"行动联席会议成员单位**

中共上海市委组织部　　　　　　　　上海市发展和改革委员会
上海市精神文明建设办公室　　　　　上海市经济和信息化委员会
上海市商务委员会　　　　　　　　　上海市教育委员会
上海市民政局　　　　　　　　　　　上海市财政局
上海市住房和城乡建设管理委员会　　上海市农业农村委员会
上海市文化和旅游局　　　　　　　　上海市卫生健康委员会
上海市体育局　　　　　　　　　　　上海市绿化和市容管理局

上海市各区全面推进"15分钟社区生活圈"行动牵头部门

浦东新区发展和改革委员会　　　　　浦东新区规划和自然资源局
黄浦区规划和自然资源局　　　　　　黄浦区委社会工作部
黄浦区城市管理行政执法局　　　　　静安区规划和自然资源局
静安区发展和改革委员会　　　　　　徐汇区规划和自然资源局
徐汇区委社会工作部　　　　　　　　徐汇区民政局
长宁区规划和自然资源局　　　　　　长宁区地区工作办公室
长宁区发展和改革委员会　　　　　　普陀区规划和自然资源局
虹口区规划和自然资源局　　　　　　虹口区发展和改革委员会
虹口区委社会工作部　　　　　　　　杨浦区规划和自然资源局
杨浦区发展和改革委员会　　　　　　宝山区规划和自然资源局
宝山区建设和管理委员会　　　　　　宝山区发展和改革委员会
闵行区规划和自然资源局　　　　　　闵行区发展和改革委员会
嘉定区规划和自然资源局　　　　　　嘉定区委社会工作部
嘉定区发展和改革委员会　　　　　　金山区发展和改革委员会
金山区规划和自然资源局　　　　　　松江区规划和自然资源局
青浦区规划和自然资源局　　　　　　青浦区发展和改革委员会
奉贤区规划和自然资源局　　　　　　奉贤区发展和改革委员会
崇明区规划和自然资源局　　　　　　崇明区发展和改革委员会
崇明区农业农村委员会
中国(上海)自由贸易试验区临港新片区管理委员会社会发展处
中国(上海)自由贸易试验区临港新片区管理委员会规划和自然资源处

序

走向共同参与的人民城市

　　"人民城市人民建,人民城市为人民"是推动新时代城市规划建设、引领城市发展方式转型的重要理念。"15分钟社区生活圈"的概念早在2014年上海启动新一轮城市总体规划编制时就着手研究,当年10月率先在首届世界城市日提出"15分钟社区生活圈"的概念。目的是努力建设人民大众宜居的城市,实现2010年上海世博会的主题"城市,让生活更美好",阐明建设美好的城市,塑造更美好生活的本质意义。社区因此定位为体现"人民城市"根本属性的基本单元。"15分钟社区生活圈"聚焦最贴近老百姓日常生活的社区,紧扣"以人民为中心"的出发点和落脚点,成为服务支撑城市高质量发展、实现人民群众高品质生活的重要路径和基础平台。

　　人塑造了建筑和城市,然后建筑和城市也塑造了人。城市是人们按照自己的理想创造的生活世界,同时也在构建世界的过程中重塑了自己。社区是我们栖居的家园,社区的发展充分展现城市环境对于塑造城市人的根本性影响。我们的社区正在不断绽放光彩,让人民切实感受到这座城市的善意与温暖,享受到更加富足、更高品质的生活,也在为群众提供有序参与治理的多样途径,打造更多展现自我的舞台和人生出彩的机会,最终让每个人发自内心地为这座城市感到骄傲和自豪。

　　"15分钟社区生活圈"以"润物细无声"的"绣花功夫"和"针灸疗法",以匠心设计传承风貌、植入公共艺术,将消极空间转化为积极场所。以包容共享、持续渐进的方式,是对社区历史积淀的尊重;保存文化记忆,创新时代风尚,成为营造社区归属感的重要手段。社区的营造不仅在于物质空间,更在于人文氛围。社区是动态生长的有机生命体,承载着每个人和每个家庭的故事,留存集体的生活记忆。让居民对于社区有文化上的认同感、归属感,从而激发情感上的共鸣,培育社区精神。

社区又称为社群，是聚居在一定地域范围内的人们所组成的社会生活共同体，是人类的化身。社区意识是基于社区成员对所在社区的关心、认同、归属，进而形成的"社区情感"和"精神纽带"，是可持续城市活力的基础。古希腊哲学家赫拉克利特说过，"看不见的和谐比看得到的和谐更美好"。"15分钟社区生活圈"在构建美好的"看得见的和谐"的同时，也在构建美好的"看不见的和谐"。倡导"宜居、宜业、宜游、宜学、宜养"的目标愿景，实现基础公共服务的全面覆盖，让社区成为老百姓安居乐业、互动交往、健康发展的幸福家园。生活圈打造人人参与的治理平台，邀居民共商、同居民共建、与居民共享，让居民们真正成为社区的"主人翁"与"合伙人"，获得认可尊重、实现自我价值，形成守望相助的深厚情感链接。正如《上海市城市总体规划（2017—2035年）》描绘的"2035年的上海，建筑是可以阅读的，街区是适合漫步的，城市始终是有温度的"。

感悟上海这些年的发展从总体战略出发，具有系统思维，不是只关注单一目标，而是从多方面、全方位去努力探索并解决问题，推进城市治理现代化，建设融服务、规划、管理、发展、生活品质为一体的美好社区，实现多元目标。"15分钟社区生活圈"也是上海在长期发展过程中，新发展理念的水到渠成。

《践行"人民城市"理念，推进上海"15分钟社区生活圈"探索与实践》是一部关于城市社区的百科全书，是一张未来理想城市的蓝图，也是一册营造美好社区的指南。《理念篇》提炼了更高标准下的社区发展导向与规划设计方法，介绍了社会多元治理的模式创新；《实践篇》汇集了历年行动中的130个优秀案例，凝聚了城市管理人员、社区规划师、建筑师、景观师、社区居民、社会组织、在地企业等各方智慧，集中展示了全市各区、街镇的显著行动成效。上海将从美好社区出发，走向共同参与的人民城市，谱写新时代"城市，让生活更美好"的精彩篇章！

中国科学院院士、法国建筑科学院院士
同济大学建筑与城市规划学院教授、博士生导师

前　言

　　2019年11月，习近平总书记在考察上海杨浦滨江时提出"人民城市人民建、人民城市为人民"重要理念。2023年12月，习近平总书记在上海考察时再次强调"要全面践行人民城市理念，把增进民生福祉作为城市建设和治理的出发点和落脚点，把全过程人民民主融入城市治理现代化，构建人人参与、人人负责、人人奉献、人人共享的城市治理共同体，打通服务群众的'最后一公里'"。2024年7月，党的二十届三中全会提出"发展全过程人民民主是中国式现代化的本质要求，在发展中保障和改善民生是中国式现代化的重大任务，必须坚持尽力而为、量力而行，加强普惠性、基础性、兜底性民生建设，不断满足人民对美好生活的向往"。

　　自2014年10月上海率先在首届世界城市日提出"15分钟社区生活圈"基本概念以来，在政府、市民、社会等各方力量的携手努力下，由点及面、持续开展"15分钟社区生活圈"规划建设行动，成为上海深入推进"人民城市"建设的生动实践和品牌工程。以打造"宜居、宜业、宜游、宜学、宜养"的美好社区为目标，着力完善社区服务功能，不断提升社区生活的便利性、丰富度、幸福感，有力服务保障城市高质量发展、创造高品质生活、实现高效能治理。

　　为进一步系统回顾上海"15分钟社区生活圈"历年工作历程，全面梳理价值理念，总结经验做法，立体展现全市各区、街镇建设成效，由上海市规划和自然资源局组织牵头，在市全面推进"15分钟社区生活圈"行动联席会议各成员单位、各区人民政府及相关单位提供实践支撑的基础上，上海市规划编审中心和上海市城市规划设计研究院编写《践行"人民城市"理念，推进上海"15分钟社区生活圈"探索与实践》。该书由《理念篇》与《实践篇》两册组成。

《理念篇》围绕"理论、理念、理想",从"15分钟社区生活圈"理念提出的时代背景出发,基于多年行动实践,深入阐述上海"15分钟社区生活圈"的目标愿景和理想模式,梳理总结"五宜"导向策略和"十全十美"要素配置,并从系统规划、精细设计和创新治理三个方面进行具体论述。

《实践篇》聚焦"实践、实例、实效",以全要素的社区规划和九个美好生活场景(温馨家园、睦邻驿站、活力空间、慢行步道、共享街区、烟火集市、艺术角落、人文风貌、美丽乡村)为主要脉络,在全市缤纷多彩的行动实践中优选一百多个案例,总结全市各具特色、各展所长的策略方法,展现缤纷多彩的行动实践,让人民切实感受到扎实有力的行动效果。

十二届上海市委五次全会提出"要坚持改革为民,把为了人民、依靠人民、造福人民的立场观点方法贯穿改革始终"。期待通过丛书的出版,回顾、总结、分享上海深入践行"人民城市"理念,全面推进"15分钟社区生活圈"规划建设行动的工作思路与方法,提供"上海样本",以飨相关管理部门、街镇工作者、社区规划师、设计建设团队、规划及相关专业学子,以及广大市民,为全社会持续推进社区生活圈行动激发灵感、经验借鉴、集成创新、共促提升。

编 者
2024 年 8 月

目 录

第1章 时代之问，回应期盼

在把我国建设成为富强、民主、文明、和谐、美丽的社会主义现代化强国的征程中，坚持以人民为中心，满足人民日益增长的美好生活需要始终是做好城市工作的出发点和落脚点。社区作为居民生活的共同空间，一头连着民生，一头连着发展，是人民对一个城市产生认同感和归属感最直接的纽带。以社区化解城市发展问题，正在成为推动高质量发展、创造高品质生活、实现高效能治理的有效途径。

本章通过梳理相关政策制度，阐述城市与社区规划建设面临的实践背景，从时代发展、城市变迁以及民生关切三方面展开论述。

1.1 顺应时代发展

党的十八大以来，以习近平同志为核心的党中央坚持在发展中保障和改善民生，围绕使人民获得感、幸福感、安全感更加充实、更有保障、更可持续，对转变城市发展方式、提升人民生活品质、提高城市治理现代化水平等方面提出一系列新理念和新要求。面对上述"时代之问"，全国各地各部门立足实际、踔厉奋发，做出积极探索实践。作为全国改革开放排头兵、创新发展先行者，上海着力探索具有中国特色、体现时代特征、彰显制度优势的超大城市发展之路，既坚持宏观战略谋划与顶层机制设计，又关注微观层面具体且精细的"社区"治理策略，打造治理体系和治理能力现代化的"上海样本"。

1.1.1 贯彻落实新发展理念

面对经济社会发展的新形势、新机遇和新矛盾、新挑战，党的十八届五中全会鲜明提出"创新、协调、绿色、开放、共享"的新发展理念，为转变超大特大城市发展方式提供了管全局、管根本、管长远的科学指引。在新发展理念的引领下，"人民城市人民建，人民城市为人民"

重要理念的提出,回答了城市建设发展"依靠谁""为了谁"的根本问题,对如何建设新时代城市提出了更高层次的要求。

第四次中央城市工作会议以来,全国各地按照党中央和国家机关有关部门对加强城市规划建设管理工作的要求,将新发展理念和"人民城市"重要理念贯彻落实到城市发展全过程和城市工作的各个方面。其中,上海先后提出要"把创新作为引领发展的第一动力;在协调发展中拓展新空间、提升软实力;加快形成绿色发展方式和生活方式;让全体市民更多更公平地分享发展成果,在共建共享中有更多获得感""把以人为本、集约高效、绿色低碳、传承文脉的理念全方位融入城市发展,提高城市设计品质和规划建设水平,增强城市的宜居宜业宜游性";强调要"坚持遵循超大城市发展规律,把牢人民城市根本属性,按照'城市是生命体、有机体'的要求,坚持系统思维,统筹空间、规模、产业结构,协调规划、建设、管理和生产、生活、生态等各个方面"。

在社区中贯彻落实新发展理念,将上海建设成为"人民城市"重要理念的最佳实践地,需要对社区空间建设与治理方式进行转变:创新社区发展方式,推动社区发展由粗放走向精细,焕发存量空间新活力;协调社区服务供给,注重社区的包容和多元化发展,兼顾不同类型群体在住房类型、服务设施、空间环境等各方面的差异化需求,推动社区包容和多元化发展;营造绿色健康、低碳的社区生活方式环境,激发更多的低碳绿色出行,促进人与自然的友好和可持续发展;打造开放式社区,与城市功能空间有机融合,在社区尺度上促进更多的人际交往与沟通;共享社区高效利用公共资源,实现高效利用与整合共赢,让更多市民可以就近、便利、公平地享用社会公共服务,共同谱写"城市,让生活更美好"的新篇章。

1.1.2 回应人民群众新期待

中国特色社会主义建设进入新时代,我国社会主要矛盾已经转化为人民日益增长的美好生活需要和不平衡、不充分的发展之间的矛盾。党中央提出坚持以人民为中心,把增进民生福祉、促进人的全面发展、朝着共同富裕方向稳步前进作为经济发展的出发点和落脚点,采取更多惠民生、暖民心举措,着力解决好人民群众"急难愁盼"问题,在发展中补齐民生短板、促进社会公平正义。

"城市是老百姓的幸福乐园",城市规划建设工作的初心就是要不断满足人民群众对美好生活的新期待,以大民生视野增进人民群众福祉。上海把人本价值作为推动城市发展的核心取向，作为改进城市服务和管理的重要标尺，围绕"努力创造高品质生活"的目标，提出要"以更优的供给满足人民需求，用最好的资源服务人民，提供更多的机遇成就每个人"，强调"坚持尽力而为、量力而行，攻坚破解'老小旧远'民生难题，大力推进优质公共服务资源向郊区和家门口延伸、向薄弱环节和重点群体倾斜，着力提升人民群众的边际感受，让人民生活更有品质、更有尊严、更加幸福"。

社区作为城乡生活的基本单元，是与人民满意度、幸福度最直接关联的空间载体。因此，首先要着力健全基本公共服务体系，确保布局均衡、便捷可及。在此基础上，进一步从满足"有没有"向追求"好不好""优不优"转变，对标多层次、个性化、高品质的民生需求，以更高标准谋划社区发展，提供更优质的公共产品和服务，建设更舒适的人居环境，营造更包容的社区氛围。

1.1.3 推进城市治理现代化

推进国家治理体系和治理能力现代化，必须抓好城市治理体系和治理能力现代化。党的十九大以来，党中央明确提出"推动社会治理重心向基层下移"，关键是"转变社会治理的方式，加强社区治理体系建设"。这种由一元单向治理到多元交互共治的结构转变，意味着治理的主体不再只是政府，还要依靠社会各方的协同参与，才能实现政府治理与社会自我调节、居民自治的良性互动，形成共商、共建、共治的社会治理格局。

上海作为超大城市，人口总量和建筑规模庞大，"生命体征"复杂，城市治理需要更用心、更精细、更科学。"城市管理应该像绣花一样精细""通过绣花般的细心、耐心、巧心提高精细化水平，绣出城市的品质品牌"是习近平总书记对上海城市治理提出的深切期许。围绕实现"一流城市一流治理"目标，上海强调要"以系统性思维强化整体协同，以全周期管理提升能力水平""推动规划建设管理一体化贯通，注重在细微处下功夫、见成效，把服务管理的触角延伸到城市的每一个角落"。同时把握好人民城市的主体力量，以基层社会治理为支撑，努力打造"人人都有人生出彩机会的城市、人人都能有序参与治理的城市、人人都能享有品质生活的城市、人人都能切实感受温度的城市、人人都能拥有归属认同的城市"。

社区作为基层自治的基本单元，是构筑超大城市治理体系的稳固底盘。上海要走出一条符合超大城市特点和规律的社会治理新路子，其关键的"最后一公里"就在社区。随着民生诉求的增多和社会参与意识的提高，社区居民对与自身利益切实相关的社区规划建设抱有日渐浓厚的热情和关注，但往往由于需求繁杂、渠道匮乏而难以一一实现。如何让社区居民等各类社会主体更有序地参与到社区发展事务中来，就需要从社区出发、自下而上构建一种精细化的多元治理模式，充分调动社会主体参与社区事务的积极性、主动性和创造性，将全过程人民民主切实融入到社区规划、建设、管理、运营的全周期，建立起"人人参与、人人负责、人人奉献、人人共享"的城市治理共同体。

1.2 服务城市提质

在过去较长时期的高速发展过程中，规模扩张和人口增长带来了产业集聚、经济繁荣和社会发展，形成了多样化、充满活力的空间，也产生了职住失衡、交通拥堵、服务缺失、社会关系疏离等城市问题。随着老龄化、少子化、异质性等人口结构的加速演化，以及数字化、网络化、信息化带来的生活方式改变，社会形态正发生深刻变化，人民群众需求日趋多样和复杂。此外，经历公共卫生事件后，城市更加需要加强应对未来发展的风险挑战，减少发展过程中的不确定性和脆弱性。因此，面对上述城市问题，将社区作为组成城市稳固基底的"有机细胞"，以"细胞疗法""绣花功夫"持续提升服务水平与空间品质，营造低碳、健康的生活方式，将有助于促进城市发展方式与治理方式的转型和完善，更好服务支撑城市提质发展。

1.2.1 应对城市问题

1. 服务要素失配

健全公共服务体系，提高公共服务水平，增强服务均衡性和可及性，是保障和改善民生、提升人民生活品质的重要举措。然而，当前公共服务供给不平衡、与实际需求不匹配等问题依然显著。虽然目前上海全市社区级公共服务设施15分钟覆盖率超过80%，但尚存在下述问题：

一是空间分布不均，中心城区各类服务要素的可达性明显高于郊区；[1]

二是服务要素配置与人口结构不完全匹配，以养老设施为例，中心

1 马文军、李亮、顾娟等《上海市15分钟生活圈基础保障类公共服务设施空间布局及可达性研究》，《规划师》2020，36(20)。

城部分街道老年人与养老床位的比值远超全市平均值，而郊区既有养老服务机构还存在资源闲置、利用率不高等问题；

三是建设时序与人口导入速度不匹配，郊区服务要素配置往往滞后于人口导入，导致过渡时期出现服务短板；

四是要素类型的针对性、精细度有待提升，尤其是需要强化对于弱势群体的包容关怀。

此外，在当前资源环境紧约束的背景下，社区一方面面临空间资源日渐紧缺和公共服务需求不断提升的双重压力，另一方面又面临新增建设用地紧张和存量土地开发成本高等现实困境[2]。以上海中心城区为例，某旧区改造项目中，新建一处居委会对应的征收成本可以达到上亿元，带来巨大的经济成本压力。社区服务要素配置需要更好地反映社区空间与居民实际生活的动态互动关系，协调匹配空间布局、社会需求与建设成本，进而搭建起服务全生命周期、全口径人群的生活平台。

2. 居住密度偏高

社区各类服务需要一定的人口密度作为支撑条件，但人口密度过大、开发强度过高，也会影响到日照采光、城市风貌和道路交通等方面的品质和感受。当人口密度为 1 万~3 万人/平方公里、住宅地块容积率控制在 1.0~2.3 之间时，更有利于营造兼具环境友好、设施充沛、活力多元等特征的社区生活环境。[3] 根据上海市第七次全国人口普查数据，中心城区的人口密度偏高，平均达到 2.3 万人/平方公里，其中虹口、黄浦等区的部分社区更是超过 5 万人/平方公里，人口高度聚集、空间资源紧张与居住改善、环境优化、设施完善、安全应对等需求之间存在一定矛盾。社区需要兼顾设施服务和居住环境两个角度，确定适宜的人口密度和开发强度，既保证居住环境的舒适性与安全性、公共活动场所的丰裕度，也保有更丰富的空间可以为居民提供日常所需的公共服务。

3. 房屋环境老旧

全国城镇老旧小区约有 17 万个，涉及居民约 1.2 亿人。上海全市 2000 年以前建成的住房占总量的 30% 以上，其中以老公房、售后公房为主的老旧住房的建筑面积超过 1 亿平方米。在上海规划管理部门于 2023 年组织开展的针对零星旧改、不成套旧住房改造和"城中村""两旧一村"大调研中发现，这些区域普遍存在居住空间逼仄拥挤、厨卫多户合用、建筑结构老化、配套设施落后、环境品质破败、日照条件差等情况（图 1-2-1—图 1-2-4），造成居住私密性弱、占用公共部位资源、管理

2　奚东帆、吴秋晴、张敏清、郑轶楠《面向 2040 年的上海社区生活圈规划与建设路径探索》，《上海城市规划》2017(4)。

3　上海市规划和国土资源管理局、上海市规划编审中心、上海市城市规划设计研究院《上海 15 分钟社区生活圈规划研究与实践》上海人民出版社，2017 年，第 155 页。

难度大等问题，不仅显著影响居住质量，还存在较大安全隐患。住宅是居民的基本生活需求，社区不仅要满足多元人群的安居需求，还要进一步实现从"有的住"到"住得好"的转变。

4. 职住空间分离

就业和居住是城市的核心功能，平均通勤距离和时耗是影响通勤出行的直观体验和生活品质的关键因素。随着城市空间尺度扩大，"职""住"空间分离增加了通勤时间和成本。一般认为，单程5公里是"幸福通勤"的最大阈值，45分钟是超大和特大城市中心城"理想通勤"

图1-2-1 外观破旧

图1-2-2 室内逼仄

图1-2-3 厨卫合用   图1-2-4 电线裸露

时间分界线，而超过 60 分钟则被定义为"极端通勤"。据统计，2022年我国超大城市平均通勤距离达到 9.4 公里，仅 51% 的通勤人口可享受"幸福通勤"，超七成城市"极端通勤"加重，承受"极端通勤"的人口约 1400 万。近年来，上海居民平均通勤距离也在持续增加，2014 年、2019 年、2021 年分别为 8.7 公里、9.4 公里和 9.5 公里，市域内居民通勤时间为 37 分钟，新城平均通勤时间约 30 分钟，中心城通勤时间约 43 分钟，"幸福通勤"人口比重仅为 46%，"极端通勤"比重达到 18%，并呈现进一步加剧的趋势。[1]实现高质量通勤是增强生活幸福感的重要途径，提高通勤幸福度，不仅要关注居住与就业功能的空间耦合，更要关注市民在可接受的时间内获得更多的就业岗位、就业服务支撑和创新创业机会。

1.2.2 适应社区变迁

1. 联系纽带削弱

社区是由聚居在一定地域范围内的人们所组成的社会生活共同体。社区意识是基于社区成员对所在社区的关心、认同、归属，进而形成的"社区情感"和"精神纽带"。随着以居民对单位的依附关系为整合纽带的"单位社区"向以独立于行政辖属之外的社会群体集聚为特征的"现代社区"演进。社区居民的联系纽带摆脱了传统行政力量的束缚，从"单位人"回归"社会人"。住房体制改革后，住房商品化向纵深推进，人们可以自主选择居住社区，人口的居住流动加速了社会空间结构的变化，带来原有社区类型的分化，总体上呈现出从单一、均质、稳定的状态模式向多元、异质、快速变化的状态模式演化。人与人、人与社区的交集在减少，这是现代社会特别是超大城市发展不可避免的趋势。陌生化与"原子化"[2]弱化了居民间的认同和信任，也消解了居民自主解决问题的社会资本。随着社会治理重心向基层下移，社区规划可以成为基层治理的重要平台和良好载体，通过一系列的公共议题把不同群体以及资源组织起来，形成社区治理共同体。

2. 多元需求显现

"人口流动"是当代社会的显著特征。改革开放以后，伴随国家城镇化步伐的加快，上海迎来新一轮人口导入高峰，尤其在 2005 年到 2013 年的九年期间，外来常住人口从 438 万人高速增长到 990 万人，占同期全市新增人口总量的 86.6%。[3]这些"新市民"[4]群体包括就业创业人群、外来务工者、随迁人员及访学求学人员等。人口的快速增加不

1　住房和城乡建设部城市交通基础设施监测与治理实验室、中国城市规划设计研究院等《2022年中国主要城市通勤监测报告》。

2　"原子化"指现代社会中人们的生活日益独立，人与人之间的联系没有过往那么紧密，家族观念不断弱化，人越来越作为一个个体在社会中独立生活。

3　参见 2005—2013 各年份《上海市统计年鉴》。

4　国家层面首次出现"新市民"的表述是 2014 年 7 月，国务院常务会议针对长期居住在城市并有相对固定工作的农民工，提出要逐步让他们融为"城市新市民"。之后，随着城镇化的加速推进，更多人才流向大城市，"新市民"概念内涵也随之不断扩大。目前，"新市民"已经演变成原籍不在当地、因各种原因来到一个城市的各类群体的统称。

仅对各类服务设施的供应总量提出新要求，而且由于"新市民"（新增人口）在性别、年龄、收入、学历、家庭结构等方面存在差异，他们对公共服务设施类型的需求也各有不同。此外，社区服务供给需要公平地满足不同年龄、不同职业、不同文化背景的多样人群需求，体现包容度和公平性。老人、儿童、残障人士等弱势群体的使用需求也是社区关注的重点。

3. 生活方式改变

数字化、网络化、信息化成为现代城市技术发展的重要趋势，数字技术的快速进步正在改变人们的工作、居住、休闲、出行等日常生活方式。同时，城市大事件、公共卫生事件等又进一步催化生活方式的转变。比如，共享自行车、网络购物和快递等基于新技术的应用，社区生活方式和公共服务获取方式出现新的变化，居民获得服务的范围扩大了。又如近年来灵活办公成为趋势，2022年秋季，员工平均每周到岗上海是3.7天，而一些国际城市每周到岗时间更少，其中伦敦是3.1天、巴黎是3.4天、东京是3.4天。[1] 并且，根据上海当前的从业人员结构，预计未来全市灵活办公从业人员规模还将持续增长。此外，随着互联网平台消费场景日渐丰富，线上消费迅速增长，市民日常食品采购渠道由线下超市转向团购、外卖等线上平台。在线上、线下服务广泛融入居民生活的背景下，社区服务需要及时顺应新技术带来的变化，为人们提供更多选择、提升使用体验、提高服务效率。

1.2.3 面对未知挑战

1. 环境气候变化

气候危机是当今人类共同面临的最大挑战之一。2020年全球温度要比工业化前（1850—1900年）高1.2℃，如果全球碳排放得不到有效减缓，预计到21世纪末全球气温可能将较工业化前上升2.8℃，引起极端天气气候事件发生频率和强度增加、海平面上升、生态系统失衡等一系列问题。[2] 尽早实现"碳达峰、碳中和"、遏制全球升温已经成为全球应对气候变化的共识。中国已经向世界庄严宣布，力争2030年前实现碳达峰，2060年前实现碳中和。在碳排放量的紧约束下，城市作为全球碳排放的主要地区，正在面临资源能源配置方式的根本性重构。社区作为城市最小尺度的社会和地理单位，是实现城市低碳化的重要空间载体和行动单元。低碳社区被认为是实现可持续发展的具体形式，其核心是低能耗或零能耗系统，旨在通过能源、资源、交通、用地等

1 McKinsey Global Institute. *Empty Spaces and Hybrid Places: The Pandemic's Lasting Impact on Real Estate*, 2023.

2 联合国环境规划署（UNEP）《2022年排放差距报告：正在关闭的窗口期——气候危机急需社会快速转型》

综合手段来减少建设和使用管理过程中的能耗和碳排放，倡导低碳的生活方式，比如通过慢行就近满足日常生活服务，可以减少远距离通勤与物流能耗。

2. 安全风险频出

2019 年末暴发公共卫生事件后，既突显社区作为应对突发风险挑战基本单元的重要性，也暴露出目前社区应急管理能力不足、基础公共服务能力偏弱的现实短板。世界正经历百年未有之大变局，今后一个时期，城市作为人口、建筑和基础设施高度集聚的复杂系统，传统安全威胁和非传统安全威胁相互交织、不断增加，"黑天鹅""灰犀牛"事件时有发生，包括公共卫生事件、恐怖主义事件，以及全球气候变化带来日益增加的极端天气灾害等。这些风险在超大城市更易发生"放大效应"和"连锁效应"，必须做好事前预备、事中应对、事后恢复等相应预案和准备工作，在社区层面守好安全底线既包括空间设施配置等硬件方面需要兼容日常需求与应急需求，也需要在软件方面提升社区应急状态下的自组织能力，强化社区生命共同体的韧性和弹性。

1.3 倾听民生关切

社区发展要更好回应人民对美好生活的向往，就要始终坚持问需于民，既要深入了解社区生活中"急难愁盼"的突出问题，也要精准识别不同人群的多元化、差异化需求。上海始终关注对基层多元群体的调研和问题剖析，规划管理部门于 2023 年牵头开展的"问需求计调研"行动全面覆盖全市 16 个区下辖的 107 个街道、106 个镇、2 个乡，采用问卷调查、座谈访谈、实地走访、专题意见征询、大数据及信息化分析等调研方式方法，发放问卷约 40 万份，从宏观到微观、从普适性到针对性地，多角度地广泛征询街镇、居（村）委、居民、就业人群、社会组织、在地企业等各方意见，力求发现真问题，并为解决真问题提供基础支撑和保障。

1.3.1 人群需求多样

从人本主义的角度出发，人们对于美好生活的需求呈阶梯状，涵盖从物质到精神、从基础生活保障、安全、归属到学习、交往、创造等不同层次。社区的设施和服务既包含最基本的公共服务功能，也包含就业创业、艺术文化、睦邻友好等特色功能。总体来看，当前大部分市民的需求仍聚焦在衣食住行等基础型社区服务，比如改善老旧住区的居住环境，增加室内菜场、社区食堂、老人照料、卫生服务、运动康体等便民设施，以及提供更多公共绿地和户外活动场所。同时，随着经济水平的快速发展和闲暇时间的不断增加，市民的生活水平显著提升，对于社区服务的品质化、特色化提出更高的要求，也更加关注提升型的需求。（图1-2-5，图1-2-6）

比如，面向交往需求，须为"一老一小"提供更多人性化的活动场地，为中青年群体提供高品质的文化体育、活动休闲、体验交往场所；面向学习需求，需为不同年龄段人群提供适合的学习场所，如社区学校、老年大学、儿童之家、职业培训等；面向自我实现需求，需为就业人群提供可负担创新创业空间和孵化场所，以及相应的就业指导和服务支持；面向文化感知需求，需增加彰显人文关怀的社区文化展示空间，

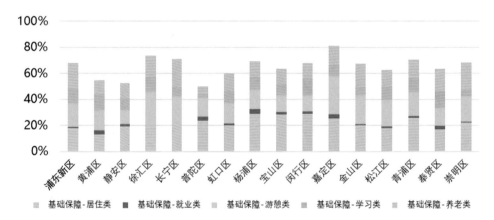

图1-2-5 上海各区基础保障类需求占比对比图

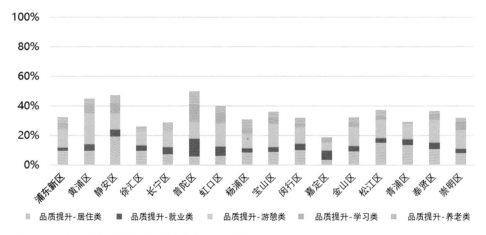

图1-2-6 上海各区品质提升类需求占比对比图

营造体现时代精神的艺术氛围，不断满足市民对生活质量和精神文化的更高追求和期待。

1.3.2 类型差异明显

随着城乡地区的不断发展，其功能分布和空间布局上逐步呈现出拼贴杂糅的特点，社区也逐渐演化出居住、产业、商务、乡村等不同类型，存在各自不同的特征和需求差异。

城镇居住地区根据住房类型，可以分为老旧住房社区、商品住房社区、保障住房社区、历史风貌社区等。老旧住房社区指建于2000年以前，因为公共设施落后，影响到居民生活的社区；商品住房社区是由房地产开发企业（单位）建设并出售、出租给使用者，仅供居住用的房屋；保障住房社区包括廉租住房、公共租赁住房、共有产权保障住房、征收安置住房；历史风貌社区是位于历史风貌区、历史街区、风貌保护街坊等，具有一定历史价值的居住社区。

其中，老旧住房社区人均住宅面积低、空间资源紧张，主要需求是居住环境的改善、停车空间的供给、安全管理和无障碍化改造；商品住房社区、保障住房社区居住环境较好，配套设施较为完备，主要需求是提供养育托管、日间照料等为老、为幼服务，社区食堂等便民设施，以及提升街道、绿地等公共空间品质（图1-2-7）；历史风貌社区大多住房条件差、安全隐患大，民生改善需求迫切，居民对于住区综合改造以及菜场、社区食堂、养老医疗服务的需求强烈，同时也较为关注社区人文特色的挖潜与风貌彰显。

产业地区根据产业特征，可分为制造业社区和科技创新产业社区。其中制造业社区通常规模较大、就业人口密度低，社区需求相对多元，就业人口主要希望增加园区食堂、文体设施、员工宿舍等，企业则更为关注物业管理、商务配套与技术扶持；科创产业社区就业人口密度大，且多为高精尖人才，对体育健身、卫生医疗和日常购物等生活服务配套有着较大需求，并且希望增加保障性租赁住房、人才公寓等，提供更好的居住条件（图1-2-8）。

商务地区往往高层商办楼宇集聚，就业人口稠密，中青年人才占比高，就业人群更为关注交流交往空间以及自身成长的需求，包括希望参与就业支持、继续教育、课程培训等相关活动；企业则主要关注政策支持和资质认定、专业人才招聘等服务，存在一定的成长扶持需求，也有与社区搭建良好互动关系的意愿。

乡村地区对公共服务的需求主要集中在停车场、卫生服务、红白事中心等，对于公共交通如公交线路和班次的优化也有较为强烈的诉求。从区位条件来看，近郊乡村生活圈多为青年租住人口，对中、近距离通勤出行与停车的需求更高；远郊乡村生活圈多为老年人口，对农业服务、医疗服务存在需求，且对进城公共交通的需求十分急迫。旅游资源丰富的村庄对于游客综合服务中心、特色民宿及餐饮等服务设施增配需求强烈。

对于相对独立的高校及周边地区来说，活动人群主要为学生、教师等，对健身房、图书馆、咖啡馆等娱乐、交往和消费空间，以及小微商务空间、创新创业服务等有着较为强烈的需求。此外，周边居民对于高校食堂、运动场地的开放共享也提出了期望。

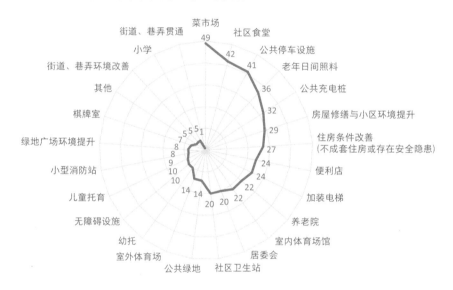

图1-2-7　老旧住房社区提升改造诉求：以普陀区曹杨新村街道为例 ©普陀区曹杨新村街道办事处，上海同济城市规划设计研究院有限公司

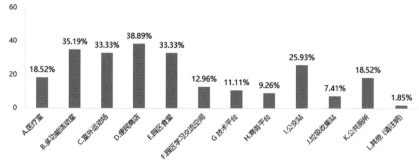

图1-2-8　科创产业社区提升改造诉求：以浦东新区张江产业园为例 ©浦东新区张江镇人民政府，上海市浦东新区规划建筑设计有限公司

第2章 上下求索，同频共振

构建"15分钟社区生活圈"，是中国城市规划回归"以人为本"的核心议题，是在城市空间的发展动力由"生产驱动"转向"生活驱动"、发展模式由外延式增长转向内涵式发展背景下，回应市民对美好生活向往的积极转型。自2014年在国内率先提出这一充满人本关怀的空间单元概念后，上海将城市规划和建设重点从物质空间、经济空间拉回到日常生活空间，提出主要以15分钟的时空尺度优化空间资源和公共服务配置，提升社区的功能复合度与生活品质，促进社区服务的精准化、精细化、专业化，以全面改良城市基础细胞的方式实现以人民为中心的，创新、协调、绿色、开放、共享的整体发展节奏。历经多年共同努力和多种类型的实践探索，"15分钟社区生活圈"已经从理想概念模型逐渐步入寻常生活、从微更新发展至全域优化，将社区的空间与时间资源紧密嵌套、系统治理，极大提升了城市基层公共资源配置系统的精准性与社区生活的丰富度和幸福度，增添大都市的人文魅力和国际竞争力。上海身先示范，和国内其他城市一起，在机制和实践两方面推动着中国城市化整体从增量建设向存量更新和社会治理同步发展转型。

2.1 相关概念演进

2.1.1 社区与社区规划

社区是人类聚居的基本空间单元与社会单元，按文明进程大致可分部落社区、乡村社区和都市社区三类。1887年，德国社会哲学家滕尼斯（Ferdinard Tönnies，1855—1936）在《共同体与社会》一书中将"社区"（Gemeinschaft/community）定义为"基于协作关系的有机组织形式"，如通过血缘、邻里或朋友等关系建立的"共同体"（Gemeinschaft）。与另一个社会学基本概念"社会"（Gesellschaft/

society）——通过契约、交易、计算等有目的行为汇聚的机械的联合体——相比，"社区"更强调人与人之间的亲密关系和共同的精神意识，以及对"共同体"的归属感和认同感[1]。

为"社区"概念赋予更多地域性含义的是1920—1930年代以都市研究著称的美国芝加哥大学社会学派，其主帅帕克（Robert Ezra Park，1864—1944）提出："社区是占据在一块被或多或少明确地限定了的地域上的人群的汇集，同时也是组织制度（institutes）的汇集"[2]。

在1932年帕克访华前后，燕京大学社会学者吴文藻、费孝通等将英文community创造性地翻译为"社区"，认为该词主要包含三个要素：人民及其居处的地域和生活方式或文化，是"人们的生活"具体的"时空的坐落"。不过，当时中国学者关心的是传统乡村社区，而非芝加哥学派侧重的现代都市社区。[3]

最早以"组织家庭生活的社区"为目的的规划概念是纽约规划师和建筑师佩里（Clarence Arthur Perry，1872—1944）于1929年提出的"邻里单位"（Neighborhood Unit）。为应对汽车交通带来的安全挑战和生活改变，佩里主张在较大范围统一规划居住区，而非传统的从属于路网方格的较小的结构。每个"邻里单位"组成一个居住区细胞，根据小学服务半径确定居住区规模，过境交通大马路构成其边界，内部形成安全的道路系统，并综合考虑住宅、公共服务设施、商业和开放空间的布置。在《邻里与社区规划》（*Neighborhood and Community Planning*，1930）一书中，佩里还强调物质环境对创造社区归属感和促进社区交往至关重要。作为20世纪现代城市规划的重要思想，"邻里单位"的理念与方法在世界各国现代城市的居住区规划中得到广泛运用，中国的第一个案例则是1951年兴建于上海的曹杨新村。

第二次世界大战以后，在欧洲城市的重建和卫星城规划中，"邻里单位"得到进一步推广，并发展成"居住小区"规划理论。小区成为居住区的细胞，规模进一步扩大，以交通干道或其他天然或人工的边线为界，在其中综合布置居住小区、公共建筑和绿地等。

1960年代起，美国规划界开始反思二战后低密度郊区化、均质化蔓延造成的交通拥堵和社会分化问题。1980年代起，"新城市主义"（New Urbanism）[4]成为主导理念，倡导城市应以紧凑形态集约增长和土地混合使用，创造多元社会融合的社区环境，强调可步行社区、多样化和人的尺度，并提出了传统邻里开发（Traditional Neighborhood Development，TND）、公交导向开发（Transit Oriented Develop-

1 参见［德］斐迪南·滕尼斯《共同体与社会》，张巍卓译，商务印书馆，2020年。

2 ［美］R. E. 帕克、E. N. 伯吉斯、R. D. 麦肯齐《城市社会学：芝加哥学派城市研究文集》，宋俊岭等译，华夏出版社，1987年，第110页。

3 吴文藻《论社会学中国化》，商务印书馆，2010年；费孝通《学术自述与反思》，生活·读书·新知三联书店，1996年。陈鹏《"社区"概念的本土化历程》，《城市观察》2013（6）。

4 1981年，由杜安尼（Andrés Duany）和普莱特-齐伯克（Elizabeth Plater-Zyberk）及其设计团队设计完成的新城市主义小区——佛罗里达海滨假小镇锡赛德（Seaside）。1993年10月，在美国亚历山大市召开的第一届"新城市主义代表大会"标志着"新城市主义时代"的正式来临。1996年《新城市主义宪章》（*Charter of the New Urbanism*）签署。参见 https://www.cnu.org/sites/default/files/charter_chinese.pdf。传统邻里开发（TND），公交导向开发（TOD），参见江嘉玮《"邻里单位"概念的演化与新城市主义》，《新建筑》2017（4）；章征涛、宋彦等《从新城市主义到形态控制准则：美国城市地块形态控制理念及工具发展与启示》，《国际城市规划》2018（4）。

ment，TOD）、城市村庄和精明增长等建设模式。

中国的居住区规划理论主要由苏联及东欧各国引进于 1950 年代。其规划的居住区域一般分成三个空间层级：居住区、小区和街坊（图 2-1-1）。各个空间层级既包含道路间距、规模、人口容量、公共文化与服务设施的服务半径等科学技术指标，同时也规定了公园和文化建筑的中心位置和艺术性要求[6]。在计划经济体制下，居住小区往往是工厂、企业、学校、机关等国家等"单位"的生活服务单元，而"单位"以外的社区则由街道办事处和居民委员会进行组织。社会主义城市的社区不仅是空间和社会单元，也是基层管理单元。

1978 年后，单位制、人民公社等政社合一的社会组织形式逐渐消失，原本由"单位"承担的住房、教育、文化、医疗、养老等服务职能逐渐向社会转移。1986 年，国务院民政部首次把"社区"概念引入城市基层管理服务[7]。一般而言，中国的"社区"概念具有"社会、空间、行政三重属性"[8]。2021 年实施的《社区生活圈规划技术指南》（TD/T 1062—2021）将"社区"定义为："聚居在一定地域范围内的人们所组成的社会生活共同体，是社会治理的基本单元"。

总而言之，随着时代的变迁，社区规划已逐步从住宅与公共设施等物质环境的组织规划发展为融合社会、空间、经济、文化认同等社区要素的综合型规划，普遍具有"社会规划"（social planning）和"社会工作"（social work）的性质，并越来越关注公众参与的组织、过程和程序设置，以联结自上而下与自下而上的发展需求，呈现出包容基层治理工作的过程性规划特征。

5 于一凡《从传统居住区规划到社区生活圈规划》，《城市规划》2019(5)，插图1。

6 杨辰、张宁馨《邻里单位一居住小区一社区生活圈：从上海曹杨新村看当代中国住区规划理论的演变》，《时代建筑》2022(2)。

7 向德平、华汛子《中国社区建设的历程、演进与展望》，《中共中央党校（国家行政学院）学报》2019(6)。

8 秦梦迪《产权视角下的城市社区更新治理机制研究》博士学位论文，导师：童明、肖扬，同济大学，2024年，第6页。

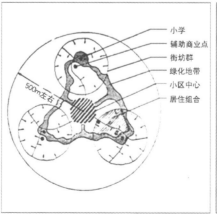

图 2-1-1 "圈"的原型贯穿居住空间规划发展的历程[5]

2.1.2 生活圈与生活圈规划

所谓"生活圈"，其实质是"居民生活空间单元与实际生活之间的互动关系"。"生活圈"的概念和规划均起源于日本，后在亚洲地区展开多类探索，旨在通过规划和治理等多种方式，实现高密度人居环境中便捷、宜居、公平、健康、可持续的城乡社区生活，打造不同尺度和内容的社区共同体。[1]

日本学者石川荣耀在其"生活圈构成论"中最先提出"生活圈"概念——从人的日常生活、行为规律出发进行空间资源组织的一种理念创新。他主张根据月末、周末以及日常生活的需求，将城市空间分成三个尺度和人口规模的圈域，以实现基本的职住接近和城乡均衡发展，限制大城市的人口集聚和用地扩张，并在1965年日本《第二次全国综合开发规划》中演变为宏观尺度的"广域生活圈"概念。此外，日本学者还展开中观尺度的"城市生活圈"研究和微观尺度的"社区生活圈"规划探讨。比如，铃木荣太郎和高桥伸夫分别针对城市居民和郊区村民的日常购买行为和设施利用情况，提出由近及远、由频繁到偶发的三个圈层的生活圈结构。多胡进在总结日本住区建设后提出，应从生活整体全貌的角度规划多层次的住区空间，生活设施应该根据居民行为的整体形态进行布局，而非限定于近邻生活的机械设计。经过半个多世纪的发展，日本的"生活圈"理念从早期宏观尺度的城乡功能的协调、居住环境提升与公共资源配置等，转向微观日常生活圈对各类功能的系统性统筹与日常生活体系的整体优化，其中不变的是基于日常生活的时间、空间、行为三个维度进行要素配置。[2]

相比行政与经济的联系，"生活圈"概念从日常生活角度刻画"空间地域资源配置、设施供给和居民需求之间的动态关系"，可以更好地"折射生活方式与空间质量、空间公平与社会排斥等内涵，并与城乡规划相结合，成为均衡资源分配、维护空间公正和组织地方生活的重要工具。"[1]在日本生活圈理念与规划的影响下，韩国、新加坡等国家和中国台湾地区在1970年代后也开始在土地综合开发和住区规划中引入"生活圈"概念。

1990年代起，中国学者引入"生活圈"概念并开展研究与实践。其中，"地理学者更加偏重于生活空间的变化、地域空间的识别、活动移动系统的发现及建成环境的评价等内容；而规划学者更加偏重于公共设施的配置、道路结构系统的调整及防灾体系的建构等，从理想的

1　肖作鹏、柴彦威、张艳《国内外生活圈规划研究与规划实践进展述评》，《规划师》2014，30(10)。

2　张磊《都市圈空间结构演变的制度逻辑与启示：以东京都市圈为例》，《城市规划学刊》2019(1)；孙道胜、柴彦威《日本的生活圈研究回顾与启示》，《城市建筑》2018(36)；陈钰杰、姚圣《日本生活圈发展述评与经验教训》，收入中国城市规划学会《人民城市，规划赋能——2023中国城市规划年会论文集（11城乡治理与政策研究）》，出版者不详，2023年，第13页。

生活圈结构应用角度提出生活圈的组织方案"。城市和区域尺度开展的"生活圈"规划实践，如2009年广东省与香港、澳门地区共同启动编制的我国首个《共建优质生活圈专项规划》、海南省与中国城市规划设计研究院共同编制的《海南省城乡经济社会发展一体化总体规划》等，提出打破行政边界，构建两级"生活圈"，建设扁平化社会空间；孙德芳等人以江苏省邳州市为例，研究构建县域公共服务设施配置体系；张艳等人以四川省西昌市为例探讨防灾生活圈等。[3]

近年来，我国关于"生活圈"的规划实践进一步拓展到城乡治理、安全韧性、健康城市等领域，并主要以更新为主要导向，呈现为共识性的行动规划。

2.1.3　15分钟社区生活圈及其规划

"社区生活圈"是基于我国"两级政府、三级管理"的管理体制背景下，将"生活圈"概念进一步聚焦至社区层面，探索具有中国特色的城乡规划建设范式，是"在适宜的日常步行范围内，满足城乡居民全生命周期生活与就业等各类需求的基本单元，融合'宜居、宜业、宜游、宜学、宜养'多元功能，引领面向未来，健康低碳的美好生活方式"[4]。顾名思义，"15分钟社区生活圈"是以人为中心，根据人们15分钟日常生活的时空活动范围，构建的社会交往、资源配置和城市治理的基本单元。参考东亚地区通过"生活圈"分层级开展空间资源组织的国际经验，创新于中国城镇化探索可持续发展和精细化治理的双重背景下，该规划理念将"社区共同体"的营建从单纯的物质资源配置拓展到更多样化、精细化的人群需求的满足，以居民的日常生活为中心，从差异化需求切入资源精准配置，通过多元主体的共谋共治实现城市有机成长和社会认同。

2014年10月，上海在首届世界城市日论坛上提出"15分钟社区生活圈"基本概念，延续2010年上海世博会提出的"城市，让生活更美好"的发展蓝图，随后被作为创新性内容纳入《上海市城市总体规划（2017—2035年）》（2017年12月获国务院批准）。为响应2016年《中共中央国务院关于进一步加强城市规划建设管理工作的若干意见》中"打造方便快捷生活圈，使人民群众在共建共享中有更多获得感"的要求，北京、广州、济南、长沙、厦门、成都等国内城市将"社区生活圈"作为新一轮城市总体规划的发展策略，并纷纷试点推动全面实施"15分钟社区生活圈"行动、"一刻钟便民生活圈"建设、完整居住社区建设、

3　邵源、李贵才、宋家骅等《大珠三角构建优质生活圈的"优质交通系统"发展策略》《城市规划学刊》2010(4)；杨保军、赵群毅《城乡经济社会发展一体化规划的探索与思考——以海南实践为例》，《城市规划》2012(3)；孙德芳、沈山、武廷海《生活圈理论视角下的县域公共服务设施配置研究——以江苏省邳州市为例》，《规划师》2012(8)；张艳、郑岭、高捷《城市防震避难空间规划探讨——以西昌市为例》，《规划师》2011(6)。

4　中华人民共和国自然资源部《社区生活圈规划技术指南》（TD/T 1062—2021）。

社区嵌入式服务设施建设工程等。[1] 此后，"社区生活圈"先后被纳入《城市居住区规划设计标准》（2018）、《市级国土空间总体规划编制指南》（2020）等国家标准，以及2021年正式实施的《社区生活圈规划技术指南》，对新时期下中国社区规划建设的总体要求作出了进一步的明确。

"社区生活圈规划"以人的行为为核心组织城市生活空间，构成多层次的空间结构等级体系。从理论研究、国家标准规范和各地实践来看，分层的依据都是个体日常生活和出行的时间和频次，及其相对应的空间范围和设施配备。社区生活圈是由居民出行的时间长度和空间距离形成的"圈"；15分钟社区生活圈是居民以家为中心，每日开展包括购物、休闲、通勤（学）、社会交往等各种活动所构成的行为和空间范围，作为城市生活圈系统中全龄使用、全要素、全周期公共设施覆盖的基本/基础生活圈空间单元，其与日本的"定住圈"、韩国的"小生活圈"和上海的"控规编制单元"规模基本相当，因此最利于在街道、镇社区行政管理边界基础上，结合居民生活出行特点和实际需求来确定范围和配置各类服务要素。其中既内含5—10—15分钟的生活圈层级，又与更大范围的生活圈，比如按照可达时间和频次划分的30分钟、1日、1周、1月，甚至更长时间的生活圈或一次、二次、三次生活圈，按照功能和区位关系划分的"通勤生活圈""扩展生活圈""协同生活圈"等共同构成相互叠加、整合的"理想生活圈模式"。[2]

"15分钟社区生活圈"规划是一种时空间行为规划，相应也包含时间、空间、人口三个尺度，一般定义为步行15分钟，半径1公里，5万~10万人口规模。然而，这一尺度更应作为方便认知的参数，而不是标准化配置的技术要求。一方面，对于居住和建造密度较高的城镇区域，15分钟步行可以作为公共设施配套与服务覆盖的依据，但是对于地广人稀、公交网络密度较低的郊区和乡村生活圈，则更应根据村民日常出行特征和活动范围，研究数据合理确定圈层范围——不强求15分钟的时间概念，在出行方式上加入自行车、助动车、公交车等，出行时间则可延长至30分钟，设施配套范围可扩展到3公里以内。另一方面，随着网络购物、远程服务等智慧技术的发展和线上、线下结合的新生活方式的普遍化，15分钟也可从居民单程步行可及的0.8~1.2公里扩展到保证30分钟快递送货服务的3~5公里空间距离。[3]

更进一步，"15分钟社区生活圈"规划应该综合运用好空间、时间和行为规划。其中空间规划应从生活空间和移动系统两个维度考虑，在连续的时空间系统中进行规划，提高空间的可达性。在时间规划层

1 "一刻钟便民生活圈"是以社区居民为服务对象，其服务半径为步行15分钟左右的范围，以满足居民日常生活基本消费和品质消费等为目标，以多业态集聚形成的社区商圈。参见《商务部等13部门办公厅（室）关于印发〈全面推进城市一刻钟便民生活圈建设三年行动计划（2023—2025）〉的通知》（商办流通函〔2023〕401号）。

2 参见于一凡《从传统居住区规划到社区生活圈规划》，《城市规划》2019（5）；程蓉《以提品质促实施为导向的上海15分钟社区生活圈的规划和实践》，《上海城市规划》2018（2）；奚东帆、吴秋晴、张敏清等《面向2040年的上海社区生活圈规划与建设路径探索》，《上海城市规划》2017（4）；柴彦威、张雪、孙道胜《社区生活圈的界定与测度：以北京清河地区为例》《城市发展研究》2016（9）；柴彦威、张雪、孙道胜《基于时空行为的城市生活圈规划研究——以北京市为例》，《城市规划学刊》2015（3）。

3 参见柴彦威、李彦熙、李春江《时空间行为规划：核心问题与规划手段》，《城市规划》2022（12）；钱征寒、刘泉、黄丁芳《15分钟生活圈的三个尺度和规划趋势》，《国际城市规划》2022（5）；《城市规划学刊》编辑部《概念·方法·实践："15分钟社区生活圈规划"的核心要义辨析学术笔谈》，《城市规划学刊》，2020（1）；付毓、田霏《需求

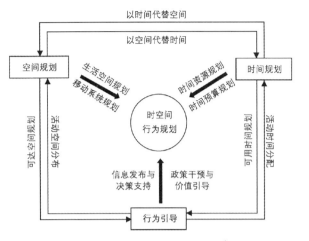

图 2-1-2　时空间行为规划三大手段的关系[4]

面，应兼顾由开放的城市设施与城市服务所创造的城市时间资源和个体在多重社会角色制约下有限的时间预算，通过优化社区时空资源与居民生活的匹配度，增加时间的可用性。在行为引导层面，应通过"信息发布与决策支持"和"政策干预与价值引导"促进行为的可持续性（图 2-1-2）。

2018 年发布实施的《城市居住区规划设计标准》（GB 50180—2018）将 5 分钟、10分钟、15 分钟生活圈居住区和居住街坊作为居住空间组织的核心理念，取代沿用多年的居住区、小区和组团。这一改变带来的挑战不仅存在于专业术语与规划工具的转变，更存在于规划目标和思维方式的调整。相对于传统的居住区规划，社区生活圈并非抽象和固定的功能地块，而是可以打破用地界线、行政界线，综合利用周边环境条件和设施的混合功能区和活力生活区。由此可以避免原本采用千人指标、服务半径等方式快速实现公共服务设施配置存在的一次性、静态性、自足性及忽略城乡、区位、个体需求差异等缺点，形成动态、灵活的配套服务共享单元，提高设施利用的弹性，改善空间资源的服务绩效，实现对异质化发展背景下多元诉求的精准化应对。此外，社区生活圈是居民感知的邻里边界，是特定居民群体社会网络的空间载体，因此社区生活圈规划将服务要素的配置分成基础保障型、品质提升型和特色引导型三种，而后两种类型将更有利于增加社区中社交性行为和自发性行为的发生，促进居民生活的多样化，强化物质和文化意义上的地方特色，增强社区认同感。社区生活圈规划是开放的、多元主体共同参与的，并在共商、共建、共享的过程中不断强化社区共同体的纽带连结。[5]

总之，15 分钟社区生活圈是系统优化城市体系、构建社会生活共同体的重要载体。它首先强化时间要素，在时空行为分析的视角下，以人的慢行时间来衡量城市公共资源的分级配置与绩效评估。其次，它关注多元目标愿景下的资源配置，承载从基础生活保障、安全、归属，到学习、交往、创造等各层面人本需求的美好愿景，引导更健康、更具吸引力的就近生活模式的形成。最后，它还是基层治理的重要单元，15 分钟社区生活圈的相关规划正在向实施、管理等多维度层面转型，从舒适性完善迈向精准性提升与韧性建设等更高要求（图 2-1-3）。[6]

导向下上海乡村社区生活圈规划导则编制思路》，收录于中国城市规划学会《人民城市，规划赋能——2023 中国城市规划年会论文集（11 城乡治理与政策研究）》，出版者不详，2023 年，第1869—1880 页。

4　柴彦威、李彦熙、李春江《时空间行为规划：核心问题与规划手段》，《城市规划》2022(12)，插图 5。

5　参见于一凡《从传统居住区规划到社区生活圈规划》，《城市规划》2019(5)；徐晓燕、叶鹏《城市社区设施的自足性与区位性关系研究》，《城市问题》2010(3)；《城市规划学刊》编辑部《概念·方法·实践："15 分钟社区生活圈规划"的核心要义辨析学术笔谈》，《城市规划学刊》2020(1)。

6　奚东帆、吴秋晴、张敏清等《面向 2040 年的上海社区生活圈规划与建设路径探索》，《上海城市规划》2017(4)。

图2-1-3　社区生活圈规划不断提升的营建目标示意图[1]

2.2 国内外探索

2.2.1 国际经验

1. 早期亚洲探索

（1）日本

20世纪40年代，作为分散型国土结构的基础，日本提出"生活圈"理论，其发展经历了扩张（1969—1977年）、优化（1977—2008年）、收缩（2008年至今）三个阶段。[2]

针对人口与产业资源向城市地区过度集中、乡村地区趋于衰败、环境污染日益严重的"过密过疏"问题，日本在1965年《第二次全国综合开发计划》中正式提出以"广域生活圈"作为合理安排基础设施和公共服务设施、促进地方均衡发展的规划手段，圈域半径一般为30~50公里。1969年，在次区域层面进一步深化"广域生活圈"建设，分别推出由建设省主导的"地方生活圈"项目和自治省主导的"广域市街村圈"项目，圈域半径一般为20~30公里，其中"地方生活圈"包含从大到小四个层次组成的空间组织结构（表2-2-1）。同年，国土厅提出"定住圈"概念，提倡以人的活动需求为核心，针对居民就业、就学、购物、医疗、教育和娱乐等日常生活需求，将一日生活所需遍及的区域范围定为空间规划单元，从而为"社区生活圈"的发展提供理论基础。

1977年《第三次全国综合开发计划》提出"定居构想"的开发模式，建立由居住区—定住圈—定居圈三个层次构成的新"生活圈"模式。其中，居住区是家庭成员每天日常生活的最近圈域；定住圈由若干个居

1　吴秋晴《面向实施的系统治理行动：上海15分钟社区生活圈实践探索》，《北京规划建设》2023（4），图1。

2　参见陈钰杰、姚圣《日本生活圈发展述评与经验教训》，收录于中国城市规划学会《人民城市，规划赋能——2023中国城市规划年会论文集（11城乡治理与政策研究）》，出版者不详，2023年；上海市规划和国土资源管理局、上海市规划编审中心、上海市城市规划设计研究院编《上海15分钟社区生活圈规划研究与实践》，上海人民出版社，2017年；和泉润、王郁《日本区域开发政策的变迁》，《国外城市规划》2004（3）；孙道胜、柴彦威《城市社区生活圈规划研究》，东南大学出版社，2020年；日本国土交通省《地域生活圈について》，https://www.mlit.go.jp/policy/shingikai/content/001389683.pdf。

表 2-2-1　地方生活圈的圈域构成[3]

分　类	地方生活圈	2 次生活圈	1 次生活圈	基本居住圈
圈域半径范围	10~30公里	6~10公里	4~6公里	1~2公里
时间距离	公共汽车1~1.5小时	公共汽车1小时以内	自行车30分钟、公共汽车15分钟	儿童、老人步行15~30分钟
人口规模	15万人以上	1万人以上	5000人以上	1000人以上
中心部分设施	综合医院、各种学校、中央市场等广域利用设施	可集中购物的商业街、专科门诊医院、高中等地方生活圈、中心城市的广域设施	区（乡、村）公所、诊所、小学、初中等公益设施	儿童保育、老人福利等设施

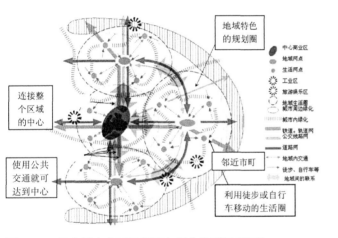

图 2-2-1　日本熊本市不同圈层之间的关联示意图[4]

住区构成，用于满足家庭成员开展一日生活所需的通勤（上学）、购物、休闲、医疗等活动；定居圈由若干个定住圈构成，用于满足居民更高层次的需求，其大小与"广域生活圈"范围相当。居住区—定住圈—定居圈三级体系在此后的第四次、第五次全国综合开发计划中持续完善，对于不同层次的生活圈，其公共服务功能各有侧重，彼此通过便捷的公共交通系统或慢行系统建立有机联系（图2-2-1）。

　　进入21世纪后，随着日本经济增速放缓，各种规模的城市人口增长率趋于稳定，人口下降导致的城市空间分散与活力下降成为新的突出问题。为引导人口聚集居住，降低"生活圈"运行成本，"地域生活圈—生活区"两级生活圈体系成为日本当前的规划趋势。其中，生活区的规模大致与小学覆盖范围一致，承担社区建设的职能，提供日用品购买、诊所、公交巴士等最基础的生活服务。

　　历经50多年的发展，日本实现了生活区对大部分城乡社区的覆盖，一度建有179个地域生活圈，目前仍保有130个。功能多元、层次分明的生活圈体系有效支撑了日本国家宏观国土空间结构和战略。其完备的法律支撑和国家文件指导、开放透明的工作流程、广泛的区域协作、注重提质增效、关注人本细节等优势值得学习借鉴。但也应注意到，日本实践中存在多规冲突、多头管理、落地难等局限性，同时应警惕

3　和泉润、王郁《日本区域开发政策的变迁》，《国外城市规划》2004(3)，第5-13页。

4　陈婷婷《熊本市城市生活服务设施的规划研究》，硕士学位论文，山东大学，2011年，图2.5。

其政策效力低下、对人口收缩反应迟钝，以及由发展不均衡导致的过度中心化等问题。

（2）韩国

为缓解地区间与城乡间环境发展不均衡的问题，20世纪80年代在日本的影响下，韩国在《第二次全国国土综合开发规划（1982—1991）》中提出"地域生活圈"的开发战略：以区域为单位扩大就业机会，完善各类服务设施，提高国民福利，依据中心城市的规模将全国划分为5个大城市生活圈、17个地方城市圈和6个农村生活圈，分别拟定开发策略。[1]

《第三次全国国土综合开发规划（1992—2000）》和《首尔首都圈重组规划》提出"多极核开发"和"遏制首都圈集中"，主张考虑通勤便利程度、生活圈联系及历史关联等因素，在仁川、京畿地区形成10个内外自立性的城市圈。《第四次全国国土综合开发规划（2000—2020）》则提出广域圈、都市圈和国土发展轴等概念。

《2030首尔城市基本规划》提出将"圈域生活圈"作为规划单元，首都被分成5个圈域（大生活圈）和140个地区（小生活圈）。其中，圈域规划综合考虑区域的发展过程、影响范围、中心区功能及土地利用特点、行政区划、教育学区、居住地与居住人口特点、相关规划等；地区规划重点考虑商业、商务、居住、公共服务、公园与绿地等具体的土地使用功能和特点。

在住区规划层面，从20世纪60年代开始，韩国主要追随邻里单位原则，但在1970年代的新区大开发时期，该规划理念造成彼此割裂的封闭内向型大街区。1980年代起，受"生活圈"理论的影响，韩国的住区规划开始采用分级理念，用大、中、小生活圈对应传统的居住区—小区（邻里）—组团三级体系，按等级配置公共设施。同时，韩国开始借鉴英国经验，用线形绿化轴与步行系统串联各级生活圈和公共服务设施，为居民生活带来多样性和可选择性，为城市空间带来活力。自1990年起，韩国

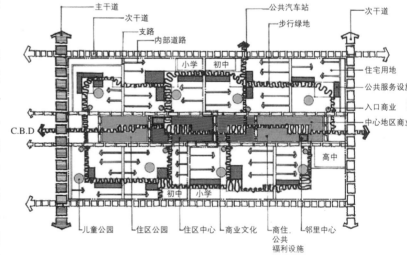

图2-2-2　韩国木洞新区生活圈概念图[2]

表2-2-2　韩国生活圈层次划分[3]

分类	生活圈层次	功能	使用频率	出行时间	出行距离	圈域范围	人口规模
住区规划层面	组团（小生活圈）	居住、绿化、儿童与老年设施	一日	步行5分钟以内	200~300米	约30公顷	0.5万~1万人
	小区/邻里（中生活圈）	小学、基本购物（邻里中心）		步行5~10分钟	约400~800米	约20公顷	1万~2万人
	居住区（大生活圈）/地区（小生活圈）	中学、少量就业通勤、较高级别的购物需求（地方中心）	一日~一周	步行15分钟以内	约1~2公里	约7~8平方公里	3万~6万人
分区层面	圈域（大生活圈）	主要就业通勤、更高级别的购物中心（城镇中心）	一周~一月	公共交通或小汽车30分钟~1小时	5~7公里	60~150平方公里	60万~300万人
区域层面	地域	部分就业通勤、最高级别的购物娱乐需求、旅游游憩（区域中心）	一月~一季以上	公共交通或小汽车1.5小时以上	15公里（首尔）	600平方公里（首尔）	1060万（首尔）

1　参见雷国雄、吴传清《韩国的国土规划模式探析》，《经济前沿》2004(9)；肖作鹏、柴彦威、张艳《国内外生活圈规划研究与规划实践进展述评》，《规划师》2014,30(10)；朱一荣《韩国住区规划的发展及其启示》，《国际城市规划》2009,24(5)。

2　朱一荣《韩国住区规划的发展及其启示》，《国际城市规划》2009,24(05)，图3。

3　上海市规划和国土资源管理局、上海市规划编审中心、上海市城市规划设计研究院编《上海15分钟社区生活圈规划研究与实践》，上海人民出版社，2017年。

政府部门开始推进农村定住生活圈计划，着重加强教育、医疗、交通、通讯等方面的设施配置。（图2-2-2，表2-2-2）

网络化的步行绿道、细分化的邻里街区以及线形重叠的公共服务设施为韩国城市创造了多样化又富有活力的住区空间。在机制层面，依靠规划监督和引导的同时，积极发挥社区协作，以应对现实的变化，保证实施效果，这些经验都值得学习。

（3）新加坡

受土地资源制约的新加坡，以新镇社区模式有序推进城市化，致力于探讨高层高密度开发模式下良好社区生活的营造，其五代新镇社区建设的发展演变，也体现着"生活圈"空间要素布局的一系列重要特征（图2-2-3）。

新加坡社区用地分级明晰，新镇中心—邻里中心—住宅组团三个层次的配套服务设施结构定位明确，各司其职，也与居民的出行特征和使用需求相符。其中，新镇中心通常紧邻轨道交通与大型公园，涵盖大型综合性商场、综合性文化休闲设施及大型运动场馆，满足社区居民公众假日家庭全体成员一日活动所需；邻里中心则是大多数社区居民每日光顾之地，涵盖日常生活所需基本功能；住宅组团设施主要关注老人与儿童所需，并注意复合利用，如将托老所、学龄儿童照料及托儿所

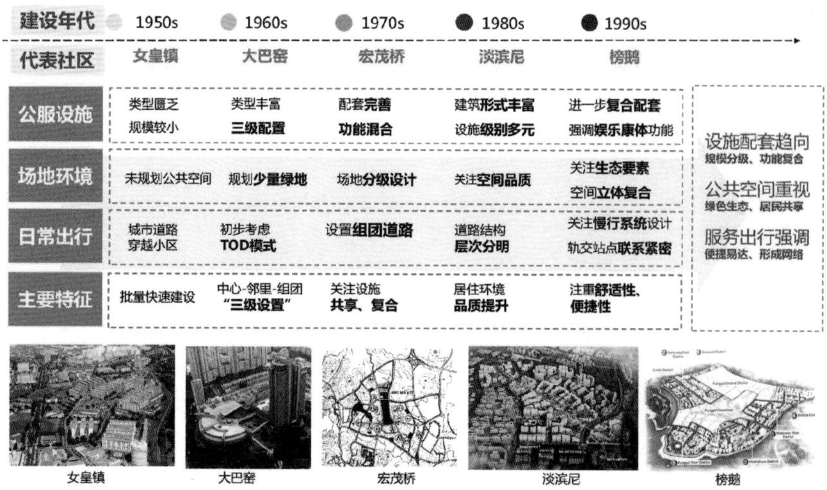

图2-2-3　新加坡社区建设发展演变图[1]

有机地结合在一起的"三合一家庭中心"，让老人与儿童能在不受外部交通干扰的前提下安全便利地使用活动场地与设施。此外，新加坡的邻里中心模式同时包含"城市规划"与"社会治理"两个层面的内涵。

新加坡的社区建设不仅根据社区人口特征灵活匹配设施，同时强调高度的集约复合布局。比如镇中心往往结合综合交通枢纽，采用TOD引导的立体化紧凑布局，地块容积率在4左右。邻里中心倡导复合利用，鼓励居民步行使用，提升生活便利度。住宅组团这一级的社区服务设施使用率最高，主要利用住宅建筑围合，形成较大规模的活动场地，同时利用新加坡特有的住宅架空的底层空间布局设施。

新加坡的社区公共空间场地充裕，不仅能形成新镇公园、邻里公园相结合的多层级开放空间体系，而且通过网络化的绿道系统加以串联。为了集约利用土地，新加坡社区绿化也开始走向立体化发展的道路，空中平台、立体花园等新尝试已见成效。

整体而言，新加坡的社区建设充分体现"生活圈"构建的导向，在空间配置上体现分级明晰、多元匹配、集约复合、共享融合、场地充裕、网络连接和服务便捷等特色，体现对人性、高效等特质的关注。

2. 近年国际趋势

以社区应对城市问题，提供健康人居环境已逐步成为国际共识。在气候风险、能源危机和碳中和压力下，世界各地都愈发体会到社区作为基本服务单元、生活单元和土地混合利用单元的重要作用。回归到人慢行可及范围的"社区生活圈"概念，全球城市的空间逻辑正在重构，

1　吴秋晴《生活圈构建视角下特大城市社区动态规划探索》，《社区规划》2015(4)，图4。

2　卡洛斯·莫雷诺、罗雪瑶《将时间维度融入城市规划的呼吁》，《国际城市规划》2024(3)。

呈现出社会多元包容、健康出行引导、低碳韧性提升、智慧技术应用等显著趋势。全球涌现了诸多将人的日常生活行为与时空相连并且与"15分钟社区生活圈"内涵接近的概念，比如"15分钟城市""N分钟社区"（N-minute Neighborhood）等。如果说亚洲城市的"生活圈"主要强调国土空间和城市生活的层级化规划，关注基础设施、公共服务的补齐和优化，那么欧美城市的"15分钟城市"则强调对城市空间的重新配置，将邻近性作为提高生活质量的主要策略。[2]

（1）N分钟城市或生活圈

"15分钟城市"（15-minute City）由法国巴黎先贤祠索邦大学教授卡洛斯·莫雷诺（Carlos Moreno）首次提出于2016年。该概念继承佩里"邻里单位"概念的基本特征，呼应简·雅各布斯对现代主义城市规划的批判，也延续法国社会学家弗朗索瓦·阿雪尔（François Ascher）提出的"时间–城市主义"[3]的设想。相较以往静态的城市规划方法，"15分钟城市"加入了对时间维度的考量。这一理念探讨人们如何有效地利用城市空间，以使个体时间与组织时间相结合。"15分钟城市"目标是在高密度城区使居民能够在15分钟内通过步行、骑行或公交（低密度乡村地区可扩大为30分钟），满足居住、就业、购物、医疗保健、文化活动、体育活动这六个基本需求。"15分钟城市"主张城市发展遵循邻近性、多样性、适宜密度和普遍性四大原则，主要从三个维度发展理论框架：

第一，提供居住、工作、供给、健康、学习、发展六类社会功能及其延伸服务，这些社会功能比居住区配套设施的功能内涵更完整、更开放，也更重视居民多元的社会需求。

第二，建设三个层次的高品质社会生活：与家人的幸福生活、与邻居和同事之间充分的社会交往和包容的社会氛围，所有目标的实现程度基于一个开放、真实、可阅读的城市数据平台。

第三，基于绿色低碳出行方式、多中心空间结构和数字技术支持的共享基础设施，弱化边界和分区概念，强调居民可使用、可体验的"地域"概念，充分利用地域内已有的基础设施（更新而非新建），挖掘隐藏的地方资源，完善社会性功能。

总之，莫雷诺将城市视为人类创造的最复杂的系统，主张改变用技术控制城市的做法，转向通过"邻近性"原则来组织城市生活，让"城市规划"提升为"城市生活规划"。无论是聚焦高密度城市中心区的"15分钟城市"还是他最新提出的关注低密度环境的"30分钟领域"

3 "时间–城市主义"（Chrono-Urbanism）概念由巴黎第八大学弗朗索瓦·阿雪尔教授在其名著《城市主义的新原则》（Les nouveaux principes de l'urbanisme, Éditions de l'Aube, 2001）中首次提出。他认为未来城市的建成环境虽然空间有限（80%已经建成），但在时间上，特别是随着交通和通讯方式的变化，不同的使用者对建筑物和城市空间的使用时间和方式会发生很大的变化。时间不再是绝对和标准化的，而是根据不同的社会群体和不同的生活节奏呈现出多元化的趋势。因此，城市公共空间和公共服务设施的运营也应该对此做出适应性调整。

（30-minute Region），都是对城市多样功能"邻近性"原则的体现。

基于理论思考，"15分钟城市"提出以下六个层面的实施路径：

一、反思现代主义规划功能分区带来的土地资源和居民时间资源的浪费，主张将时间纳入城市规划，实现"可选择的流动"；

二、功能混合与服务共享，深度挖掘地方资源，大规模地进行土地混合使用并改变建筑物的单一功能和使用时间，满足不同群体需要；

三、社区认同和邻里互助；

四、权力下放和地方生活，倡导"共同体利益"，通过地方开发、地方商业、参与式预算、地方公共服务推动社区互助等行动来保证地域共同体利益，对抗绅士化和贫富差距；

五、近距离服务和多中心布局；

六、依赖整合人口、就业、出行、服务、生态、能源等真实数据的智慧平台开展"15分钟城市"的构建、评估、调整和高效运行。

巴黎是最早实践"15分钟城市"理念的城市之一，2019年，《巴黎宣言》中提出"15分钟巴黎"（La ville du ¼ d'heure）的规划愿景。法国巴黎市长安妮·伊达尔戈（Anne Hidalgo）的竞选团队为减少城市的碳排放量，重新构想城镇的空间设计逻辑，提出"15分钟之城"计划，即采取措施将居民区改造成可以从家门口步行、骑自行车或乘坐公共交通工具，15分钟内可以满足几乎所有居民需求的"马赛克"区

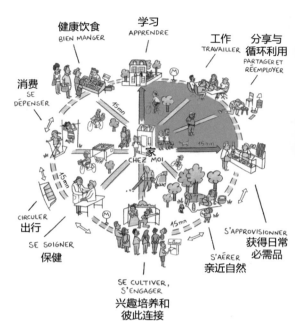

图 2-2-4　法国巴黎"15分钟城市"模式图[1]

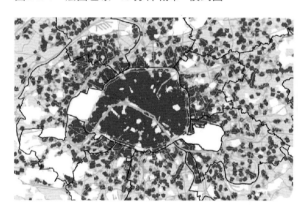

图 2-2-5　法国巴黎市区及近郊面包店、药店、报刊亭三种设施的5分钟步行可达性分析[1]（蓝色代表5分钟内三种设施全部可达，深粉色代表可达两种设施，淡粉色代表可达一种设施，灰色代表到达任何一种设施都要超过5分钟）

块，将单中心的城市转化为多中心的城市。随着工作场所、商店和房屋的距离越来越近，以前专用于汽车的街道空间得以释放，为花园、自行车道以及体育和休闲设施腾出空间，居民能够在家附近进行日常活动并进入友好、安全的街道和广场。巴黎的具体做法包括：居住空间的复合改造，建设社区共享办公，大幅扩建临时自行车专用道的"弹出式自行车道"模式，周六利用校园设施向市民开放的"操场绿洲"，让高雅艺

本地的购物中心
本地的就业机会
本地的健康服务设施
通过便利的公共交通与区域外就业地和服务设施联系
本地的学校
本地公共交通
终生学习机会
安全的骑行网络
本地的活动场地和公园
适宜步行
绿色街道和户外空间
多样化的住房
社区花园
能够在地养老
健身休闲设施
可负担住房选择
安全的街道和户外空间

20分钟邻里
通过步行、骑自行车或当地公共交通工具，在离家20分钟路程内满足大部分日常需求

图 2-2-6　澳大利亚墨尔本 20 分钟邻里空间模式图[3]

术走出殿堂的"艺术进社区"，建立开展多功能活动和公民议事的"公民凉亭网络"等（图 2-2-4，图 2-2-5）。[1]

随后，"15 分钟城市"理念又在 C40（国际城市论坛）[2]、COP21（第 21 届缔约方大会）等重要交流中得到广泛的国际传播，获得众多国际组织支持，被美国波特兰与休斯顿、意大利米兰、比利时布鲁塞尔、西班牙瓦伦西亚、澳大利亚墨尔本等多个城市作为后 2020 年代城市转型的政策。

2009 年，美国波特兰提出"20 分钟邻里"的概念，其定义为在 20 分钟内步行可以获得基本设施和服务的地方。2013 年，波特兰推行"20 分钟邻里计划"，其目标是到 2030 年，90% 的居民将能够轻松地从家中步行或骑自行车获得所有必要的服务。2022 年，波特兰发布"20 分钟邻里计划"实施报告，利用大数据等分析方法，识别具有连接节点意义的公共空间，分析社区商业、超市、诊所等设施可达性等，同时对这些关键节点空间投入改造以提升社区品质。

澳大利亚墨尔本在《墨尔本 2050 规划》中明确建设充满机会和选择的全球城市的愿景，提出在 30 年内打造"20 分钟邻里"的城市生活概念（图 2-2-6），并构建"20 分钟邻里"的六方面必备属性：[3]

一、具有安全、便利的交通设施，促进步行和骑行等主动交通方式的使用；

二、提供高质量的公共场所和开放空间；

三、支持本地化生活方式的服务和场所；

四、普及高品质的公共交通，居住地与工作地和高等级服务中心之间联系便利；

五、具有足够的住房与人口密度，支撑本地服务和交通的可行性；

六、繁荣的地方经济。

（2）2020 年代韧性社区、智慧社区相关行动

21 世纪以来，全球许多国家和地区强调城市与社区的韧性提升，尤其进入 2020 年代，越来越多进入整体更新和转型阶段的城市开始关注并且回归到人适宜慢行可及范围的社区规划和社区营造，反映出社会多元包容、健康出行引导、低碳韧性提升、智慧技术应用等显著趋势。

1　刘健、张译心《15 分钟城市：巴黎建设绿色便民城市的实践》，《北京规划建设》2023（4）。

2　C40（国际城市论坛）是一个由近 100 名世界主要城市市长组成的全球网络，他们团结一致应对气候危机。截止至 2024 年 4 月，中国已有 13 个城市加入 C40。

3　李紫玥、唐子来、欧梦琪《墨尔本"20 分钟邻里"规划策略及实施保障》，《国际城市规划》2022,37（2）。

包容导向下的多元设施配置。一方面，关注对老幼、女性、残障、低收入人士等群体的空间和设施支持，如联合国儿童基金会和联合国人居署于1996年发起儿童友好城市倡议（Child Friendly Cities Initiative），多国城市聚焦社区层面推出一系列认知型公共设施、游乐装置等儿童友好项目；新加坡推出"2023幸福老龄化行动计划"，从关爱、贡献、联系三方面增强老年人的生活关怀与社会尊重；奥地利维也纳按照女性生活习惯和需求，打造"女性工作城"，配足幼儿设施和活动场地，并限制建筑高度以保障女性出行安全等。另一方面，主张更少的通勤时间，构建生活、工作方式融合的生活—工作—娱乐混合型社区，支持本地就业，如2022年美国纽约推出的《让纽约成为乐业之城》（*Making New York Work for Everyone*）行动规划[1]；法国巴黎则在2004年致力于小型商业振兴的"社区生命力计划"（Vital'Quartier），近年来持续开展"试点商店""商店数字化"以及"1个学生，1家商铺"辅导计划，2018年致力于城市整体更新的"城市之心计划"等[2]。

人本导向下的街区设计革新。积极引导健康出行，大力推进街道慢行化设计改造，强调联结与共享，主张减少和消除机动车及其停车空间，打造更多适合步行、自行车的慢行交通网络和公共空间。如美国纽约的25×25街道停车改造计划，提出在2025年之前将25%的汽车空间转换为人本空间。美国犹他州规划了"一辆车的社区"，还有瑞典斯德哥尔摩的"一分钟城市"、西班牙巴塞罗那的"超级街区"等也都包含将车行空间转换为慢行空间的理念。

韧性导向下的精细化空间治理。强化弹性和适应，包括可持续应对极端气候，关注对流行性疾病的常态化防控等，制订应对各种灾害的适应性策略和社区应急预案，引导社区在灾后的快速恢复。如美国纽约的零碳社区建设通过绿色建筑技术等减少社区碳排放、法国巴黎的雨水计划/绿色森林计划通过增加公共空间储雨覆层以此强化社区碳汇能力等。

智慧导向下的数字技术应用。主要强调智慧与成长，包括探索新技术场景应用的智慧社区建设、用大数据助力社区资源整合、机器学习算法技术助力社区精准决策等。如新加坡的"智慧国2025"计划[3]，日本的"智慧日本"（I-Japan）战略，美国的让90个政府部门开放629套数据的"纽约市数据开放平台"[4]和将公共电话亭拆除并架设拥有Wi-Fi热点、充电功能和户外广告功能的"多功能电子立柱"的"连通纽约"项目[5]等（表2-2-3）。

1 《让纽约成为乐业之城》，参见 https://edc.nyc/sites/default/files/2023-02/New-NY-Action-Plan_Making_New_York_Work_for_Everyone.pdf。

2 "社区生命力计划"，"试点商店""商店数字化"以及"1个学生，1家商铺"辅导计划，"城市之心计划"（Action cœur de ville），参见司维《巴黎："社区生命力计划"的介入式"治疗"》，"上海城市空间艺术季"公众号2023年5月12日，https://mp.weixin.qq.com/s/jZHwoXy2NyjQK73Na06rVQ

3 "智慧国2025"计划，即 Smart Nation，参见 https://www.smartnation.gov.sg/；清华大学战略与安全研究中心《"智慧国家"愿景及优势整合路径：新加坡人工智能发展战略》，《人工智能与国际安全研究动态》，2023（4）。

4 "纽约市数据开放平台"（Open Data for All New Yorkers），参见 https://opendata.cityofnewyork.us/。

5 "连通纽约"（Link NYC）：2014年纽约制订的计划，由"城市桥梁"财团运营，利用市内所有的公共电话亭，拆除后重新架设拥有 Wi-Fi 热点、充电功能和户外广告功能的"多功能电子立柱"，提供千兆级的免费全国网络及电话服务。

表2-2-3 全球近年社区生活圈典型研究与行动梳理

典型城市	相关研究或行动计划	起始时间（年）	核心内容
法国巴黎	15分钟城市	2020	将居民区改造成可以从家门口15分钟慢行范畴内满足所有需求的"马赛克"区块
	雨水计划/绿色森林计划	2018/2019	通过公共空间增加柔软的储雨覆层来管理自然水循环；使城市50%的地表植被茂盛，增加社区碳汇能力
美国波特兰	20分钟邻里	2009	90%的居民将能够通过步行或骑行获得基本日常所需；提供多元住宅保障社会公平
澳大利亚墨尔本	20分钟邻里	2015	倡导更有效的居住密度，引导土地用途混合（可达性和多样性）、街道连通性和社区高安全性
加拿大渥太华	15分钟社区	2019	将居民步行、骑行、公交、拼车出行比例提高到超出50%的水平
瑞典斯德哥尔摩	1分钟城市	2020	通过工作坊和社区协商，居民可以控制街道空间用于停车或其他公共用途的比例
美国纽约	纽约住房保障计划2.0	2020	2026年建造和保有30万套可负担住房以支持社区中的弱势群体；微型居住单元用以适应不断变化的人口
	零碳社区建设	2021	通过利用被动式房屋建筑、地热技术和广泛的光伏阵列来满足项目的能源效率和可持续发展目标，实现社区净零碳排放
西班牙巴塞罗那	超级街区激活	2018	通过将街区合并为更大的城市单元来重新定义城市秩序，开发街角广场，改造车行道为绿色健康街道

2.2.2 国内探索

除上海以外，国内城市大多是从2018年前后开始"15分钟社区生活圈"的规划与建设实践探索。一方面融入国土空间总体规划中进行城市生活圈的分层构想，另一方面结合国土空间规划、城市居住区规划和社区生活圈规划等新的国家技术标准和治理现代化政策开展实施路径、技术标准和组织机制等方面的探索。比如《广州市国土空间总体规划（2018—2035年）》提出构建"城市级—地区级—片区级—组团级"四级公共服务中心体系，打造15分钟优质社区生活圈；长沙市《"一圈两场三道"两年行动规划（2018—2019）》拟规划建设200个15分钟生活圈，各区县确立2个示范圈；济南市于2017年底提出打造老城市、新规划区和新城区三种标准生活圈，划定110个街道级生活圈，并于2019年初发布《济南15分钟社区生活圈规划导则》及其实施指导意见等。到2021年11月，上海城市空间艺术季发起《"15分钟社区生活圈"行动·上海倡议》时，共有51个城市联合响应，包括北京、天津、重庆3个直辖市，广州、杭州、南京、合肥、武汉、长沙、成都、沈阳、海口等

25个省会城市与自治区首府,深圳、厦门、大连、青岛、宁波5个计划单列市,以及苏州、常州、嘉兴、绍兴、宣城、安庆等18个长三角城市。

随着"15分钟社区生活圈"理念不断深入人心,各部门高度重视、积极行动。2021年,自然资源部发布《社区生活圈规划技术指南》,指引社区生活圈规划工作。同年,商务部联合发改委、民政局、财务部、自然资源部、住建部、文旅部、税务总局等其他11个部门出台《关于推进城市一刻钟便民生活圈建设的意见》(商流通函〔2021年〕176号)并于2023年联合发布《全面推进城市一刻钟便民生活圈建设三年行动计划(2023—2025)》(商流通函〔2023年〕401号)。越来越多城市以"15分钟社区生活圈"为综合统筹平台,同步推进"党群服务阵地体系""一刻钟便民生活圈""15分钟体育生活圈""15分钟就业服务圈""15分钟养老服务圈""完整社区"等建设实施,空间规划与社区各类服务建设相互支撑,相互补充。

全国各城市关于"15分钟社区生活圈"的规划和实施行动,主要根据自身城市在空间、管理、人才、技术等方面的资源和优势,结合城市发展的总体目标形成各自的特色和亮点,包括规划治理一体化机制、社区规划师制度建设,智慧化技术赋能等。

1. 成都城乡社区发展治理规划体系

成都的"社区生活圈"建设始终坚持城乡并重、发展与治理同步、体制机制改革与社区自治孵化上下协同等理念,由市政府牵头,多部门合作成立中共成都市委城乡社区发展治理委员会(简称"社治委")统筹相关规划和实施,各部门各司其职,从实施机制、投入保障、考核评价等多方面统筹着力,提升整体公共服务供给能力和现代化治理水平。

具体而言,成都形成"总体规划 + 专项规划 + 实施规划"的社区发展治理规划体系,首先在市域和区(市)县两级编制总体规划,解决区域内社区发展治理体系的构建及与区域重大战略的衔接落实问题;其次由各个职能部门牵头、编制聚焦社区各类需求和问题的专项规划;最后是街道和社区两级编制的实施规划,形成项目库,并逐步推动实施。

在总体规划层面,制定社区发展治理工作的总体指引。2019年,成都编制完成《成都市城乡社区发展治理总体规划(2018—2035年)》,2022年发布《成都市"十四五"城乡社区发展治理规划》,提出兼顾公共服务、社区文化、生态环境、空间品质、产业活力五大维度的城乡社区发展治理总体模式和以事聚人、聚人成事的发展治理基本逻辑,形成社区聚类分析图、指标体系等顶层设计。编制过程中,规划团队深入社区讲堂、院落学院，为上千名村社书记、社区工作者、社区居民讲解规划，形成共识。

在专项规划层面，聚焦社区形成不同专业领域的系统安排与引导。2021 年成都市规划和自然资源局协助市委社治委、市商务局编制了《成都城市社区商业策划方案及规划导则》；2022 年市住建局出台《成都市未来公园社区建设导则》《成都市公园城市社区生活圈公服设施规划导则》《成都市公园社区邻里人家布局专项规划》；为鼓励以社区综合体建筑形式集中集约建设公共服务设施，出台了《成都市社区综合体建设技术导则》《成都市社区综合体功能设置导则》等。

在实施规划层面，针对社区发展与居民诉求，形成详细解决方案。成都市城乡社区发展治理工作领导小组办公室重点针对社区小微空间和老旧建构筑物两类对象开展"社区微更新"专项行动，推动 220 余个项目开展设计、评选及实施工作。各区县也自发开展社区实施规划工作，如成华区开展的"城视·成画"社区规划设计节、高新区发布的社区总体营造项目及支持计划、玉林街道青春岛社区开展的系统性社区微更新规划等。2024 年，成都市委社治委等 9 部门联合印发《关于依托社区综合服务中心构建"15 分钟社区幸福生活圈"试点方案》，提出按照"一镇（街道）一策"推进实施，在 2024 年年底前基本完成 100 个"15分钟社区幸福生活圈"试点建设。

2. 浙江未来社区

浙江的"未来社区"概念，是基于 10~15 分钟社区生活圈，按照"139"建设理念营建的。《浙江省未来社区建设试点工作方案》〔浙政发〔2019〕8 号〕将未来社区定义为新型城市功能单元，并提出了"139"顶层设计框架。"1"是指紧紧围绕促进人的全面发展和社会进步，突出高品质生活主轴，把满足人民美好生活向往作为一个中心，打造群众生活满意的人民社区；"3"是指把人本化、生态化、数字化作为三个维度的价值坐标，分别体现人与人、人与自然、人与科技的和谐关系，彰显以人为本、生态低碳、智慧运营的社区本原价值；"9"是指邻里、教育、健康、创业、建筑、交通、低碳、服务和管理九大未来场景创新。

九大未来场景具体包括：①营造交往、交融、交心人文氛围，构建"远亲不如近邻"未来邻里场景；②服务社区全人群教育需求，构建"终生学习"未来教育场景；③面向全人群和全生命周期，构建"全民康养"的未来健康场景；④顺应未来生活与就业融合新趋势，构建"大众创新"未来创业场景；⑤创新空间集约利用和功能集成，打造"艺术与

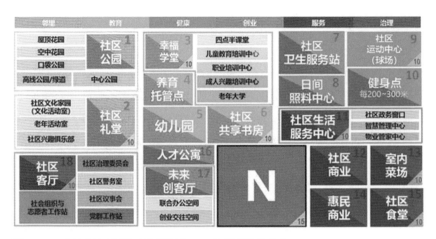

图 2-2-7   未来社区场景功能模块"18+N"配置清单表[1]

风貌交融"未来建筑场景；⑥突出差异化、多样化、全过程，构建"5、10、30分钟出行圈"未来交通场景；⑦聚焦多能集成、节约高效、供需协同、互利共赢，构建"循环无废"未来低碳场景；⑧围绕社区居民24小时生活需求，打造"优质生活零距离"未来服务场景；⑨依托社区数字精益管理平台，构建党建引领的"政府导治、居民自治、平台数治"未来治理场景。[1]

场景系统设计是未来社区建设实践的重点，涵盖对活动（或功能）内容、空间场所、技术手段、政策机制的约定，通过"标准＋订制"的模块配置、"公益＋商业"的功能组织、"示范＋推广"的技术应用、"集中＋分散"的空间组织、"融合＋弹性"的共享利用，进行有机整合（图2-2-7）。

在完成顶层设计之后，浙江着手推进未来社区试点工作。根据试点规则，申报未来社区的区块需要满足以下条件：首先，试点面积应不低于20公顷；其次，试点类型主要分为改造更新和规划新建两种，以改造更新为主，重点聚焦民生问题最为集中的20世纪70—90年代老旧小区，但同时不排斥规划新建项目，尤其是依托重大发展平台、轨道交通站点、人口集中聚集区等的项目；再次，试点改造方式既可采取插花式改修建，也可全拆重建；最后，试点时间上，规划新建项目2年左右完成建设，改造更新可放宽至3年。此外，还提出应实现社区建设运营资金总体平衡的原则。

2019年，浙江省确定了首批24个试点社区，2020年又明确了第二批36个试点社区。2023年1月开始在全域推进，《浙江省人民政府办公厅关于全域推进未来社区建设的指导意见》（浙政办发〔2023〕

4 号）提出拟到 2025 年，全省累计创建未来社区 1500 个左右、覆盖全省 30% 左右的城市社区，打造共建共享品质生活的"浙江范例"。

2.3 上海行动推进

上海是率先提出"15 分钟社区生活圈"概念，系统制定相关理论、标准、机制，并且长期、全面开展实践的中国城市。构建"15 分钟社区生活圈"，是上海回应城市睿智转型需求与市民对美好生活向往的一项有力举措，是响应城市空间内涵式发展转型的积极探索。2014 年至今，上海将"15 分钟社区生活圈"视为城市基层治理和公共资源配置的空间单元，不断拓展其理念内涵，深入推进"15 分钟社区生活圈"向行动、实施、管理等多维度层面转型。[2]

2.3.1 主要历程

1. 概念成型与顶层政策架构期（2014—2016 年）

2014 年，上海市委一号课题着眼于"创新社会治理，加强基层建设"，希望通过对社区管理机制的变革来提升基层建设的公平度与包容性。同年 10 月 31 日，上海在首届世界城市日论坛上率先提出"15 分钟社区生活圈"基本概念。2015 年发布的《上海市城市更新实施办法》进一步明确城市更新单元要以社区为基础，以有机更新促进公共服务和设施补强，注重对社区各类功能要素进行评估，确定优先建设要求，并纳入城市建设治理行动。

2. 试点行动与工作体系完善期（2016—2020 年）

2016 年，"以社区生活圈作为组织城镇与乡村社区生活的基本单元"纳入正在编制的《上海市城市总体规划（2017—2035 年）》的总体目标之下，初步定义为"在市民步行 15 分钟可达的空间范围内，完善教育、文化、医疗、养老、休闲及就业创业等服务，形成'宜居、宜业、宜游、宜学'的社区生活圈"。同年，上海发布全国首个地方性社区生活圈技术文件——《上海市 15 分钟社区生活圈规划导则》，统一规划和建设标准，逐步展开由点及面、渐进式的实施行动。

（1）点上探索的社区微更新

2016 年起，从唤醒市民参与社区治理的自我意识出发，以市民最为熟悉的社区"宅前屋后"的小微空间为抓手，采用"设计手法微、更新动作微、实施费用微、参与人群微"的方式，推进老旧社区小微空间的

1　宋维尔、方虹旻、杨淑丽《基于"139"理念的浙江未来社区建设模式研究》，《建筑科学与工程》2020(23)。

2　吴秋晴《面向实施的系统治理行动：上海 15 分钟社区生活圈实践探索》，《北京城市建设》2023(4)。

针灸式改造。从实效来看，社区微更新行动在从点上改善社区环境方面具有见效快的优点，而且工作路径易操作、易实施，同时以微小投入切实撬动了居民参与社区品质提升的自主意愿，如浦东新区"缤纷社区"建设、长宁区华阳街道大西别墅集中晾晒区和健身活动区更新，以及黄浦区南京东路街道爱民弄空间景观提升等。

（2） 条线推进的四大行动计划

在社区微更新的基础上，2016年起，上海结合正在推进的城市更新工作，针对城市发现的主要短板和市民关注的焦点，相应开展了四大行动计划（共享社区、创新园区、魅力风貌、休闲网络）中的"共享社区"和"休闲网络"两项行动，将"点上社区微更新"进一步拓展到条线专项工作，扩大了行动的受益面和影响力。同时，探索了更广泛、更深层次的公众参与方式，依托城市设计挑战赛等规划众筹平台，发挥人民群众协商自治的作用，形成开门做规划的工作格局。如"共享社区"行动中的浦东新区塘桥社区更新项目，为社区治理搭建"共治"平台，建立了"一图三会"（方案设计图，征询会、协调会、评议会）的推进流程，联席会议、微信群、微信公众号、每周项目报表、工作简报等多种沟通渠道，实现规划、土地、建设、民政等多条线的协同和市、区、街道、居委多层面的联动，形成了共同认知、共同参与的良好社会氛围。

（3） 整体推进的"15分钟社区生活圈"试点行动

2019年起，在总结经验基础上，上海开始整合优化行动策略，以街镇为单元，将散点条线更新提升为区域系统实践，按照"居民需求强烈、老旧社区为主、街道积极性高"的原则，在全市范围内共选取15个试点街镇推进"15分钟社区生活圈"行动。行动过程中，充分发挥街镇在空间统筹和实施统筹的平台优势，将居住、就业、服务、休闲、出行等各项建设任务在街镇进行整合，以提升行动的综合性和可实施性。如长宁区新华路街道围绕"五宜"目标实现设施精准配套，推进社区品质不断提升。具体包括：开展居住小区适老化改造工程，依托"精品小区"建设推动"宜居"建设；以上生·新所等商办用地更新实现"宜业"业态全面升级；通过优化道路街巷网络、植入生境花园，打造"宜游"出行环境；改造新华里巷市民中心等提供各类"宜学"空间；改造建设综合为老服务中心，在家门口嵌入养老服务，从细微处改善老年人"宜养"环境等。

通过逐渐覆盖各区、街镇的持续性更新行动，以及试点社区数百余项目的实施落地，2020年上海社区级公共服务设施的15分钟步行可达覆盖率达到80%，基本实现总体规划提出的阶段性目标。长宁区新华路街道、普陀区曹杨新村等一批社区整体成效显著，社区空间环境和服务设施品质得到整体提高，各方参与积极性高涨，居民共建共治意识和社区凝聚力明显增强。

3. 系统探索与社会面推广期（2021—2024年）

2021年7月，自然资源部在吸收上海等地实践经验的基础上，发布实施国家行业标准《社区生活圈规划技术指南》（TD/T 1062—2021），在"四宜"目标基础上，增加"为老服务"的"宜养"目标，将概念进一步深化为"在适宜的日常步行范围内，融合'宜居、宜业、宜游、宜学、宜养'多元功能，满足城乡居民全生命周期工作与生活等各类需求的基本单元"，明确我国在新时期下社区规划建设的总体要求，规范指导全国社区生活圈规划建设。同年，第四届上海城市空间艺术季以"15分钟社区生活圈—人民城市"为主题，自然资源部会同上海市政府发起，与全国直辖市、相关省会城市、自治区首府、计划单列市及长三角城市等51个兄弟城市，共同发布《"15分钟社区生活圈"行动·上海倡议》，明确提出以"宜居、宜业、宜游、宜学、宜养"为目标愿景，由政府部门牵头，统筹各方力量，共同推进"15分钟社区生活圈"行动，为全球可持续发展和人民高品质生活贡献更多"中国方案"；又于同年11月结合乡村社区需求特点，率先发布《上海市乡村社区生活圈规划导则》，为新时代乡村规划建设和基层治理提供经验。

2022年起，为进一步落实相关指南及倡议精神，推动"15分钟社区生活圈"行动走深走实、落地见效，上海先后出台《关于上海"十四五"全面推进"15分钟社区生活圈"行动的指导意见》、2023年及2024年《上海市"15分钟社区生活圈"行动方案》等政策文件，不断夯实顶层设计，明确行动目标任务，建立健全工作机制，在全市打开全面行动建设的工作格局。行动围绕"以人民为中心"的总体目标，按照坚持人民至上、坚持规划引领、强化公共服务、注重统筹兼顾、坚持全过程人民民主五个导向，推进十项行动，重点包括：①做实基础调查，抓住突出短板，汇集民意民智等；②在全市城乡建设区域划示形成1600个社区生活圈基本单元（城镇地区860个，乡村地区740个），逐步推广编制社区规划；③完善"十全十美"公共服务配置，补齐民生短板，提升生活幸福指数；④塑造一站式综合服务中心"人民坊"和小体量设施场所"六艺亭"等特色空间，凝聚共识、众创征集高品质设计方案；⑤每年持续推动3000个以上项目（项目包）落地实施，让生活服务"触手可及"；

⑥全面推广社区规划师制度，以"绣花"功夫精细点亮社区，增强空间设计的艺术灵动；⑦搭建"人民城市大课堂"交流平台，服务基层"点单送学"，不断强化专业技术支撑；⑧建立完善机制保障，成立上海市全面推进"15分钟社区生活圈"行动联席会议制度，并下设办公室在市规划资源局，明确区委区政府负责行动整体推进，赋权赋能街镇推进实施；⑨建立"一图三会"社区协商制度，广泛引入社会各方参与共建；⑩推动数字赋能社区治理，提供多元数字化生活服务等。

2.3.2 实践特征

"15分钟社区生活圈"在上海的实践总体兼顾城市公共资源自上而下的顶层配置、区域共享与个体社区间的个性需求和自下而上的公众参与，呈现双向协同实施，旨在以更丰富与精细化的近距服务配置，包容超大城市复杂社会需求；以更复合与智能化的空间营造，应对存量语境下的供给束缚；以更深层与全流程的治理平台，实现生活圈的协同治理。[1]

在行动方法层面的特点主要包括：

第一，注重规划统筹，充分体现社区整体发展、全面提升的工作要点。其中，规划范围强调"整区域"，以街镇为单位，作为"15分钟社区生活圈"行动的实施范围，系统开展规划、建设和治理工作；发展目标关注"全要素"，针对居住、就业、出行、服务、休闲等各类专项工作制订全要素规划方案，形成各方共同推进行动的"社区规划蓝图"和"三年行动计划"；实施路径突显"多手段"，在城市更新、土地出让等各类建设项目中挖掘空间资源，通过政府投入、社会力量支撑、在地企业共建等多种渠道筹措建设资金。

第二，建立统一标准，以五"宜"统筹整合各系统条线，形成"15分钟社区生活圈"的规划建设标准："宜居"重点关注可负担、可持续的社区住房供应体系，健康舒适的居住环境，全龄关怀的配套设施和智慧服务以及社区空间韧性安全等；"宜业"提倡社区拥有更多就近就业的机会，创新创业成本可负担，就业服务无距等；"宜游"强调社区休闲空间丰富多样、无处不在，休闲空间体验多元，社区空间慢行友好，出行低碳便捷，社区风貌彰显等；"宜学"提供丰富充足的学习体系，包括托育无忧、终身学习等；"宜养"保障全生命周期的康养生活，包括老有所养、全时健康服务等。

第三，构建行动机制，整合相关主管部门、各级政府和社会各方力

1　吴秋晴《面向实施的系统治理行动：上海15分钟社区生活圈实践探索》，《北京城市建设》2023(4)。

量,明确职责分工,形成合力推进实施。市级部门做好总体指导和政策保障,市规划资源局牵头开展顶层设计,研究明确导向标准和行动机制;市相关部门做好政策支持和监督管理;区政府搭建社区共治平台,构建政府与社会"上下互动"的协商机制和多部门间"左右贯通"的联动机制;街镇是行动的组织推进主体,经充分赋能赋权,负责组织编制社区规划、制订行动计划、协调项目实施等相关工作;社区居民是行动的关键主体,全过程深度参与;社会组织与社区规划师是行动的重要力量,承担更多专业社区服务供给和技术把关。

"15分钟社区生活圈"在上海的实践具有全面性、系统性、定制性等特点,是空间规划和基层治理的双重创新,是"五宜"导向下的综合规划,是与时代同频共振的提质行动,是全周期、全方位的实施指引,彰显了全过程人民民主的协同治理。目前,上海的"15分钟社区生活圈"规划已逐渐覆盖多地域与各行政层级,成为法定规划的精细化实施衔接平台。市级层面,通过总体规划—单元规划—详细规划的法定管控体系,整体评估并优化社区生活圈的各类关键性要素的具体配置内容和空间引导等。区与街镇级层面,实现对顶层刚性要求的适应性传导和实施,在社区发展目标与既有法定规划要求下,展开多形式的基层需求与可行空间条件等调研,在此基础上基于各社区特质,配齐社区基础保障型要素,因地制宜落实品质提升型要素的精细化配置,对实施确有难度的上位规划要求提出适应性的优化调整建议。

2.4 理想社区模式构建

"15分钟社区生活圈"是中国城市在"人民城市人民建,人民城市为人民"的重要理念和"城市,让生活更美好"的价值导向下,深入思考中国城市化发展的新需求与新挑战,突显中国特色,结合上海实践,主张通过全覆盖的服务要素供给、高适配的时空行为统筹和精细化的协同治理,探索一种宜居、生态、公平、高效的理想规划与治理模式,以及可操作且具韧性的实施方案,从而在城乡建成环境中实现"成长型社区共同体"的理想模式。建构和优化"15分钟社区生活圈"的理念与方法,有赖于多学科合作和多主体联动,通过规划、建设、管理和治理等多层面协作,为推动未来城市在经济、社会和环境等各方面的可持续发展,持续改善全球生态文明建设和城乡人居环境提供中国智慧和中国经验。

2.4.1 以"15分钟社区生活圈"引领城市重构

城市是人类群居生活的高级形式，探寻理想的城市模式一直是人类的不懈追求。尤其是自近现代以来，城市以空前的规模和速度发展，进一步推进了学界、业界对城市理想模式的研究进程。从霍华德的田园城市到勒·柯布西耶的光辉城市，再到芝加哥学派的新城市主义，关于城市理想模式的探索都包含对城乡物质空间与社会发展、美好生活之间互动关系的思考与建构。不同的城市理想模式中对物质空间单元与整体结构系统的组织往往植根于社区的理想模式，即空间、行为、机制之间理想关系的想象中。虽然具体的尺度和功能设定可能迥然不同，关于城市理想模式的设想大多把以居住功能为主的社区作为城市的基本空间单元和基本社会单元。《城市社区蓝皮书：中国城市社区建设与发展报告（2022）》指出，当前我国城市居民平均约75%的时间在居住社区中度过，到2035年我国将有约70%的人口生活在居住社区。[1]可以说，城市正从过去的"单中心"模式向"多中心、网络化"转变，并逐步体现以"社区"为基本单元引领城市重构的趋势。社区在城市资源配置、综合功能聚集、人群活动频率等方面将占据越来越重要的作用。

与邻里单位、居住区、N次生活圈、N分钟城市或社区等概念一脉相承，"15分钟社区生活圈"强调根据不同年龄段居民较为频繁的日常生活需要，在限定的空间尺度范围内布置居住、就业及服务，以可达的空间范围和具有一定特征的物质环境，使居民处于相互依赖的互动关系中，从而形成理想的社区模式。而相较于其他更侧重从人口规模、服务半径、千人指标等客观标准来组织空间和服务的模式，"15分钟社区生活圈"强化"15分钟"、倡导"慢行"、根植"社区"，旨在将关注重点放在问题最复杂、最容易被忽视的基层社区，通过全要素覆盖、全过程规划和治理，最大限度地发挥社区作为城市基本单元对城市空间构造逻辑的整体优化作用，即以人的多样化需求和行为活动规律作为目标和出发点，在可被普遍感知的空间范围内，承担起基本公共服务、基本生活居住、开展社会治理及邻里互动等多重性功能，成为城市尺度之下最贴近千家万户日常生活和共同利益、最具有认同感和归属感的基本单元。

2.4.2 以人的需求为核心搭建价值体系

以满足全年龄段和全口径人群对美好生活的需要为核心，契合社

1 原珂主编《城市社区蓝皮书：中国城市社区建设与发展报告（2022）》，社会科学文献出版社2023年。

会发展趋势和多元治理需求，归纳提出便捷可及、公平包容、丰富多元、魅力特色、健康韧性与协作互助等六个导向，构建形成"15分钟社区生活圈"价值体系，引领社区全面发展（图2-4-1）。

便捷可及： 全面考虑各类人群对于"衣食住行"基本服务高频、近距、易达的使用需求，结合出行路径与活动习惯，强化慢行网络与服务要素有机链接，实现社区生活更便捷、更高效。

公平包容： 充分尊重并最大程度包容不同年龄、性别、文化、行为能力、生活习惯的多样态人群需求，保障社会各方平等享有社区服务、公平参与社区事务的权益，促进社区融合与公共交往。

丰富多元： 关注不同个体的特色化需求，以及未来生活方式的转变趋势，不断充实完善服务要素体系，在补齐民生短板、确保服务均好的基础上，提供更加多样化、品质化、定制化的社区服务，让社区幸福生活再"升级"。

魅力特色： 兼顾人对社区生活的功能性和情感性依赖，突出因地制宜，强化特色塑造，提供更紧贴需求的公共服务、匹配更符合特性的空间场所，重视并传承社区历史风貌与文化积淀，彰显社区独特魅力。

健康韧性： 尊重自然规律，引领健康发展。积极提升社区韧性，增强社区应对各类灾害和突发事件的自身平衡能力和更高复原力，全时保障社区安全平稳运行，促进人与社会、自然的协调发展。

协作互助： 着眼于人对共同生活家园的热爱与责任感，重视发挥自下而上的社区自组织力量，吸纳多方共同协作，多方式、多途径地参与社区事务，形成共商、共治、共建、共享的社区治理格局。

2.4.3 以"服务—空间—治理"三位一体构建理想模式

与日韩等国将"生活圈"作为自上而下的国土空间规划和治理单元，或是欧美国家将"N分钟城市或生活圈"作为自下而上的日常生活服务就近组织不同，"15分钟社区生活圈"是在中文语境下围绕人的多层次需求开展的社区规划建设，主张以服务为内容、以空间为载体、以治理为手段，将时间和行为的动态要素纳入社区规划中，其目的是进一步演绎社区内涵，将其从单纯的物质空间扩展到实现社会—空间—生活关系的有机融合，营造更为安全、健康、公平、高效、绿色、可持续的"成长型社区共同体"理想社区模式（图2-4-2）。

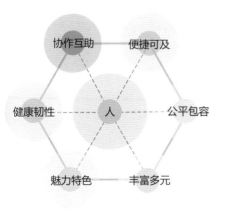

图2-4-1 以人的需求为核心的价值体系

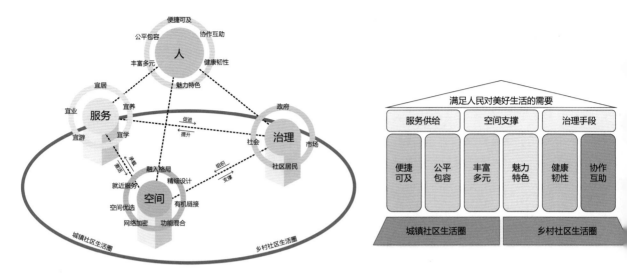

图 2-4-2 "成长型社区共同体"理想社区模式

　　作为"成长型社区共同体"理想社区模式的三个重要支柱，服务、空间与治理之间并非独立、割裂的，而是相互影响、相互支撑的。服务与空间是互动匹配的两者，社区高品质的空间营造除了"硬件"配置外，离不开"软性"服务的内容加持和使用激活，在社区空间可持续地植入与人群需求相契合的服务内涵，可以为社区空间带来更多的人气与活力；同时，根据不同类型服务对于空间规模、区位环境、场所特征的不同偏好和要求，选取从点位到规模都匹配的空间物质载体，也将更好提升服务品质和效果。服务与治理是互促提升的两者，相较于传统政府单向为社会统筹输送标准化服务，人群使用需求的差异对服务的专业性、规模性、经济性提出不同的要求，通过引入多元主体共同参与社区治理，为政府引入市场持续拓展服务类型、丰富个性内容、提升服务质量等，提供真实的需求和反馈；同时，满足市民个性化的服务需求，营造更强的社区归属感与幸福感，也将有助于激发市民反馈社区的主动性与积极性，推动市民从社区服务的"享受者"转向社区服务的"提供者"。空间与治理是互助支撑的两者，依托市民广泛参与的社区治理，可以更全面掌握人群多样化的空间需求和行为模式，为存量社区在资源紧约束条件下的空间集约统筹整合提供引导，通过分时错时共享、延时服务等治理手段，提高空间使用效率，降低空间多配、错配成本，构建属于人民、服务人民的空间场所；同时，空间为治理的开展提供载体基础，配合社区空间特质、记忆、场景的塑造，可以探索更加多样化的公众参与活动和形式，让社区治理更有热度、更具活力。

在"服务—空间—治理"三位一体的共同作用下，推动"15分钟社区生活圈"实现对城乡社区生活交往、资源配置、自治共治的有效引领和全面覆盖，成为落实"人民城市"理念的最佳实践载体。

1. 全覆盖的服务要素供给模式

根据马斯洛需求理论，人的需求层次可依次分为生理需求、安全需求、归属需求、尊重认知、自我实现直至自我超越，不同层次需求的发展与个体年龄阶段、文化教育变化、所属社区发展相关。"15分钟社区生活圈"主张在满足城乡居民全生命周期工作与生活的各类需求的基础上，还要引领更加美好健康、归属关怀的生活方式，最大限度地激发社区与社区居民的潜能，引导居民需求逐步向更高层次提升。因此，"15分钟社区生活圈"的服务内涵不止于公共服务，更强调的是以社区为单元，在适宜的日常慢行范围内，开展全覆盖的服务统筹和要素供给，既包括居住，也包括就业、学习、交往、游憩；既包括补齐基础民生短板，也包括主动适应未来发展趋势，提供多元化、特色化、品质化服务；既包括"硬件"（设施），也包括"软件"（服务）。

具体来说，围绕"宜居、宜业、宜游、宜学、宜养"的美好愿景，至少包括5个方面：

（1）营造健康舒适的居住产品与环境；

（2）提供贴心就业服务和更多就业机会；

（3）打造可漫步、可交往的社区空间网络；

（4）推动幼有善育、学有优教、终身学习的良好氛围；

（5）积极实现为老无忧的康养服务和全时健康。

让"衣食住行"的日常需求、"柴米油盐"的人间烟火，皆浓缩在"15分钟社区生活圈"中，构建"十全十美"需求全覆盖的理想社区生活图景。孩子们在游戏中学习、在自然中探索、在互动中创造；青年拥有更多创新创业机会和服务支持，助力青年拥抱未来、成就梦想；老年人在充满尊严、关爱和活力的环境中感受幸福、乐享生活；社区更好汇聚人气、集聚人才、凝聚人心，引领全年龄段不同人群的全面发展和不断进步（图2-4-3）。

2. 高适配的空间统筹模式

与根据一次性、标准化、自足性等原则配置空间和服务设施的传统居住区规划相比，"15分钟社区生活圈"的规划和营建，强调从传统的"以物为主导"的空间规划转向"以人为主导"的时空间行为规划，其核心是要与人的行为规律高度匹配，根据不同社区、不同年龄人群、不同生活服务类型异质性的使用需求，将公共服务资源有效分配、动态组织、精准设置，并辅以精细设计，从而将社区物质空间与人的活动相衔接互动，提高社区空间的使用效率，改善社区生活质量，促进更加公平与韧性的社区生活（图2-4-4）。

具体而言，高适配的时空间行为统筹模式根据不同层面，关注以下方面：城市层面，强调"15分钟社区生活圈"与城市发展格局相衔接，以分布式、单元化的结构，强化功能多元、集约紧凑、TOD开发等导向。社区层面，强调社区空间的分层供给与服务匹配，提高空间可达性与时间的可用性，包括就近服务，关注低龄儿童、年长老人等对短距离出行可达需求较高的人群，优先落实高频使用设施的就近就便设置；空间优选，倡导服务要素优先布局在人口密度高、活动频率高、资源禀赋佳、环境品质好的区域；功能混合，倡导居住、就业、服务等各类功能的混合

图2-4-3 全覆盖的服务要素供给模式

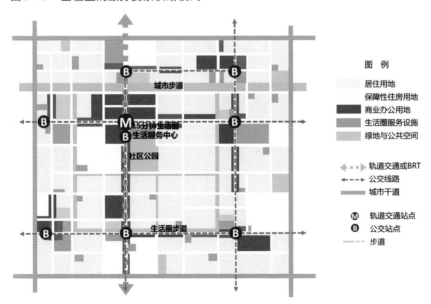

图2-4-4 高适配的空间统筹模式

布局和土地的复合利用;网络加密,建构更高密度与更舒适体验度的慢行脉络,引导更低碳健康的社区出行;有机链接,强化社区内外各日常生活要素的有效衔接、复合利用和开放共享,优化社区资源的时间效能。具体要素层面,关注空间精细设计与在地性的特征塑造,更好满足人性化、品质化的使用需求。

3. 精细化的社区协同治理模式

社区通常由政府、社区居民、社会和市场四部分社会力量构成。治理作为一个公共管理概念,包含多主体共同管理事务、调和冲突或不同利益并采取联合行动的特征。不同于西方学界将社区视为"独立于国家和市场的社会力量"的认识,中国的社区是"单位制解体后重构城市基层治理体系"的语境中被建构出来的。"社区治理一般指为实现社区发展的目标,处理社区范围内公共事务的一系列决策和行动的动态过程"。区别于"社区发展"及"社区建设"[1],社区治理不仅强调参与社区公共事务解决过程中的"赋权"作用,更强调其参与主体的"担责"机制,具有三方面重要特征:治理目标的长期动态性、治理参与主体的多元性以及治理组织的互动性。精细化社区治理是高质量的现代化国家治理体系的基础构成。在存量时代,社区的精细化治理,就是监测、维持与培育社区健康成长和创新发展的过程,引导社区逐渐成为宜居、乐业、善治的生活载体。在这一过程中,社区的创新力将成为城市创新力的重要源泉之一[2]。

对当下中国城乡治理而言,如何借鉴国外成熟的社区治理模式,推动规划更好落地,关键是在把握中国国情、结合地方实际的基础上,对于社区空间治理的"制度创新"和多主体共谋共建共治社区生活的"能力建设",将"15分钟社区生活圈"打造成为精细化协同治理的复合场域和实践载体。为实现社区功能健全和社区主体身心健康等目的,针对需求感知难、资金持续难、利益协调难等社区治理难题,依托政府、市民、社会等多元力量,从安全健康、设施完整和管理有序三方面精准着力,抓住各类专业活动建设机遇与影响力,通过上下互动、左右贯通、共商共谋的工作方式,开展贯穿规划、建设、管理、治理全过程的行动。主要处理好三个问题:[2]

(1)妥善处理政府与社区关系问题,减少和避免行政的"越权"和"错位",加强政策法规的支持和管理,逐渐赋予更多自治权利;

(2)鼓励第三方机构参与,适当降低社会团体和组织的参与门槛,推动实现社区的可持续运转;

1 1960年代以后,美国的城市更新开始向社区发展方向转型。社区发展(Community Development)指社区成员通过集体行为活动来推动社区公共事务的解决。公众参与(Public Participation)主要是指政府以外的公众和组织通过参与正式和非正式方式来参与和影响制定决策的过程。中国通过借鉴国外城市"社区发展"的实践经验,于1990年代初期提出社区建设的理念,强调通过党和政府的领导,通过动员社区资源来推动社区服务水平和城市基层管理工作的落实,并且强调社区组织体系的完善及社区空间环境的改善,具有较强的行政化和"自上而下"的色彩。原珂主编《城市社区蓝皮书:中国城市社区建设与发展报告(2022)》,社会科学文献出版社,2023年。

2 吴志强、王凯、陈韦等《"社区空间精细化治理的创新思考"学术笔谈》,《城市规划学刊》2020(3)。

（3）提高社区居民参与意识，激发和引导多元社会力量参与社区事务，推动从服务的使用者向服务的提供者转变（图2-4-5）。

2.4.4 以多元丰富场景展现理想生活

社区以及社区内的各类建筑、设施和空间，需要依托吸引多样化人群的行为活动，承载多种功能的集聚交互，策划举办丰富的活动事件，才能最大限度地展现出其鲜活的生命力和烟火气，彰显其中蕴含的社会意义和文化价值。如上文所述，"成长型社区共同体"是由服务、空间和治理三个支柱相互作用构建而成的，如何将这一理想模式的内涵机制转化为建设实景，更加生动展现在社区居民面前，"15分钟社区生活圈"主张引入社区场景，以人的感知与体验为切入点，从"见地见物见空间"拓展至"见人见情见生活"，成为社区居民直观认知社区、深入了解社区、沉浸体验社区的众创过程。可以说，营造社区多元丰富场景是对"成长型社区共同体"扎实内涵的外延演绎与生动展现，既可以让居民在社区中感受人间烟火，品味生活乐趣，也有助于进一步激发居民对参与社区事务、场景营造的热情和动力，将参与感、获得感、幸福感转化为对社区共建共治的归属感、责任感和成就感。

在社区场景营造的过程中，需要强化多元化、适宜性和在地性。首要是结合社区生态环境、人文历史等资源禀赋，延续和保护社区内具有烟火气、历史感、记忆性的原生场景。同时，考虑不同人群多样化需求，运用织补、链接、激活、赋能等手段，在适宜的场所空间植入与之相匹

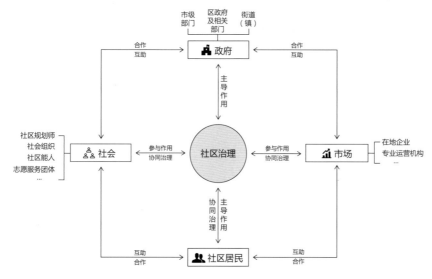

图 2-4-5 精细化的社区协同治理模式

的丰富功能与活动事件，将社区场景进一步拓展创新。以有趣、贴心、充满活力的体验与感受，吸引不同人群在社区中停留、休憩、消费、就业与生活，实现社区建设与场景营造的有机融合。

就上海的相关实践来看，城镇社区立足不同功能与活动特征，打造形成温馨家园、睦邻驿站、活力空间、慢行步道、共享街区、烟火集市、艺术角落、人文风貌等主题场景；乡村社区结合空心老龄趋势和生态保育、产业创新、艺术文创等发展需求，提出构建睦邻友好、健康养老、自然生态、创新生产、未来创业、艺术文创、旅游休闲、智慧治理等特色场景，相关场景的策略与实践在本系列书籍《践行"人民城市"理念，推进上海"15分钟社区生活圈"探索与实践——实践篇》中展开。需要注意的是，各场景之间并非割裂，而是以灵活性、适配性为原则，针对不同社区特性、不同居民需求、不同时段活动，因地、因需、因时对各场景内部的服务要素进行优化、重组和拓展，不断演绎创造出更多个性化的特色场景，如响应远程办公需求的创业就业场景、倡导绿色健康的低碳生活场景、提升服务体验的远程教育及就医场景、顺应虚实融合趋势的"元宇宙"场景等（图2-4-6）。

随着时代、科技和生活方式的发展，"15分钟社区生活圈"的理想模式会不断变迁和发展，并由此催生出新的社区规划与治理方式，呈现出更加丰富多彩、更显智慧智能、更具健康韧性的社区场景。"15分钟社区生活圈"将始终保持开放式、可生长的属性，推动城市永续发展、永葆活力。

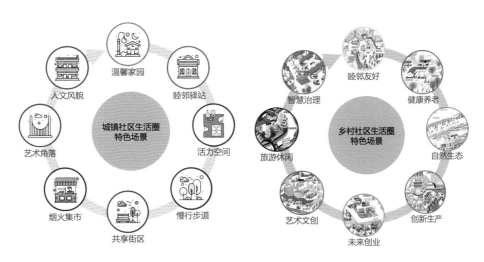

图2-4-6　城镇与乡村社区生活圈特色场景引导

第 3 章　五宜导向，十全十美

随着人民群众对生活品质追求的不断提高，社区已经从满足基本居住需求的场所逐步发展成为一个有机的"微城市"概念，覆盖生活、生产和社会生态范畴，承载居民对理想生活的向往。因此，"15 分钟社区生活圈"在内涵上要关注更为丰富的服务要素，既包括对住房、配套公共服务设施、道路交通和公共空间等物质空间的系统性安排，也包括社区内各类群体多样化的需求，以及促进社会包容公平、强化面向未来的弹性和韧性、增加社区归属感等关乎社区发展品质的内容。"15 分钟社区生活圈"通过全要素规划目标协同，在慢行可达范围内全方位满足各类生活需求，引领面向未来的"宜居、宜业、宜游、宜学、宜养"美好生活，促进人的全面发展和社会进步。

本章基于国内外社区规划相关研究实践与发展趋势，逐一演绎"五宜"目标理念及内涵，形成覆盖城镇、乡村社区生活圈的规划策略（图 3-0-1）。在此基础上，结合上海需求特征和行动实践，建构形成保基本、提品质、塑特色的"十全十美"公共服务体系，将"五宜"导向落实至具体服务要素和配置引导。在实际运用中，各社区应充分考虑人口结构、地域文化、自然条件等社区特征和资源禀赋条件，因地制宜、因势利导，营造具有地域特色的高品质社区空间。

3.1 宜居：住有所居，全龄友好

居住环境直接影响到居民的生活品质和幸福感程度。自 20 世纪 80 年代住房制度深化改革以来，我国城乡居民的住房条件持续改善，到 2020 年，全国城镇地区人均住房建筑面积已达到小康社会居住标准。[1] 尽管如此，在一些超大特大城市，住房仍然存在结构性失衡情况，"买不起、住不好、租不长"的"住房焦虑"成为社会的普遍关注。同时，人民对美好生活的向往推动对社区居住品质的更高追求，多元混合、

1　孙青《中国居民住房状况的新变化》，《人口研究》2022，46(5)。

宜居：住有所居，全龄友好	住有安居	1）提供多样化的住宅类型 2）强化产城融合的空间布局 3）引导不同类型住宅的适度混合
	环境宜居	1）提供舒适健康的居住条件 2）营造活力开放的街区空间 3）塑造绿色低碳的人居环境
	全龄服务	1）配置满足全龄需求的服务设施 2）契合活动规律综合布局设施
	安全韧性	1）完善社区防灾减灾空间布局 2）倡导社区空间"平急两用"转换 3）提高社区韧性治理能力
宜业：就业无忧，服务无距	就近就业	1）适度混合就业功能 2）提高就业空间可达性 3）推进乡村产业升级
	激发创新	1）提供低成本创新创业空间 2）挖潜存量资源植入创新功能 3）提供激发创新的交流场所 4）激发乡村创新活力
	服务支持	1）加强社区就业服务供给 2）匹配就业人群需求配置服务设施 3）完善乡村产业服务配套
宜游：体验多元，慢行友好	活力网络	1）构建多类型、多层次、网络化的公共空间体系 2）拓展充满活力的全民健身空间 3）塑造儿童友好的社区环境和活动场所
	品质慢行	1）构筑社区慢行网络 2）提升慢行空间品质
	公交便捷	1）提升公共交通站点的服务覆盖 2）提升乡村交通服务
宜学：终身乐学，人文共鸣	托育无忧	1）增加托育资源供给 2）加强科学育儿指导
	终身学习	1）推进基础教育优质均衡发展 2）营造全民学习的社区环境
	文化供给	1）丰富社区文化设施类型 2）提供社区自然科普空间
	彰显风貌	1）保护社区特色风貌格局 2）保护重要历史建筑与公共空间 3）打造在地化的社区文化景观
宜养：乐龄生活，全时健康	老有所养	1）健全多层次的养老服务设施体系 2）覆盖差异化的老年照护需求 3）深化医养结合、康养结合
	健康照护	1）推动优质医疗资源下沉社区 2）重视全人群、全周期的健康管理
全面服务、贴心配置	"十全"基础保障型服务要素	党群服务、便民服务、就业服务、医疗卫生、为老服务、教育托幼、文化活动、体育健身、应急防灾、公共交往
	"十美"品质提升型服务要素	生态培育、全民学习、儿童托管、健康管理、康养服务、特色服务、文化美育、创新创业、交通市政、智慧管理

五宜导向
十全十美

图 3-0-1　"五宜"目标理念、内涵和主要策略

舒适开放、全龄友好、智能感知等都成为未来社区生活的趋势。此外，城市运行的复杂性增加了社区发展的不确定性，安全韧性正在成为"宜居"社区的保障底线。

为实现住有所居、全龄友好的"宜居"目标，"15分钟社区生活圈"需要持续关注可负担、可持续的社区住房供应体系，营造健康、舒适的居住环境，提供面向全龄服务的配套设施，提升社区安全韧性水平，保障各类人群扎根安居、人人享有品质居住。

3.1.1 住有安居

住宅是满足居民基本生活需求的重要条件。在确保适宜的人均居住水平下，"15分钟社区生活圈"需要重点关注住宅类型结构与居住空间布局。首先，社区住房需求与人口自然结构、社会结构、家庭结构之间存在密切关联，在确定住宅策略时，需关注城市或者社区现状住宅类型结构的问题、人口结构特征及城市发展对人口类型的需求等因素。[1] 其次，合理的居住空间布局对于促进社会融合、产城融合具有积极的作用，住宅规划尤其要关注居住隔离、职住分离等空间失衡问题，从而促进居住需求与住房供应的精准匹配，实现人人住有安居的规划目标。

1. 提供多样化的住宅类型

为更好满足不同人群的居住需求、适应人口结构的动态变化，必须要着力提供多样化的住宅类型。

（1）关注青年群体和各类人才的住房需求，合理配置租赁住房、中小套型住房和人才公寓等，为青年人在过渡阶段提供全方位的居住保障。

（2）关注城市建设行业和基本公共服务行业一线工作者的安居需求，规划建设职工宿舍、廉租房等，为城市一线工作者营造便利、温馨之家。

（3）关注老龄化时代的居家养老需求，适度配置老年公寓，完善社区嵌入式照料养护、医疗保健等服务，让老人拥有更好的居家养老体验。如北京双桥恭和家园作为国内首个集中式居家养老社区，通过"居室＋服务"模式，让老人住在自己家中，依托社区配备的专业医养、康养设施以及整合跨学科多专业服务团队，享受一站式居家养老服务。[2]

2. 强化产城融合的空间布局

伴随城市的快速扩张，住房向郊区蔓延布局，而优质就业机会仍在

1　孙文凯《家庭户数变化与中国居民住房需求》，《社会科学辑刊》2020(6)；程蓉《15分钟社区生活圈的空间治理对策》，《规划师》2018, 34(5)。

2　胡安华《"居室＋服务"适老更享老》，《中国城市报》2023年8月7日第17版。

中心城区集聚，出现居住空间与就业空间错位的现象，进而引发交通拥堵、通勤成本增加等问题。特别是具有公共福利性质的保障性住房，更易出现选址偏远、集中连片和配套设施滞后等问题，进一步加剧了职住分离。[3]因此，需要关注居住空间的选址，充分考虑其与就业空间的匹配关系，倡导以公共交通为导向、产城融合的空间布局。鼓励在产业园区、商务集聚区、科技创新区以及轨道交通站点周边，适度增加与就业人口数量、结构等相适配的住宅类型，从而促进就业人群职住平衡，增加弱势群体获取就业资源的机会。如香港的新城公屋建设，打破了传统的功能分区规划思维，将无污染工业、第三产业有效地与居住功能适当混合，让保障性住房中的低收入者获得了通过简单培训即可到周边工业园区就业的机会。[4]

3. 引导不同类型住宅的适度混合

单一类型居民过度集聚容易产生居住分异与居住隔离等空间失衡现象，进而对社区活力、安全、公平等方面产生不利影响。为打破不同社会阶层和群体之间的社会隔离，消除弱势群体公平获取高水平公共服务的阻碍，提倡住宅混合布局，按照"大分散、小集中"原则插花式布局保障性住房、老年公寓等，形成多元混居的异质化社区，塑造包容友好的社区氛围。如美国自20世纪70年代起，通过将公共住宅单元分散布局到中高收入阶层社区、明确公共住宅和商品住宅的配建比例等途径，持续推动不同收入、不同文化背景的群体混合居住。[4]新加坡为避免老年人过度集中导致的社区活力不足以及老年贫民区现象，自2010年起开始采用包容性区划的方法，通过在组屋项目中配建一定量老年人独居型住宅，帮助老年人更多地参与社区生活。[5]日本为解决东京市区住房短缺问题，自20世纪60年代起推动建立多摩新城等一批卫星城，建设之初为吸引中低收入家庭入住，主导开发小户型、中高层住宅群，随着人群对住房需求变化和住宅产品设计发展，走向多样化的住宅类型，包括中小户型的集合住宅、较大面积户型的公寓楼宇，以及带有自家庭院的独栋或连体住宅等，满足不同人群的需求。

3.1.2 环境宜居

居住环境是与人类居住生活行为密切相关的物质实体，当前人们对居住环境的追求，已经从关注住宅内部设计拓展到重视更广泛的外部生活空间。[6]除注重居住建筑本身的设计质量和舒适性外，如何赋予外部空间活力有序的社会交往功能、营造与自然共生的可持续社区

3 赵聚军《保障房空间布局失衡与中国大城市居住隔离现象的萌发》，《中国行政管理》2014(7)。

4 郑思齐、张英杰《保障性住房的空间选址：理论基础、国际经验与中国现实》，《现代城市研究》2010, 25(9)。

5 王烨、沈娉、张嘉颖《新加坡适老化住宅建设特征与经验》，《建设科技》2022(21)。

6 王春晓《住区外部人性化空间环境的设计策略》，《住宅科技》2000(2)。

环境，也成为宜居社区建设的重要议题，以实现居住环境由内而外的全面提升。

1. 提供舒适健康的居住条件

面对人口老龄化、房屋老化的趋势，市民对居住质量和居住安全的要求不断提高。在确保通风、日照、卫生等基本要求的基础上，尤其要关注老年人居家安全和起居活动的需求，同时加强对城乡老旧社区的按需改造，改善居住条件。

（1）推动住宅适老化改造，针对老年人身体机能出现行动变缓、反应力下降、视听力变差等退行性变化的特征，通过拓宽通行空间、增加无障碍设施与防滑设计等措施，使既有居住环境与老年人的行动特点相适应，满足老年人对居所的安全、卫生、便利和舒适等基本需求。

（2）对建成较早的老旧住房进行综合整修和现代化宜居改造，通过开展成套改造、增加独立煤卫设施、加装电梯、改善市政基础设施等措施，保障适宜的居住条件，促进社区有机更新。如上海在石库门里弄等低层高密度住宅改造中，通过有效利用阁楼空间和地下空间、适当下挖、布局独立厨卫设施等措施，在平面和垂直上再分隔内部空间，实现"套内成套"的目标。

（3）乡村地区应结合当地民居特点与生产生活方式，在保护传承传统风貌的基础上，通过巩固房屋结构、完善居住功能、优化基础配套、

表3-1-1　典型开放式街区尺度及特征

城　市	街区位置	典型街区尺度	街区特点
德国柏林	旧城中心区，柏林火车站地区	约为70米×200米	以施普雷河为背景，以腓特烈大街、菩提树下大街和莱比锡大街为骨架，形成一横两纵的古典主义轴线布局。街区路网为正交网格，街区长宽比约为2:1，城市肌理连续，步行尺度宜人
	西部郊区，奥林匹克体育场地区	约为70米×200米	顺应城市肌理的窄路密网布局，街区长宽比约为2:1，街区内部为公共空间，景观环境良好
法国巴黎	旧城中心区	约为70米×250米	不规则放射路网围合而成的街区，长宽比约为2:1，倡导公交与步行
	旧城环外，勒瓦卢瓦-佩雷地区	约为60米×220米	正交网格形成的小尺度街区，长宽比约为1:1~3:1，围合式公共空间，步行尺度
捷克布拉格	旧城中心区，火车站以东地区	约为70米×100米	复合多样的"小街区"模式，街区长宽比约为1:1，围合式公共空间，步行尺度
瑞典斯德哥尔摩	哈默比湖城	约为60米×100米	街区顺应河流走势布局，长宽比约1:1~2:1，自由灵活而有秩序，形成垂直于河流的景观轴线

引导集中居住等措施，改善村民居住条件，打造美观与实用并举、传统与现代交融的乡村民居。

2. 营造活力开放的街区空间

大尺度、封闭式的住宅区是造成城市微循环系统不畅的原因之一，对居民出行和公共资源开放共享带来诸多不便。关注打造人性化的街坊尺度与开放的公共界面，形成活力宜人、与城市有机融合的街区生活氛围。

（1）采用小街区、密路网的街区规划模式，合理划分住宅组团用地，提高步行与公共交通可达性。如以德国、法国、瑞士等欧洲国家为代表的城市一直倡导"窄路密网"模式（表3-1-1），一般是以100米×100米左右的道路网格为基本的街区单元，并降低道路的等级和红线宽度，形成尺度适宜的街道空间。[1]

（2）塑造连续活力的街道界面，沿生活性街道布局的住宅建筑可在底层适度嵌入公共服务设施和公共活动空间，促进公共资源的开放共享。如西班牙巴塞罗那为应对汽车对街道空间的侵蚀，开展"超级街区"计划（图3-1-1），将过境交通引流至"400米×400米"的街区外围道路，把"130米×130米"的慢行街区还给行人，并将内部车行道路及十字交叉路口改造成街区公园、儿童活动场地及步行休憩区等，让步行界面更加连续、舒适，为丰富的居民活动与活跃的社区氛围奠定了重要空间基础。[2]

（3）增加更多活力、开放的小区共享空间，通过住宅底层架空、增加屋顶露台与风雨连廊等措施创造更多的"灰空间"，以此作为公共

1　王峤、臧鑫宇《城市街区制的起源、特征与规划适应性策略研究》，《城市规划》2018, 42(9)。

2　包哲韬、周林《城市公共空间的复兴——巴塞罗那超级街区计划的经验和启示》，《建筑与文化》2021(3)。

3　崔嘉慧《巴塞罗那超级街区对中国街区制的经验启示》，中国城市规划学会编《活力城乡 美好人居：2019中国城市规划年会论文集》，中国建筑工业出版社，2019年。

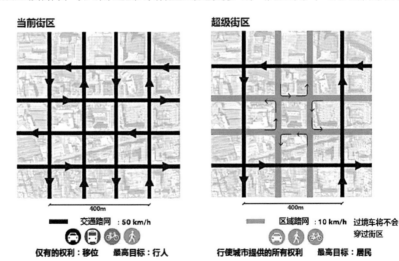

图3-1-1　西班牙巴塞罗那"超级街区"模式[3]　©BCNecologia，崔嘉慧译制

活动空间和绿化空间，为居民提供遮风避雨、休憩交流与集会互动的场所，促进邻里关系和睦友好。

3. 塑造绿色低碳的人居环境

在城市化进程加速的背景下，环境污染和资源浪费问题突出，全球气候变化带来的影响亦愈发显著，这些挑战促使社会对可持续社区、生态社区和低碳社区等概念给予了极大的关注和探讨。以现代生态技术为手段，设计、组织、建造社区内外空间环境，逐渐成为城市发展低碳经济、节约资源能源、营造自然健康居住环境的重要途径。

图 3-1-2 瑞典哈马碧生态城 © 华高莱斯

（1）倡导绿色低碳规划理念，合理规划社区功能布局、空间尺度、交通组织，形成可持续发展的有机城市单元；坚持因循自然的原则，尽可能地保留原有地形、植被、河流等自然形态和生物多样性，尽量减少建设行为对生态本底环境的冲击与负面影响，同时充分利用社区蓝绿空间，实现增加碳汇、调节微气候、吸附污染物等效果。[1] 如瑞典哈马碧

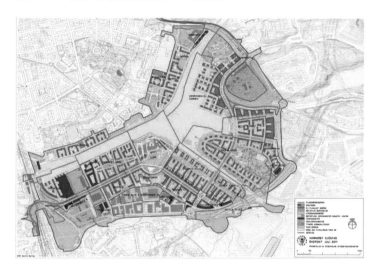

图 3-1-3 瑞典哈马碧生态城土地利用模式 ©Stockholm City Planning Administration

生态城（Hammarby Sjöstad Eco-Town，图3-1-2），采用小尺度街区、功能混合、TOD导向的开发策略，形成集约紧凑的空间形态，并且以保留林地、自然区为骨架连接新建绿地，形成高品质的紧密开放空间网络；引入精准分类的垃圾处理系统、独立且可循环的净水系统以及绿色能源技术等，实现废弃物、水、能源之间的循环利用。经过近20年的发展，成功实现从废弃工业区到全球零碳城市典范的转变（图3-1-3）。

（2）发展绿色生态建筑，坚持生态科技优先的设计原则，充分考虑地区气候特点和地理特征，因地制宜选择建筑形式与风格，设计有地域特色的节能实用住宅；科学合理利用先进建造技术、环保建筑材料以及低能耗设备，多措并举促进资源、能源的循环与节约利用；积极引入智能感知控制系统，预留智能感知设备安装点位，采集温度、湿度、压力、压强等建筑设备运行的基础状态信息，合理规划、调度、分配资源，提升能效碳效指标。

3.1.3 全龄服务

年龄结构是影响社区设施需求差异的关键因素。不同年龄段的居民对社区活动的需求以及对设施类型的偏好存在显著差异。儿童和老年人的社区活动参与度较高，是社区设施和公共空间的主要使用者。其中，儿童对公园绿地、早教幼托等设施的需求度较高，老年人对菜场菜店、生活照料、医疗康养等设施的需求度较高。此外，中青年人群在工作之余回归社区，对体育健身、文化美育和生活服务等有较高的需求。[2] 为更好满足和匹配各类人群的需求偏好，需要打造全龄关怀的社区服务体系，结合各年龄段人群活动规律，合理引导各类服务资源向居民身边延伸覆盖。

1. 配置满足全龄需求的服务设施

在当前人口老龄化加重、多胎生育政策优化以及青年友好型城市建设的多重背景下，社区公共服务配置要充分考虑不同年龄群体的个性化生活需求。

（1）契合儿童对于安全、趣味和探索的成长环境需求，相应配置养育看护、游戏活动、互动探索、科普教育、亲子阅读等儿童友好设施及场所。

（2）响应青年人群热衷交流交往、追求品质生活、注重自我提升等特征，完善文化娱乐、体育健身、商业服务等空间配置。

（3）精准服务以短距离出行为特征的老年人，就近配置生活助餐、文化活动、长者运动康养等为老服务设施，并注重完善场所的无障碍设计。

（4）关注女性、残障人士等不同生理属性和社会属性人群的发展需求，提供良好的社会服务和支持。如美国纽约市强调让所有人公平、公正地享有公共资产、服务和机会，分别针对儿童、妇女、老人、发展障碍人士、贫困群体等出台精细化的专项服务配置引导，以发展障碍服务设施（Developmental Disability Services）为例，包括中等监护设施、支持性社区住宿设施、日间治疗、日间培训、就业培训、娱乐休闲等类型。此外，政府还在官方网站上发布线上地图（图3-1-4），以便公众查询。

1　鞠鹏艳《创新规划设计手段　引导北京低碳生态城市建设——以北京长辛店低碳社区规划为例》，《北京规划建设》，2011(2)；高银霞、王金亮、何茂恒《低碳社区建设浅谈》，《环境与可持续发展》2010,35(3)；翁奕城《国外生态社区的发展趋势及对我国的启示》，《建筑学报》2006(4)。

2　李萌《基于居民行为需求特征的"15分钟社区生活圈"规划对策研究》，《城市规划学刊》2017(1)。

2. 契合活动规律综合布局设施

基于居民日常活动特征和行为路径，将高关联度的设施以慢行尺度进行邻近或集中布局，形成面向不同核心服务对象的设施簇群，有效降低使用人群的出行成本和时间成本，进一步提升居民的生活便利性。

（1）针对通勤人群，宜结合区域内主要就业区、居住区和公共交通站点之间的上下班路径，沿线布置体育健身、文化娱乐、就业服务等设施，以便为就业人群提供更加便捷的就业支持与休闲方式。如新加坡规划建设的公园连道系统（Park Connector Network）途经居住社区，为非机动车出行提供更为安全便捷的可选路线，成为大多数居民选择的上班路，以及越来越多的居民在工作之余进行健身娱乐、家庭活动、了解自然或定期聚会的场所。

（2）针对具有自理能力、可在社区内居家养老的老年人，宜以菜场为核心，将小型商业、老年活动室、健身点、婴幼儿托育点、学校以及社区绿地等邻近布局，方便老年人在一次出行中完成接送儿童、生活购物、互动交往等日常活动。

（3）针对学龄儿童，宜结合区域内基础教育资源和主要居住区，形成若干条通学路径，沿线布局儿童图书馆、儿童游戏场地等。如深圳市百花二路周边集聚了十多所学校，是重要的通学路径（图3-1-5），为满足儿童友好出行需求，百花社区通过绘制彩色斑马线、新增自行车道等手段营造安全的出行环境，在沿线植入儿童游乐设施、雨水花园、百花农场等，将原本的封闭绿地打造成儿童户外生活的"城市客厅"。

3.1.4 安全韧性

随着各类自然灾害、事故灾难、公共卫生和社会安全事件的突发频率变高、影响扰动变大，"韧性"理念开始被引入城市规划领域，并受到广泛关注。如新加坡、伦敦、纽约、巴黎等多个全球城市均加入"全球100个韧性城市"（100 Resilient Cities）网络，将建设韧性城市锚定为一项长期的城市发展战略。社区作为城市的基本组成单元，在灾

- ○ 中等监护设施
- ● 支持/监督社区住宿
- ● 个人住宿选择
- ● 发展中心
- ● 社区住宿/独立临时看护
- ● 日间治疗
- ● 日间培训
- ● 临床治疗
- ○ 日间小儿康复
- ● 评估和诊断
- ● 就业培训
- ● 娱乐

图3-1-4　美国纽约发布发展障碍服务设施的类型和分布[1]

1　张敏、张宜轩《包容共享的公共服务设施规划研究——以纽约、伦敦和东京为例》，中国城市规划学会编《持续发展　理性规划：2017中国城市规划年会论文集》，中国建筑工业出版社，2017年，第10页。

2　崔鹏、李德智、陈红霞等《社区韧性研究述评与展望：概念、维度和评价》，《现代城市研究》2018(11)。

害与威胁面前首当其冲，将韧性理念与社区建设相结合，构建韧性社区，可较大提升社会应对危机的能力。为提高社区抵御风险、快速恢复的能力，韧性社区建设须需关注合理布局防灾避难设施和场地、建立健全设施的平急转换以及社区防灾治理机制。[2]

1. 完善社区防灾减灾空间布局

面对日益严峻的自然灾害和公共安全风险，社区作为城乡居民生活和活动的主要场所，应积极构建覆盖面广、步行可达的应急防灾生活圈，合理布局防灾减灾基础设施，适度预留开敞空间。

（1）综合考虑社区自然条件、现状设施、人口规模、承载能力、物资供给系统等客观条件，完善应急避难空间与设施、救援服务设施和疏散安全通道的建设，形成具有气候适应性与风险调适性的防灾减灾基础设施体系，从而有效应对不同类型的灾害，保障人员安全。如日本东京社区生活圈均须配置救灾通道及避难场所、防灾公园、医疗救助、应急指挥等防灾设施，构建良好的防灾基底。

图3-1-5 深圳百花二路儿童友好街区 ©深圳市城市交通规划设计研究中心、光魅影像工作室

（2）布局一定比例的防灾"留白"空间，利用社区绿地、空旷场地、学校操场等开敞空间，作为风险防范的"隔离带"与"减速带"，形成疏密有致、就近有效覆盖、协同自然生态系统的防灾空间结构，从而降低社区应灾的脆弱性，减少次生灾害发生的可能性和危险度，强化公共安全保障。如美国纽约为应对洪涝灾害启动韧性社区建设，鼓励在空地、公园和私人地面停车场等占比多的社区，将公共广场和开放空间作为防灾空间。以哈丁公园为例，通过种植能够抵御洪水和强风等灾害的泛洪区常见植物、提高绿化覆盖率等手段，实现增加区域径流量和降低沿海波浪风险，成为雨水滞留的关键地点。此外，社区也可利用留白空间提高应急设施的弹性承载力，如在社区医院周边优先布置广场、草坪等，以便拓展灾时空间。[1]

2. 倡导社区空间"平急两用"转换

作为城市空间配置和防灾的基本单元，社区既要在平时为人们提供居住生活与公共服务功能，也要在灾时满足事先预防、应急响应和灾后恢复的需求，因此要关注社区空间的"平急两用"。结合"15分钟

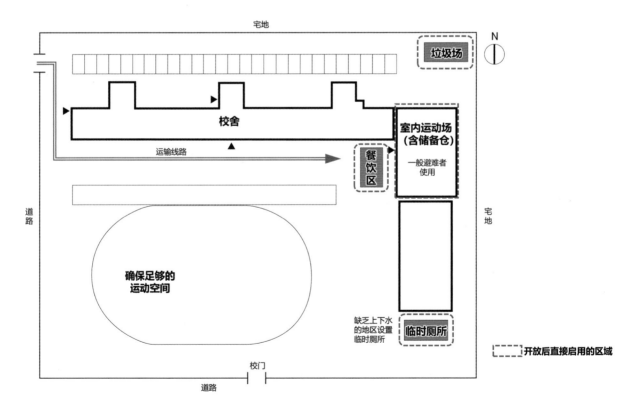

图3-1-6 日本东京"第一避难所"学校的转换设计模板[2] ©日本文部科学省，上海市规划编审中心译制

56

社区生活圈"各类服务要素，合理规划布局"平急两用"的社区应急服务空间，补齐社区在人员安置、应急医疗、物资保障、应急交通、应急管理以及其他应急服务能力建设的短板。做好"平急两用"空间资源的摸排与储备，根据社区人口特征、住宅类型与居住环境、灾害种类特点等，综合判断社区防灾短板和风险程度，合理预测灾时社区应急服务空间需求规模，提前做好空间储备、制订快速转换预案，并且加强对存量资源的改造建设。如日本东京将中小学校作为灾时优先启动的"第一避难所"（图3-1-6），在建设时即考虑防灾要求，包括执行最高抗震设防标准、选取较方正的地块进行标准化设计、强调较低的建筑密度与足够的室外空间、教室内预留水栓与给排水设备空间等，确保灾时可以快速转换。

3. 提高社区韧性治理能力

构建韧性社区不仅依赖于物质空间的韧性支撑，还需要社会治理体系的韧性作为保障，构建起"社区—小区—楼门"多层级、全覆盖的微网格联防联治。

（1）精细化灾时安排，定期评估调整应急预案，明确各类人员的职责任务、各层次物资储备需求，做好社区应急顶层设计，并根据预案制作应急手册和地图，有效指导居民的疏散方向、空间、家庭物资储备等。

（2）推动社区防灾自治，完善社区多方参与协调机制，调动社区多方力量，实现灾害风险管理的重心下沉、关口前移和社会广泛参与。注重居民的常态化学习，提高个体应急能力；培育多元化治理主体，组建多专业社区应急志愿者团队；与社会企业或团体广泛合作，将各类商业资源作为应急生活物资、应急避难场所的补充。如日本东京结合町内会设立社区防灾会进行防灾管理协调工作，同时高度重视多元主体的广泛参与，包括通过灾害演练、防灾与应急护理知识学习等途径，强化居民的危机意识与应灾能力；加强志愿者等社会团队在灾害医疗救援、引导居民避难与物资运输等多类型防灾活动的参与；通过政府与企业签订防灾合作协议的方式，确保灾时企业建筑可临时被征用为避难场所等。

（3）加大数字技术在防灾减灾的应用，通过智慧赋能社区治理韧性，建立起能监测、能预警、能分析、能处置的全流程闭环防控机制。如利用在线政务服务平台、公众号等，建立综合性社区信息平台，加载应急地图、防灾课堂、灾时力量调度等应用模块。

1　参见房亚明、王子璇《从应急到预防：面向城市韧性治理的社区规划策略》，《中共福建省委党校（福建行政学院）学报》2023(2)；赵宝静、奚文沁、吴秋晴等《塑造韧性社区共同体：生活圈的规划思考与策略》，《上海城市规划》2020(2)；朱孟华、刘刚、马东辉等《纽约市韧性社区防洪规划的经验与启示》，中国城市规划学会编《人民城市，规划赋能：2022中国城市规划年会论文集》，中国建筑工业出版社，2022年，第12页；张帆、张敏清、过甦茜《上海社区应对重大公共卫生风险的规划思考》，《上海城市规划》2020(2)。

2　日本文部科学省《避難所となる学校施設の防災機能に関する事例集》，2020年3月版，参见 https://www.mext.go.jp/a_menu/shisetu/shuppan/mext_00484.html。

3.2 宜业：就业无忧，服务无距

随着现代城市功能结构的不断演进和日趋复杂，居住功能与商业、文化、办公乃至都市制造业功能之间的界限日益模糊，各类功能以更加灵活和多元的方式相互混合布局。[1] 特别是近年来远程办公、灵活就业等多样化就业方式的出现，加速了就业空间与居住空间混合交织的发展趋势。在有效控制环境干扰的前提下，这种混合布局有利于激发社区活力，并可为居民提供更多的就业和发展机会。随着城市的发展和居民就业方式转变，社区就业信息发布平台、智能双创共享空间、智慧产业配套服务设施已逐渐出现在社区内，以适应居民对于就业支持和创新环境的需求。由此，社区建设的关注重点也进一步向营造良好的社区就业创业环境拓展。

为实现就业无忧、服务无距的"宜业"目标，"15分钟社区生活圈"提倡为就业人群创造更多的就业机会，提供更多低成本、可负担的创新创业空间，以及更多便捷共享的运动、学习和休闲服务。

3.2.1 就近就业

伴随城市化的快速推进与城市规模的快速扩张，远距离通勤、极端通勤在大城市成为普遍现象，由此产生的时间消耗、人员疲劳等内生性成本以及环境污染、交通事故等外生性成本也不断增加，对创造高品质城市生活带来阻碍。[2] 在社区提供更多的就近就业机会，让居民拥有更多就业创业的选择，对改善个人生活质量、促进家庭和社区联系以及城市可持续发展，具有诸多积极影响。一方面，个体通勤压力的减少有助于提高工作效率、兼顾家庭照料和个人发展，促进工作与生活平衡，增强生活幸福感；另一方面，城市交通压力的缓解有助于减少环境污染，促进社会经济的健康发展。

1. 适度混合就业功能

相较于功能单一的社区，功能混合的社区可以将居住空间与就业空间紧密连接，减少居民通勤成本。

（1）倡导构建合理的用地结构，保障社区内拥有一定比例的就业空间。鼓励在社区中配置适量的商业、商务办公、公共服务设施等非居住用地类型，提供更多的就近就业空间和机会，促进居住与就业适度平衡。鼓励以公共活动中心为核心就近集中布局就业空间，以便就业

1　奚东帆、吴秋晴、张敏清等《面向2040年的上海社区生活圈规划与建设路径探索》，《上海城市规划》2017(4)。

2　王超、张帆、柴兆晴等《基于全社会视角的通勤成本体系构建与测度》，《城市发展研究》2022, 29(3)；许克松、罗亮、李泓桥《"一直在路上"：城市青年极端通勤的困局与破局之策》，《中国青年研究》2024(1)。

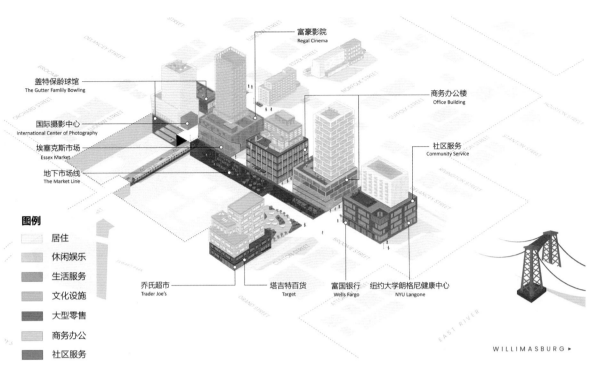

图 3-2-1　美国纽约曼哈顿下东区 Essex Crossing 整体街区功能混合布局 ©Delancey Street Associates，上海市规划编审中心译制

人群快捷访问各类设施、获取社区服务，增强社区内部的互动链接以及公共活动中心的活力，促进社区经济增长和就业机会的创造。

（2）倡导建筑复合利用，鼓励在同一建筑中综合设置商业、办公、住宅等多种功能，提供便利的就业和生活环境，并鼓励对不同发展阶段企业、产业上下游关联企业以及配套服务企业的融合布局，促进构建良好的产业生态圈。如位于纽约曼哈顿下东区的 Essex Crossing 项目（图3-2-1），即是一个大型的生活—工作—娱乐混合开发项目，几乎每一栋建筑中都混合了住宅、办公、商业、文化艺术和娱乐等多种功能，在提供居住功能和大量零售商店、超市、餐厅、咖啡馆等生活服务的同时，还提供了可适配龙头企业、快速增长公司、孵化期小微企业等不同发展阶段需求的商务办公空间。

2. 提高就业空间可达性

为满足社区居民通勤与商务到访的需求，鼓励结合轨道交通、公交站点就近、集中布局社区就业空间。对于建成的社区就业空间，鼓励通过优化公交网络、结合慢行网络等方式，改善地区的公共交通可达性。如日本东京二子玉川站片区以车站为中心，在核心圈层布局购物中心、画廊等商业设施，在次核心圈层布局办公、零售商店、酒店以及休闲娱乐场所，在外围圈层主要布局住宅，成为集多功能为一体的社区综合体。又如成都在"社区TOD"（图3-2-2）的开发中也遵循圈层化布局思路，提出轨道站点周边100米商业圈层、300米办公与公服圈层、700米居住圈层的"137"模式。

3. 推进乡村产业升级

为了破解乡村产业单一化、劳动力大量流失、经济发展滞后的困境，通过加快推进乡村产业升级发展，为乡村人才创造更多的就业机会和更大的发展空间，吸引乡村劳动人口回流，助力推动乡村振兴。

（1）推进现代农业转型，拓展农产品策划、深加工、包装等上下游产业，并与数字经济相结合，实现农业生产、加工、销售全链条发展。同时，根据农业发展的实际需求合理规划和布局相关产业功能，实现资源的最优配置和产业的可持续发展。如浙江省"千万工程"坚持以业为基，开发农业新功能、农村生态新价值，激发乡村强大活力，形成持久生命力。温州市曹村镇，依托天井垟粮食生产功能区，建设现代农业产业园、智能农业大数据科技园、共创空间以及新型农民培训基地等，将万亩农田建成智慧农业示范区，成功推动当地农业向生态科技转型，让村民实现"家门口"就业。台州市黄岩区下浦郑村，按照"一堂一坊一园一区一馆"（文化礼堂、制作工坊、米面公园、体验区、展示馆）的规划，建设特色米面产业园区，打造集生产加工、参观体验与三产融合于一体的特色农副产品加工示范高地。[2]

（2）推进乡村旅游业发展，促进乡村人文价值变现，植入生态游憩、农业体验、历史彰显、非遗传承等功能，为乡村地区带来新的经济增长点。同时，根据旅游动线合理连接相关产业用地，提高旅游效率、优化游客体验。如浙江省湖州市安吉县，依托优质的自然生态资源，以全域旅游打通"两山"转化通道。以刘家塘村为例，通过周边土地出让、流转租赁等方式，成功引进国际艺术山谷、漫时光休闲旅店、环湖度假酒店、高山竹林滑道等项目，并用一条十公里长的休闲绿道将旅游资源"串点成线"，形成村域大景区。[3]

3.2.2 激发创新

在城市化发展迅速、城市更新需求强烈和社会资本日趋活跃的背景下，创新活动的空间载体从单一功能的园区向集办公、科研、居住和公共服务等功能于一体的城市地区转变，[4]高校、产业园区以及大型商

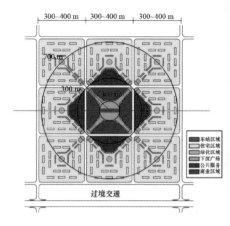

图 3-2-2　成都社区 TOD "137" 圈层规划模式示意图[1]

1　王华文、杨鹂、邹屹恒等《成都市 TOD "137" 圈层规划模式及 "All in One" 理念研究与实践》，《科技导报》2023, 41(24)，图1。

2　参见中央财办等部门印发《关于有力有序有效推广浙江"千万工程"经验的指导意见》的通知（中财办发〔2023〕6号）；印梦怡《海岛特色、研学粮仓……看"千年港商、幸福温州"如此绘就共富幸福新画卷》，《钱江晚报》百家号2023年9月15日，https://baijiahao.baidu.com/s?id=1777078771196720223；

务区周边的社区就业空间成为承接其外溢创新创业活动的重要载体。同时，在乡村振兴的背景下，乡村创新创业也是大众创业、万众创新的重要力量，是加速城乡融合发展、促进共同富裕的重要路径。创新创业活动的蓬勃发展有助于带来更多的新就业机会、盘活闲置或低效社区空间资源，既让社区长期保持活力与吸引力，也能够推进片区功能更新与产业升级。社区需要积极培育有利于创新的社区空间，激发城乡创业潜能，促进城乡社区经济和文化的正向循环发展。

1. 提供低成本创新创业空间

中小微企业作为创新驱动发展的重要力量，在发展初期往往面临资金紧张、场地缺乏、资源有限等困境。因此，在社区中利用挖潜闲置空间的方式，设置功能多元、面积灵活、服务共享的低成本创新空间，并提供全周期的技术指导，有利于促进中小微企业的成长。

（1）鼓励发展量多面广、规模适宜的嵌入式就业空间，注重在社区内布局共享办公、共享会议室等低成本的创新创业空间，为小微企业的提供场所。如上海市静安区大宁路街道联合园区，以"总价一元租金"的模式建立"德必宁享空间"多元服务阵地，其中1200平方米"Z播"共享直播间提供美食、美妆等多元拍摄场景以及大型摄影棚，能够满足各领域企业不同的拍摄要求，降低初创企业进入直播、摄影行业的门槛。

（2）鼓励采用模块化和灵活可变的空间设计，适应不同规模和类型的创业企业需求，助力企业降低运营成本。

（3）鼓励设置社区众创空间，搭建专业化的全周期跟踪服务平台，为企业提供创业指导、法律援助、人才招聘、融资投资等服务。如美国纽约的"众创空间"（Incubators Workspaces）计划通过搭建多样化的创业服务平台，为社区提供低成本、开放式的办公空间、社交空间和资源共享空间，从而降低创新创业门槛，推动大众创新创业，在整个纽约市域范围内已初步形成全覆盖、广辐射的"众创空间"网络。

2. 挖潜存量资源植入创新功能

充分利用社区内闲置或低效的建筑空间、地下空间、小区内部弄巷以及沿线裙房等空间资源，结合创新源、科技创新配套设施、文化景观等资源情况，补足和完善就业功能，有助于进一步激发社区创新活力。

（1）在公共服务配套良好的地区，充分发挥大学院校、产业园区、研究机构等创新教育资源的辐射效应，依托周边较为浓厚的创新创业氛围，在邻近地区提供科技创新空间。如上海市杨浦区四平路街道联合辖区内的同济大学设计创意学院，以协商的方式对多层住宅底商进

朱智翔、郑莹莹《瑞安曹村镇：让生态环境保护与经济社会发展协调共进》，浙江在线2020年7月29日，https://epmap.zjol.com.cn/yc14990/202007/t20200729_12179563.shtml；《浙江"十大创新模式"激活村级集体经济》，"宁波市共富未来乡村研究院"微信公众号2024年3月26日，https://mp.weixin.qq.com/s/UYyszd-hD9Fk2ZJtrGamMw。

3　王萧萧《湖州安吉：绿水青山入画来，全域旅游迎蝶变》，人民网2021年10月27日，http://zj.people.com.cn/n2/2021/1027/c228592-34977608.html。

4　刘希宇、赵亮《北京市回龙观科创社区发展机制研究——以腾讯众创空间为例》，《规划师》2019，35（4）。

行业态调整，通过空间腾挪，先后落地"NICE 2035×CREATER"众创空间（图3-2-3）、同济-阿斯顿马丁创意实验室、好公社等创意空间，将小区内部街巷打造成为融合大学资源的"NICE 2035未来生活原型街"，推动社区成为城市创新策源地。

（2）在城市景观良好、历史文化深厚的地区，依托历史风貌区、旧工业厂房等，提供与周边社区相融合的文化创意空间。如香港湾仔区的M7茂萝街7号（图3-2-4），是一项包括10幢二级历史建筑在内的活化项目。其更新改造后成为"动漫基地"，由香港艺术中心负责运营和管理，为动漫爱好者、业界人士及艺术家提供互动平台与办公空间。经过数年发展，已成为集展览、工作坊、讲座等各类文化创意工作与活动于一体的社区空间。[1]

3. 提供激发创新的交流场所

随着知识经济时代及创新街区发展的浪潮推动，非正式交流空间作为知识溢出、创新交流及传递的主要发生场所之一，对激发创新行为、培育和发展创新社区起到至关重要的作用。[2]为吸引和集聚知识型工作者开展面对面的非正式交流，应注重在办公场所周边布局口袋公园、广场、绿道等室外公共空间，以及咖啡馆、便利店、餐厅等零售空间，打造具有创新氛围和创新网络的社交空间。如美国马萨诸塞州剑桥市著名的创新街区肯戴尔广场（Kendall Suqare），其周边零售空间与开放空间逐步演变为承载社交互动、企业间合作、观点交流和扩展办公的"第三空间"，成为创新活动的重要催化剂。该地区的第一家咖啡店——电压咖啡馆（Voltage Caffee & Art），现已成为连接当地企业家和风险投资家会面的重要场所，是承载创业活动的新场所。[3]

1　M7茂萝街7号参见香港市区重建局网页：https://mallory.ura-vb.org.hk/ 以及香港旅游发展局网页：https://www.discoverhongkong.cn/china/interactive-map/7-mallory-street.html。

2　陈小兰、千庆兰、谭有为《创新街区非正式交流空间质量评价》，《城市观察》2022(6)。

图3-2-3　上海市杨浦区四平路街道的"NICE 2035×CREATER"众创空间

图3-2-4　香港M7茂萝街7号©Aedas

4. 激发乡村创新活力

乡村地区应结合当地特色产业资源与数字经济发展机遇，植入创业孵化、乡村总部、农业研发、电商直播、艺术文创及其他特色功能，提供成本低廉、生态友好、风格鲜明的创新创业空间。如日本自21世纪起逐渐探索以文化和艺术作为核心触媒的乡村复兴实践，诞生了濑户内国际艺术祭、越后妻有大地艺术祭等具有国际影响力的高水平乡村户外艺术节，成功激活当地文旅、文创经济活力。中国台湾社区营造结合生活文化特色元素，发展出生态文创、产业文创、工艺美术文创、古迹文创、族群文创等不同主题的社区特色，包括以社区代表性物种"青蛙"为生态IP的南投县桃米村、以木履产业为特色的宜兰县白米村、以文化酿酒为主题的埔里镇等等，再现乡村活力（图3-2-5）。四川省成都市大邑县青霞镇"幸福公社"依托烟霞湖风景区生态资源，按照"社区即景区，景区即孵化器"的理念，构建以设计为核心，以成都农业创客中心、手作旅游街坊、青年大匠营为载体的农业、文创、社员众创三大孵化平台，目前已集聚三十多家设计公司及团队，吸引大量乡村爱好者、乡建家、艺术家、工程师、设计师、手工艺人等群体，形成特色产业聚落（图3-2-6）。[5]

3.2.3 服务支持

良好的就业创业环境离不开完善的就业服务支撑。与集中的商务区和产业区相比，社区就业的优势之一在于便利可达的社区公共服务资源。紧密贴合社区就业人群需求的公共服务，可以促进生活、就业、休闲融合发展，有助于社区获得服务优势，成为都市产业体系的有效补充。[2]因此，需要从提供便捷、共享的服务出发，为就业人群打造全方位、全天候、多功能支持的活力空间。

3　邓智团《第三空间激活城市创新街区活力——美国剑桥肯戴尔广场经验》，《北京规划建设》2018(1)。

4　范霄鹏、张晨《浅议生态社区营造策略——以台湾桃米村为例》，《小城镇建设》2018(6)。

5　参见陈锐、钱慧、王红扬《治理结构视角的艺术介入型乡村复兴机制——基于日本濑户内海艺术祭的实证观察》，《规划师》2016,32(8)；王永健《日本艺术介入社区营造的现实逻辑与经验——以濑户内、越后妻有、黄金町艺术祭为例》，《粤海风》2021(3)；李大伟、原雨舟《公共艺术赋能乡村振兴的海外经验——以日本越后妻有大地艺术节为例》，《创新》2022,16(5)；李志敏、汪长玉《台湾生活文创型社区的发展历程及开发经验》，《经营与管理》2016(8)；大邑县工商联《幸福公社：秉持社区即景区理念　打造中国"福文化"》，"成都工商联"微信公众号2023年11月22日，https://mp.weixin.qq.com/s/DhsSR9rKQnNRzZAS4D0CCg；文旅君《走过11年的幸福公社："公社"可以复制，但"幸福"不能》，"天府文旅"微信公众号2019年4月28日，https://mp.weixin.qq.com/s/2VNkdw1XcqUkUgLJXVIbnw。

图3-2-5　中国台湾南投县桃米村的民宿内景及村中随处可见的青蛙元素[4]

图3-2-6　成都"幸福公社"打造农业创客中心、布艺工作室等展示当地特色农产品[1]

1. 加强社区就业服务供给

为了促进就业机会的平等获取，增强就业服务的全面性和可及性，应依托社区提供更加贴近基层的就业指导与帮扶。鼓励嵌入式社区就业服务站点，聚焦就业密集区、产业集聚区等区域，形成覆盖城乡、便捷可及的就业服务圈，为重点就业群体提供就业指导、就业培训、就业援助帮扶、创业指导等服务功能。如日本公共就业服务机构大致分为中央、地方、基层三个层次，其中公共职业安定所作为最基层的公共就业服务机构，免费向求职者提供职业资讯、职业介绍以及相关职业培训等服务，在促进公共就业中发挥着最直接的作用。[3]又如国内许多城市近年来陆续打造"一刻钟"就业服务圈，设置社区就业指导室、就业培训基地等，为求职人员和用人单位就近、就地提供就业指导和供求对接的综合服务。如北京西城区建立了"1+15+263"区、街、社区三级公共就业服务网络，实现辖区就业服务全覆盖。

2. 匹配就业人群需求配置服务设施

为了满足就业人群学习交流、休闲娱乐以及生活照料的需求，应结合产业人群特征，完善配套服务设施。鼓励在商务集聚区和产业集聚区，结合白领人群、产业工人的活动特征，提供文化娱乐、体育休闲、儿童托管、社区食堂等公共服务设施，设置功能丰富的白领驿站，举办形式多样的社群活动。如纽约推出"让纽约成为乐业之城"（*Making New York Work for Everyone*）行动计划，将确保所有纽约家庭获得可及的、可负担的优质儿童保育服务，作为提升家庭经济潜力以及拓展劳动力市场的重要手段。

1　幸福公社《天府农业品牌创意孵化园简介》，"幸福公社"微信公众号2020年9月3日，https://mp.weixin.qq.com/s/ZYVN6j9G21MqUpDNoxLgag；幸福公社《小清姐的福布福工作室开业啦！》，"幸福公社"微信公众号2021年10月2日，https://mp.weixin.qq.com/s/a33QSS8AQ3B10VIHPuOkvg。

2　奚东帆、吴秋晴、张敏清等《面向2040年的上海社区生活圈规划与建设路径探索》，《上海城市规划》2017(4)。

3　李颖、李战军《日本公共就业服务体系及特点的借鉴研究》，《吉林省教育学院学报(学科版)》2011, 27(4)。

3. 完善乡村产业服务配套设施

现代化产业配套设施的缺乏会限制乡村经济的转型升级，应倡导结合产业特征完善相关配套设施。

（1）农业型乡村可提供农业科技研发、农产品初加工、电商直播、物流配送等设施，合理保障小农经营的需求，推动农业现代化转型升级，并结合地方特色农业品牌塑造需求，提供特色农产品展示与体验场所。

（2）旅游型乡村应合理布局游客停车场、餐饮设施、公厕、物资补给站、民宿等旅游特色设施配套，在不干扰本地村民日常生活的情况下，与当地生活性配套设施综合布局，错时共享。如日本Mokumoku农场（图3-2-7）依托当地特色养殖产业，以"自然、农业、猪"为主题，围绕学习牧场、手工体验馆等核心休闲娱乐项目，完善餐饮、住宿、零售商业、咨询服务中心等旅游配套设施，打造集农业观光、科普教育、农产品展示与销售、休闲度假于一体的田园综合体，成为乡村文旅产业融合发展的世界性示范。[1]

（3）新产业新业态型乡村可结合引入产业类型，围绕提升产业效能、延伸产业链条、优化营商环境的目标，完善相关生产性配套配建。

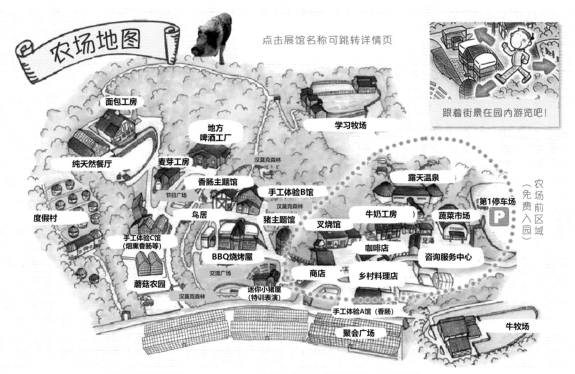

图3-2-7　Mokumoku农场功能导引图 ©MOKUMOKU官网，上海市规划编审中心译制

3.3 宜游：体验多元，慢行友好

当前，互联网及人工智能等技术正显著影响居民日常生活。随着线上服务的日趋普及，市民对于前往邮局、银行、水电煤缴费处、通信营业厅以及铁路航空票务点的出行需求日益减少，对于在广场绿地、文体场所开展文化休闲、健身活动的需求不断上升，绿色健康的生活方式逐渐成为普遍追求。同时，随着低碳和可持续发展理念的深入人心，社区在交通组织上更加倡导慢行、公共交通等绿色出行方式，新能源交通设施的使用比例逐步提升。此外，数字技术不断成熟，体验经济蓬勃发展，VR/AR（虚拟现实/增强现实）等新技术进一步赋能社区空间体验。

为实现体验多元、慢行友好的"宜游"目标，"15分钟社区生活圈"需持续关注营造类型多样、亲近自然、无处不在的社区活力网络，构建互联互通、安全舒适的社区慢行网络，提供便捷高效、绿色低碳的公共交通出行方式，不断丰富社区休闲活动体验，培育绿色健康的生活方式。

3.3.1 活力网络

公共空间不仅是居民休闲活动的场地，也是社会交流的场所，对促进居民之间相互联系、增强社会凝聚力具有重要意义。社区活力网络的塑造一方面要关注公共空间的系统性、层次性和连接度，使居民能便捷抵达不同等级、不同尺度、不同类型的公共活动场所；另一方面要注重植入多元的活动类型、提供舒适的空间体验，充分满足居民对健康活动日趋增长的需要，并特别关注儿童等个性化群体的活动特征和需求，塑造包容关怀、更具吸引力的社区公共空间活动网络。

1. 构建多类型、多层次、网络化的公共空间体系

在健康生活方式引领下，越来越多的居民渴望能在家门口、工作场所附近享有可亲近自然和健康活动的机会。因此，社区公共空间设计重在系统性构建和网络化覆盖，提供"处处可游、处处可及"的休闲游憩体验。

健全层次完整、类型多样的公共空间体系。在服务层级上，既包括为全市或较大区域服务的大型公共空间，又包括为周边居民服务的小型公共空间，以及乡村地区村民在房前屋后因时因地种植形成的小微庭院；在空间类型上，既包括公共绿地、广场、口袋公园等块状、点状空间，也包括公共通道、滨水空间、绿道等带状空间。如，英国伦敦全市有

1 刘爱君、郑培国《农文旅融合背景下田园综合体典型案例研究——以日本Mokumoku农场为例》，《山西农经》2022(22)。

2 郝钰、贺旭生、刘宁京等《城市公园体系建设与实践的国际经验——以伦敦、东京、多伦多为例》，《中国园林》2021，37(S1)。

3000 余个公园，形成跨越城乡的 7 个等级——区域公园、大都会公园、地区公园、地方公园和开放空间、小型开放空间、口袋公园、线形开放空间，共同构成伦敦多元化、多层次、满足不同出行半径需求人群的多层级公园系统（表 3-3-1）。[2] 又如美国纽约曼哈顿的公共空间系统中，既包括大尺度城市中央公园，线形的高线公园、哈德逊河公园，也包括遍布街头、见缝插"绿"的社区公园和 600 余个口袋公园，特别是通过私有公共空间政策（Privately Owned Public Space, POPS），引导建筑附属公共空间向市民开放，为城市营造更为丰富的公共活动空间（图 3-3-1）。

表 3-3-1　英国伦敦开放空间分类与服务距离

开放空间分类	指导规模	服务距离
区域公园	400 公顷	3.2~8 公里
大都会公园	60 公顷	3.2 公里
地区公园	20 公顷	1.2 公里
地方公园和开放空间	2 公顷	400 米
小型开放空间	< 2 公顷	< 400 米
口袋公园	< 0.4 公顷	< 400 米
线形开放空间	自定义	自选用地

图 3-3-1　美国纽约曼哈顿多尺度、多层次的公共空间体系 © 华高莱斯

串联公共空间节点形成网络。以慢行通道、绿道等线形空间连接城市中的各类公共空间节点，形成连续的活动通廊，构成网络化、全覆盖的公共空间体系。这些网络空间不仅方便拓展和联动社区的活动场所，更为城市通风和气候微循环提供通廊，为动物迁徙提供通道，实现人与自然和谐共生。（图3-3-2，图3-3-3）

2. 拓展充满活力的全民健身空间

随着居民对体育活动和健身场所的需求显著增长，在"15分钟社区生活圈"的营造中，要持续拓展可供健身运动的公共活动空间，响应市民对新兴、时尚运动的需求，营造"处处可健身"的空间体验。

（1）公共空间灵活植入体育功能。结合社区的公共空间、屋顶空间、桥下空间等场地，灵活嵌入多样化体育运动空间和设施，大力推进社区足球场、健身驿站、健身步道等各类公共休闲空间和体育场地建设。在此基础上，不断丰富滑板、跑酷、攀岩等居民喜闻乐见、新兴潮流的社区健身活动类型。如上海市长宁区利用中环立交下原本荒凉封闭的桥下空间，植入篮球场、足球场、轮滑场地等功能空间，并通过艺术化的设计处理，形成具有标识性的多功能公共空间（图3-3-4）。

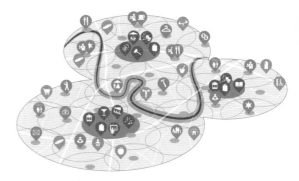

图3-3-2 以慢行网络串联各类公共空间和公共设施的模式示意 ©盖尔事务所

● 避免暴露于污染空气中　　➜ 引入清洁空气的路径与空间

图3-3-3 丹麦哥本哈根通过绿道、慢行通道串联公共绿地，形成了社区"空气洁净网络" ©盖尔事务所

图3-3-4 上海市长宁区中环桥下体育运动空间

（2）积极推动健身场地全面开放共享，鼓励机关企事业单位内设置的体育场地设施向社会开放，与社区或周边单位共享；推动学校体育场馆向社区开放，不断丰富市民身边的体育健身空间。

3. 塑造儿童友好的社区环境和活动场所

重视公共空间"适小化"设计，从儿童"一米高度"视角重新审视社区环境营造和公共空间设计。对社区周边道路、广场、院落、公园和公共空间等进行优化提升，更好地满足不同年龄儿童活动需求。

（1）设置亲近自然、启发创造性的游戏和活动空间，确保环境和设施尺度适宜儿童游玩使用。如美国田纳西州谢尔比农场公园（图3-3-5）在设计中，注重满足不同年龄段儿童的活动需求和兴趣点，通过结合地形变化设计了六组各具特色游戏空间，并巧妙利用本土植物、滑索、绳网等元素进行串联，为儿童提供丰富多彩的游戏体验和促进互动交流的空间环境。

（2）建立儿童可独立活动的通廊，提高儿童出行环境的安全性和便捷性。如加拿大温哥华出台CNV4ME项目，通过营造"绿色项链"环形绿道，沿线连接社区内的六所学校、四个公园和一个图书馆，在儿童经常使用的设施之间形成不受机动车交通影响的独立通道，保障儿童独立移动安全、便捷。

图3-3-5　美国田纳西州谢尔比农场公园在设计中针对不同年龄段儿童活动需求和特征，提供差异化、趣味性的活动空间©JamesCorner Field Operations

3.3.2 品质慢行

慢行系统作为城市交通的"毛细血管"，是城市交通战略的重要支撑。"15分钟社区生活圈"的构建以人的慢行活动尺度为范围，因此社区出行环境的营造应从"以车为主"转向"以人为本"。一方面，要构建慢行空间的系统性、网络化，通过慢行网络将各类活动场所串点成网，实现公共空间由"有形覆盖"转向"有效连接"；另一方面，要重视慢行空间的高品质设计，让居民获得更加舒适宜人的慢行体验，提高居民慢行出行意愿。

1. 构筑社区慢行网络

在当前绿色低碳和健康生活理念的推动下，步行和骑行成为市民热衷的出行方式。为进一步提升慢行交通的便利性，需要强化慢行空间的网络化覆盖，将社区内的公共服务设施、游憩场所和景观节点有效串联。此外，结合滨水地区、公园绿地、田水路林村等设置慢步道、跑步道和自行车道，构建便捷联通的慢行体系。如西班牙巴塞罗那提出"城市绿轴"计划（图3-3-6），以500米为半径划分慢行片区并通过步行网络进行串联，确保每个步行者从城市中的任何一点出发，都能在舒适的步行距离和时间内进入慢行网络。

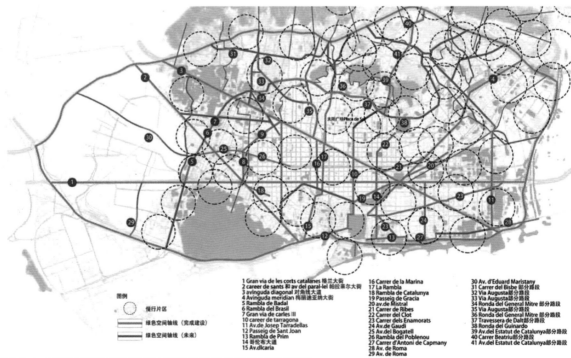

图3-3-6 西班牙巴塞罗那慢行片区划分和绿色轴线网络规划[1]

图 3-3-7　韩国光州"I LOVE STREET"项目艺术化的铺装设计和多样化的活动体验 ©Gwangju Biennale Foundation

2. 提升慢行空间品质

为塑造更加舒适宜人、具有吸引力的慢行环境，需要更注重人性化、精细化、艺术化，通过植入标识景观小品、改造街区围墙、优化地面铺装等，整体提升慢行空间品质，提供趣味性的空间活动体验。如韩国光州开展"I LOVE STREET"（我爱街道）项目（图3-3-7），设计团队与当地小学生合作，通过了解孩子们对街道的需要和幻想，设计丰富多样的路面形式和互动装置，将整条街道变成一座小型游乐场，提供丰富的街道活动体验。

3.3.3 公交便捷

面对社区居民多样化、多层次的出行需求，公共交通出行系统需要与社区空间紧密结合。城镇社区注重优化社区公共交通线网服务覆盖和换乘衔接，乡村社区注重畅通镇村之间的道路和公交联系，使居民能更便利地使用公共交通，减少对私家车的依赖，形成高效可达、绿色低碳的交通出行环境。

1. 提升公共交通站点的服务覆盖

社区内公共交通出行的便捷程度与公共交通站点的服务范围、服务能力息息相关。通过提高各类站点的可达性、线网的覆盖度，提升公共交通出行体验。

（1）围绕轨道交通站点强化各类交通方式换乘便捷。结合轨道交通站点统筹布局地面公共交通换乘站，构建便捷高效、无障碍的公交换乘系统，扩大轨道交通与地面公交的站点服务覆盖范围。增加轨道交通站点周边的慢行网络密度，提高轨道交通站点的可达性。结合居民出行需求，适当配置共享自行车租赁点和停靠点，便于社区"最后一公里"的无缝接驳。

1　李倞、宋捷《城市绿轴——巴塞罗那城市慢行网络建设的风景园林途径研究》，《风景园林》2019, 26(5)。

（2）推进社区微循环公交系统建设，通过开辟线路短、车次频、周转快的微循环公交线路，如社区巴士、高峰小时巴士等，串联邻近地铁站与居住小区、就业场所、学校、社区医院、菜场等市民高频抵达场所，填补地铁站和地面常规公交的空白。如上海小东门街道为回应南外滩沿线企业白领对于通勤路上公共交通"最后一公里"的接驳需求，开设"南外滩金融直通车"。4辆公交巴士从小南门地铁站出发，在工作日早高峰7时30分至9时45分、晚高峰17时至19时，交替环线运行，线路覆盖南外滩大部分金融机构，现日均乘车人数达到2500人左右。运营成本由小东门街道联合十余家区域化党建单位共同筹措资金，并提供开发小程序等技术支持及志愿者资源（图3-3-8）。

2. 提升乡村交通服务

提升乡村交通服务是加强城市与乡村联系的关键环节。在乡村社区生活圈的交通建设中要重点构建畅通连贯的乡村道路系统，结合村庄布局和发展要求，按需配置公交站点；采用灵活调度的预约巴士，配置发车时间显示大屏和手机端实时查询等方式，提高乡村地区公交系统的服务水平。如法国在《2040年低密度地区的交通：挑战从现在开始》中提出，围绕"就近、多式联运、可达性"三个核心，增加高服务水平的巴士专用道，完善多式联运的交通服务体系，结构性地解决农村低密度地区交通困境（图3-3-9，图3-3-10）。[1]

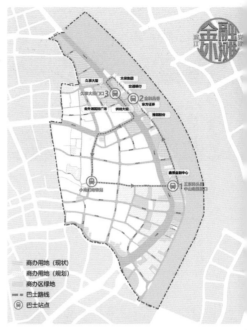

图3-3-8　上海市黄浦区南外滩金融直通车

图3-3-9　法国低密度地区的公交服务 ©GART

图3-3-10　法国低密度地区拼车站点 ©La Gazette

3.4 宜学：终身乐学，人文共鸣

社区不仅是日常居住生活空间，更是居民的精神家园，是覆盖全年龄、全人群的乐学场所。首先，除校园外，社区是儿童生活时间最长、活动最为密集的社会性场所。实现"幼有所育"向"幼有善育""幼有优育"发展，是当前儿童友好型社区关注的重点。其次，面对当前全球范围内的知识爆炸、技术更新、信息激增，终身学习的理念日益深入人心，创造人人皆学、处处能学、时时可学的社区环境，是构建学习型社会的重要支撑。再次，通过社区数字化信息平台建设整合社区内公共学习场所，向社区居民提供丰富多样的学习空间；通过数字体验打造特色社区课题，为青少年提供更多学习实验场所，是未来终身生活方式的趋势。此外，社区承载着居民的美好记忆和共同乡愁，在完善物质文化空间的基础上，借助数字化手段重塑历史风貌、强化文化体验，是激发居民集体归属感、营造历史文化氛围的重要手段。

为实现终身乐学，人文共鸣的"宜学"目标，"15分钟社区生活圈"要重点关注提供丰富充足的学习体系，构建社区全民学习、终身学习的体系，丰富社区文化活动和人文体验，提供科普教育、农事体验等活动，为社区居民提供全面覆盖、开放融合、普惠友好的终身学习场所，引领终身学习新风尚。

3.4.1 托育无忧

0~3岁的婴幼儿是"社会上最柔软的群体"，托幼服务事关幼儿的健康成长，事关广大家庭的切身利益。为高质量推进幼有善育，"宜学"社区要重点关注托育服务的质量和覆盖率，提供家长放心、安全普惠、就近就便的托育服务，并不断提升家庭育儿指导和服务质量。

1. 增加托育资源供给

随着"二孩""三孩"政策的施行，市民对安全、普惠、优质的托育服务设施需求更为旺盛。健全"政府引导、家庭为主、多方参与"的3岁以下幼儿托育服务，建立以社区为依托、机构为补充、普惠为主导的资源供给体系，建设一批嵌入式、分布式的社区托育点和居村儿童之家，提供就近就便的临时托、计时托服务，是探索"带娃难"的破题之路。如芬兰构建了健全的婴幼儿照护服务模式，包括以日托中心为主的中心式照护服务模式、家庭式照护服务模式和开放式照护服务模式三大

1　Olivier Jacquin, *Mobilités dans les espaces peu denses en 2040: un défi à relever dès aujourd'hui. Rapport d'information n° 313 (2020-2021) de la délégation sénatoriale à la prospective*, Jan. 28, 2021, https://www.senat. fr/rap/r20-313/r20-3131.pdf.

类型（表3-4-1）。其中，日托中心侧重进行专业照护服务，家庭日托侧重在家庭环境中给予婴幼儿照护，开放式照护服务则多为活动丰富的短时照护服务，完善的婴幼儿照护体系为家庭提供了全面、丰富的托育选择。

2. 加强科学育儿指导

家庭是婴幼儿成长的关键环境，家庭教育指导服务的开展对于帮助家庭树立科学和正确的育儿理念至关重要，对婴幼儿的健康成长具有深远的影响。因此，要积极推动家庭科学育儿指导服务走进社区，通过将线上线下育儿指导资源整合和精准推送，为适龄幼儿家庭提供普惠的、高质量的育儿指导，完善家庭科学育儿服务网络。如英国政府一直致力推广"确保开端"（Sure Start）项目（表3-4-2），依托社区向儿童和其父母提供儿童保育、学前教育、家庭支持等免费服务，并通过项目整合，提供"一站式"的育儿指导。

3.4.2 终身学习

建设服务全民的终身学习型社会是新时代构建高质量教育体系的重要内容。当前，随着在线教育和远程课堂等数字技术的发展，为优质

1　李梓怡、刘丽伟《贯彻公平普惠理念，赋能家庭助力托育——芬兰0～3岁婴幼儿照护服务的主要做法及启示》，《早期儿童发展》2023(1)。

表3-4-1　芬兰婴幼儿照护服务模式[1]

照护服务体系		服务内容
中心式照护服务模式（日托中心）		服务0~3岁、3~5岁和6岁年龄组。服务时间为早晨6:15至下午5:30，部分日托中心也会额外提供夜间照护服务或为期24小时或一周的全天候照护服务。包括公立非营利性日托和私立日托中心
家庭式照护服务模式（家庭日托）		照护者前往婴幼儿家中提供私人照护服务：依据婴幼儿及其家庭需求而定，每天的总服务时长一般在8~9小时
开放式照护服务模式	游乐俱乐部	主要开展场地为政府公立游乐场或日托中心，主要服务对象为选择家庭日托的2~6岁幼儿。该项目完全免费，每周开放时间为上午9点至中午12点（约2.5~3小时），共开放1~4天。项目活动为：在照护者的看护下，幼儿参与歌唱舞蹈、游戏玩耍、体育锻炼及亲子活动等多项活动
	家庭小屋	主要由地方政府组织，一般设立在居民社区，以社区为中心面向所在社区的所有育儿家庭，为其提供育儿讲座、育儿课程、育儿家庭会议等育儿信息以及举办联谊聚会活动等。此外，"家庭小屋"项目还包含临时照护服务
	公园托管	主要在晨间为0~6岁婴幼儿提供短期照护服务，并受地方政府监管。该项目一般于游乐场或公园开展，面向婴幼儿提供游戏托管活动，活动内容大体与"游乐俱乐部"无异，但会设一些因地制宜的活动，即依据各类公园的不同类型开展相应的活动，如木偶剧院、球类运动、水上运动以及泥塑绘画等。父母既可以选择与孩子一起参与该项目活动，也可选择将孩子托管于此

教育资源向社区层面的延伸和普及提供了支撑。社区教育和学习服务的供给，关键在于以不同年龄段和不同教育需求的"学习者"为中心，构建面向全民、终身学习的教育体系，优化教育资源的配置，提升终身教育的质量，让公平而有质量的教育和学习机会覆盖社区所有人群，让每一个"学习者"都能享有人生出彩、梦想成真的机会。

1. 推进基础教育优质均衡发展

围绕当前教育公共服务供给不能完全适应人口变化趋势，优质教育资源配置不够均衡、结构性矛盾较为突出的问题，应聚焦入学入园矛盾突出区域，基于学龄人口动态变化情况，加强基础教育资源配置保障。如深圳为应对城市人口和基础教育学位需求快速增长的挑战，建立与适龄儿童相适应的学位供需动态预测与评估机制，提供规模适宜、布局均衡、集约共享、弹性预留的基础教育服务供给。

2. 营造全民学习的社区环境

社区教育是面向社会、面向人人实施终身教育的重要途径。打造覆盖全年龄段的老年学校、成人兴趣培训学校、创业课堂、儿童教育辅导等平台，提供普惠多元的社区教育和学习资源，营造泛在可选的终身学习环境。同时，引导各类学习场所在社区内合理布局，确保便捷可及。如日本为支持中高龄老人过上充实丰富的晚年生活，开办了"100岁"大学（图3-4-1），通过传递关于"变老"的完整知识，让高龄者具备独立生活的技能，与社区保持密切联系，更好融入社会。

表3-4-2　英国"确保开端"儿童中心家庭服务内容

服务类别	服务项目
早期教育和儿童保育	儿童保育和早期教育服务等
课前、课后看护	针对大龄儿童的课前、课后看护等
为家长与儿童提供互动游戏和活动平台	自主游戏、有主题的活动（如音乐、美术）、在游戏中学习（针对大龄儿童）、周末活动等
卫生健康服务	健康观察、言语和语言治疗、母乳喂养支持、助产士门诊、针对婴儿和儿童的体育锻炼、针对家长的体育锻炼、临床心理咨询等
就业服务和为申请社会福利提供咨询	就业支持、为重返工作岗位的女性提供专门支持、信息技术和工作技能培训课程等
为家长提供的成人教育	成人学习、继续教育、针对移民家长的英语培训、生活指导等
家庭与家长支持	产前产后课程、育儿课程、家庭关系支持项目、家长活动等
拓展性家庭服务	以家庭为基础的服务（如定期家访）
其他家庭服务	玩具屋、"确保开端"资源库、家长论坛

图3-4-1 日本"100岁"大学的生体机能活化课程及作业讨论 ◎日本三重县铃鹿市100岁大学

3.4.3 文化供给

随着居民对更高层次精神文化生活的追求日益增长，公共文化需求正展现出个性化和多元化的特点。当前，社区文化服务供给主要聚焦在社区文化设施建设和自然科普空间营造两方面。其中，社区文化设施是承载各类社区文化活动的重要空间载体，为居民提供展示、交流和体验文化的平台，有助于培养良好的文化修养。自然科普是人们认识生存家园的窗口，是公众走进山水林田湖草沙、感受自然资源魅力的桥梁，有利于促进公众对人与自然和谐共生理念的深化认识。

1. 丰富社区文化设施类型

为了把丰富多彩的文化生活送到居民家门口，"15分钟社区生活圈"中需要配置类型多样、场景多元的社区文化设施。推动基层公共文化设施标准化建设和更新提升，配置社区礼堂、文化展示、百姓戏台、农民书屋等功能，丰富社区的文化活动和人文体验，让居民不出社区就能感受"诗和远方"。如日本古川町以当地工匠文化闻名全日本，在社区营造中古川町发动当地2/3的木匠一起携手建设了飞驒之匠文化馆（图3-4-2），集中展示了当地工匠文化的精华，并通过"古川祭"等丰富的节庆活动凝聚当地年轻人，成为延续故乡归属感的核心。

2. 提供社区自然科普空间

为了让居民能在家门口拥有更多亲近自然、认识自然、提升科学素养的机会，"15分钟社区生活圈"鼓励提供丰富优质的自然科普空间和服务，为居民提供看得见、摸得着、能参与的实地体验。通过打造社区农园、农事劳动实践基地，展现城乡生态保育功能，为青少年和居民提供自然教育、农事体验等学习交流活动。如英国伊斯灵顿区的库尔佩珀社区花园（Culpeper Community Garden）提供了丰富的

图 3-4-2　日本古川町飞驒之匠文化馆与古川祭会馆 ©华高莱斯

自然教育活动，包括城市栖息地、生命循环、植物动物科普、气候变化等主题课堂和工作坊、成人园艺技能培训班、举办艺术创意工作坊等（图3-4-3），让居民更多地了解社区的植物和动物，被英国皇家园艺学会授予"杰出花园"称号。

3.4.4 彰显风貌

社区的营造不仅在于物质空间，更在于人文氛围。社区作为城市风貌保护、文脉传承的基底，是体现社区文脉特色、烟火气和艺术感的重要基因。社区承载着每个家庭的故事，安放了集体的生活记忆，居民对于社区有文化上的认同感、归属感，才会激发情感上的共鸣，进而形成社区精神的培育。因此，需要营造具有社区特色的文化氛围，让居民在空间互动中了解、融合、凝聚，推动"陌生人社会"向"熟人社会"转变。

1. 保护社区特色风貌格局

社区的空间格局与整体风貌是经过不同时期不断生长、更新、叠合产生的结果，是居民生活与社区空间不断适应的结果，是社区独特的人文特征。为避免空间特色碎片化、街巷界面片段化等问题，应加强社区风貌的整体性保护。

（1）识别地方特色风貌，注重保护具有历史文化价值的空间格局、传统肌理以及自然、田园景观等整体空间形态与环境。如苏州古城平江历史街区在更新改造中，强调对历史环境的整体保护，包括河街并行的双棋盘街坊格局、序列有致的街巷河道体系、别有天地的庭院园林空间等，成功延续了传统历史风貌与水乡生活方式。[1]

（2）注重新建建筑与城市整体风貌和周边历史环境之间的协调性，避免新建建筑、高层住宅对城市风貌造成不良影响。

1　林林、阮仪三《苏州古城平江历史街区保护规划与实践》，《城市规划学刊》2006(3)。

图 3-4-3　英国伊斯灵顿区库尔佩珀社区花园的自然科普活动 ©Culpeper Community Garden，
上海市规划编审中心译制

（3）乡村地区应注重保留当地建筑风貌及特色建筑元素，保护村落与自然环境相依托的空间特色，延续传统村落肌理，优化乡村景观生态格局。

2. 保护重要历史建筑与公共空间

历史建筑、重要节点的保护提升有助于塑造独特的文化景观节点，是展示历史空间意向的重要标识。

（1）对高价值的社区传统建筑进行修缮和维护，综合保护其周边环境景观与文化背景，鼓励导入与历史建筑具有较高适配性的文化功能，彰显社区独特文化魅力。

（2）挖掘和保护体现地区文化特色的重要历史生活节点，打造承载集体记忆、具有艺术特色的公共空间节点。如广州市番禺区先锋社区，以多时代建筑风貌为触媒，通过当地居民口述，将社区文化故事、居民情感记忆、特色产业业态融入相应时代的空间场所中，实现记忆情感、原真空间、特色业态的匹配与融合，形成时空一体的场所体验。（图3-4-4至图3-4-6）

3. 打造在地化的社区文化景观

社区文化往往是由生活形态、历史记忆或事件要素构成，打造在地化的社区文化景观是彰显社区风貌的重要手段。"15分钟社区生活圈"的营造应充分挖掘、解构、提炼和展示社区的风貌特色、历史脉络、文化

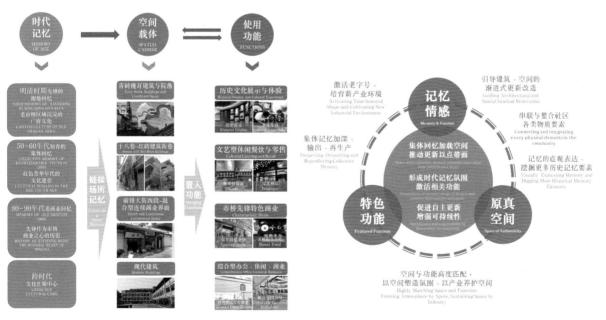

图3-4-4 广州市番禺区先锋社区以多时代建筑风貌为触媒，提出"记忆—空间—功能"融合体系 ©竖梁社

图 3-4-5　基于"记忆—空间—功能"融合体系，广州市番禺区先锋社区形成4个记忆主题分区、5段记忆体验路径，并对8个重要记忆节点、34栋公房进行精细化设计 © 竖梁社

图 3-4-6　改造后的社区广场（先锋之心节点）、红砖建筑（番禺美食节点）、"市桥之窗"艺术展览中心 © 杨毅衡

图 3-4-7　上海市徐汇区乐山社区在公共空间植入的"乐山"LOGO与徐家汇海派文化展示墙

内涵和集体记忆进行，通过结合建筑与环境的视觉设计，塑造具有高品质、艺术化和高辨识度的社区文化氛围，让社区的历史文脉和现代生活和谐相容，增强居民对社区的文化认同和情感归属。如上海市徐汇区乐山社区将带有"乐山"的社区品牌标识加入环境改造，并将徐家汇海派文化以人物、历史、地图等多个版块形成视觉环境图形印刻在街道围墙和服务设施之上，通过建立乐山品牌标识体系（图3-4-7），加强社区认同感，打造文化可阅读的街道。

3.5 宜养：乐龄生活，全时健康

社区是保障市民获得全生命周期康养照护的重要场域。在当前老龄化背景下，首先要让老年人获得更持久、更高质量的就地安养，更全面、丰富、便捷的养老照护，创造老有颐养的乐龄生活，推动实现"积极老龄化"。其次，人民健康是幸福生活的基石，特别是在经历公共卫生事件后，要让市民在社区中能获得全面管理、全时照护的健康服务，对保障公共卫生安全和健康、提升整体社会的幸福感有重要意义。再次，基于对未来社区人口年龄结构的预判，通过智慧养老体系的搭建，为老年人提供科学性、特色化的养老服务；通过智能医疗体系的搭建，科学预测社区公共卫生安全和居民健康风险，为社区居民提供前瞻性的健康安全保障。为实现老有所养，全时健康的宜养目标，"15分钟社区生活圈"要持续关注系统化、多样化的养老服务设施供给，提供从病时医疗转向全时照护的健康管理服务，全方位、全周期维护和保障市民健康。

3.5.1 老有所养

伴随着人口总和生育率下降以及预期寿命延长，我国已步入深度老龄化社会[1]。随着人口年龄结构老化，社会与家庭负担加重，养老和健康服务供需矛盾更加突出。作为全国最早进入人口老龄化且老龄化程度最高的城市，上海自"十一五"以来就提出建立"9073"养老格局，即90%的老年人由家庭自我照顾，7%享受社区居家养老服务，3%享受机构养老服务。健全以居家为基础、社区为依托、机构充分发展、医养有机结合的多层次养老服务体系，是"15分钟社区生活圈"规划关注的重点。同时，老年人照护需求各有差异：健康活力的老人需要休闲社交、社区就餐等服务；有慢性疾病但健康风险低、可以独立活动的老人渴望社区日常生活和健康上的关照；对于严重疾病和出门不便的高龄

1　深度老龄社会，指65岁以上人口占总人口的比例为14%的社会。

老人，则需要社区提供长期专业照护、上门辅助等服务，因此养老服务设施要关注多样化、精准化、全方位供给。此外，要充分考虑老年人出行的便利性，通过将养老、医疗、康复等使用关联度高的设施灵活嵌入社区并综合复合设置，让老年人一次出门即可在家门口便捷获取多种服务，享受晚年康养生活。

1. 健全多层次的养老服务设施体系

提供公平、可及、适宜、连续、优质的健康服务，让机构养老更专业、居家养老更舒适。配齐覆盖各层次的养老服务设施，如街镇级的机构养老服务设施、综合为老服务中心、长者照护之家、农村示范睦邻点，社区级的老年人日间照护场所、老年活动室等。积极推动社区嵌入式养老服务，打通为老年人提供养老服务的"最后一米"，满足老年人就近就便接受专业照护服务的需求。如香港地区的养老服务体系分为社区养老和机构养老两大部分（表3-5-1），社区中提供长者社区支援服务，包括长者中心服务、长者社区照顾服务和其他支援服务；对于无法在家中或者社区中居住的老人，则根据老人健康状况差异化提供养老院舍照顾服务，包括住宿照顾、膳食、起居照顾等。

2. 覆盖差异化的老年照护需求

不同年龄阶段、不同身体状况的老年人，对于社区养老服务的需求不同，精准匹配服务需求类型至关重要。对于失能失智老人，提供社区照护的空间和服务，发展家庭照护床位，提升社区专业照护水平；对于有活动能力的老人，提供日间托管、老年助餐服务、老年活动室等功能，满足老人日常活动和交往的需要；持续推进"智慧助老"，在社区嵌入

1 郭林《香港养老服务的发展经验及其启示》，《探索》2013(1)。

2 睢党臣、曹献雨《芬兰精准化养老服务体系建设的经验及启示》，《经济纵横》2018(6)。

表3-5-1 香港养老服务体系[1]

类型		主要设施和功能
长者社区支援服务	长者中心服务	长者地区中心、长者邻舍中心、长者活动中心
	长者社区照顾服务	长者日间护理中心、长者日间暂托服务、改善家居及社区照顾服务、综合家居照顾服务、家务助理服务
	其他支援服务	长者卡计划、老有所为活动计划、护老者志愿服务、长者度假中心和长者家居环境改善计划
安老院舍照顾服务	长者宿舍	能够照顾自己的长者提供的住宿服务
	安老院	"安老服务统一评估机制"中被评为没有或者轻度缺损的长者提供住宿服务
	护理安老院	"安老服务统一评估机制"中被评为中度缺损而未能自我照顾的老人提供服务
	护养院	"安老服务统一评估机制"中被评为严重缺损而未能自我照顾的老人提供服务

出租车电召和网约车"一键叫车"服务覆盖面，满足老人出行需求。例如芬兰在养老服务中重视精准化的服务供给，将老年人的养老服务需求分为生活照料、精神慰藉、医疗服务、临时性照料、康复保健服务、临终关怀等类型，并根据不同的需求制订相应的养老服务供给方案：若老年人需要临时照料，可选择日间照料中心、日间老年医院、托老所等；若老年人需要身体或心理的专业照料，则可选择急诊护理或长期照护。[2]

3. 深化医养结合、康养结合

老年人的养老需求和就医需求通常紧密关联。鼓励社区养老设施、社区卫生服务设施、老年健康运动等设施同址或临近设置，便于老人在一次出行中解决多项需求。如上海长宁区新华路街道利用两栋闲置的学校宿舍楼改建成综合为老服务中心"申宁苑"（图3-5-1），其中除了老年人日间照料、长短期照护服务、社区助餐点等养老功能外，通过与周边卫生服务中心签约，同步提供社区护理、健康驿站等医疗功能，社区卫生中心的医生、康复师每周定期前来坐诊，综合为老服务中心的老人、周边居民均可前往接受问诊、康复治疗等服务。

3.5.2 健康照护

健康是促进人的全面发展的必然要求，是经济社会发展的基础条件，也是广大人民群众的共同追求。在经历公共卫生事件后，社区作为市民健康管理第一防线的作用不断突显，社区的医疗服务功能逐步从以治病为中心向以健康为中心转变。为提供公平可及、系统连续的社区健康服务，在家门口守护居民日常健康生活，要立足全生命周期推动更多优质医疗资源下沉到社区和乡村，让市民能就近获得基本的医疗服务和日常健康监测。

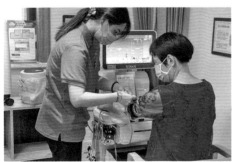

图3-5-1　上海市长宁区新华街道"申宁苑"综合为老服务中心©上海城市空间公共艺术促进中心

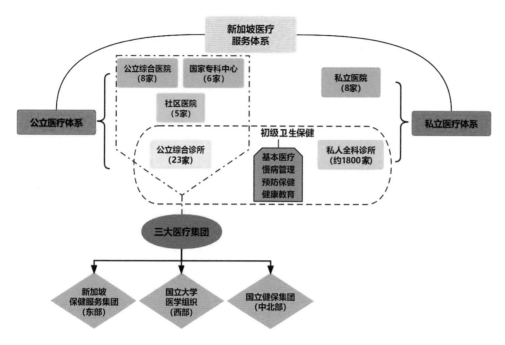

图 3-5-2　新加坡医疗服务体系架构[1]

1. 推动优质医疗资源下沉社区

社区医疗是基层医疗的基石，是健康管理场景中的重要入口。在"15分钟社区生活圈"规划中，注重不断夯实基层医疗资源水平，积极推动社区卫生服务中心标准化建设；通过与高等级医院合作提供联合诊疗、专家下沉等服务，夯实基层医疗队伍能力，结合家庭医生签约，将健康照护服务覆盖更多家庭；在乡村地区提供初级诊疗等医疗健康服务，满足村民家门口就近医疗与配药需求。如新加坡的医疗卫生资源呈"金字塔结构"分布（图3-5-2），由公立医院、社区医院、诊所（公立综合诊所、私人全科诊所）组成。社区医院和诊所承担了80%的初诊工作，提高了医疗资源使用效率，避免了医疗资源过度集中或挤兑。

2. 重视全人群、全周期的健康管理

进入21世纪，新发突发传染病风险持续存在，慢性病发病率上升且呈年轻化趋势，食品安全、环境卫生、职业健康、心理健康等问题仍较突出，社区的健康照护功能逐步从病时管理走向全时照护。在"15分钟社区生活圈"中鼓励通过设置智慧健康驿站等，为居民提供健康自检、慢性病提前干预等服务；积极推进未成年人保护工作站建设、社区公共场所母婴设施设置，关怀各类人群的健康照护需要；推动"互联网＋社区卫生服务"，开展面向居民的在线签约、健康咨询、健康管理、

1　章珂、耿修来、邵志晓等《新加坡医疗卫生体系模式对海南省县域医疗卫生体系建设的启示》，《中国初级卫生保健》，2023，37(8)。

在线诊疗等服务。如新加坡面对当前老龄化加剧、慢性病发病率不断提升的挑战，提出"更健康的新加坡"（Healthier SG）长期性医疗保健计划。相比被动的反应型和治疗型护理，该计划更注重主动的预防型护理，通过家庭医生签约、社区护理服务推广和建立以居民为中心的护理生态系统等一系列举措，提高居民的日常健康水平。

3.6 十全十美：全面服务、贴心配置

"15分钟社区生活圈"既要覆盖最基本的生活服务功能，也要充分考虑到不同人群和社区发展的差异化需求。在"宜居、宜业、宜游、宜学、宜养"目标的指引下，上海进一步统筹整合基本公共服务和各系统条线工作要求，按照服务内容、服务层级、覆盖范围、配置形式、使用特征等梳理分类，构建"十全十美"服务要素体系（图3-6-1）。其中，"十全"强调保基本，是指社区生活圈内为保障居民日常生活基本需求而必须配置的服务要素，包括党群服务、便民服务、就业服务、医疗卫生、为老服务、教育托幼、文化活动、体育健身、应急防灾、公共交往等；"十美"强调提品质和塑特色，是指在满足社区生活圈基本需求的基础上，可以根据社区特色和实际需求进行选配，用于提升居民生活品质、促进居民生活多样化和特色化的服务要素，包括生态培育、全民学习、儿童托管、健康管理、特色服务、文化美育、康养服务、创新创业、智慧管理、交通市政等。必须要注意的是，"十"并非特指上述固定不变的十项分类，"十全十美"服务要素体系强调的是对社区多样化服务的包罗及统筹，伴随居民需求提升、社区逐步成长，"十全十美"的要素内涵将不断丰富充实。

此外，根据不同人群的出行能力和不同服务的使用特征，可构建"15分钟、5~10分钟"两个社区生活圈层级，分级分类配置"十全十美"服务要素。其中，15分钟层级内配置面向全体城乡居

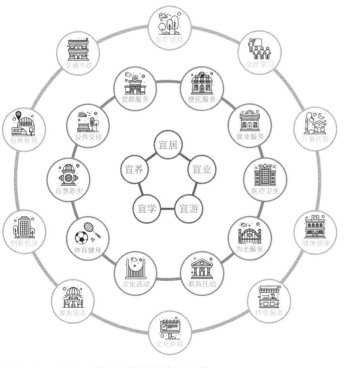

图3-6-1　"十全十美"服务要素体系示意

民使用、内容丰富、规模适宜的各类服务要素，服务半径一般不宜大于1000米；5~10分钟层级内配置面向老人、儿童等出行受限群体使用或日常使用频率较高的服务要素，服务半径一般为300~500米。

3.6.1 "十全"基础保障型服务要素

1. 党群服务

（1）优化以党群服务中心为基本阵地的社区综合服务设施布局，发挥政治引领、基层党建、党建带群建促社建、为民服务等功能。落实规范化建设要求，每个街道（镇）至少设一处党群服务中心，区域面积较大的街道（镇）可根据实际需求设立多处，根据居民需求在社区网格设立党群服务站点（图3-6-2）。每个街道（镇）设一处新时代文明实践分中心，每个居委设一处新时代文明实践站，结合当地实际特色因地制宜设立新时代文明实践特色阵地。

乡村地区结合行政村设置村党支部委员会、村民委员会的办公场所和事务服务大厅（党群服务站、新时代文明实践站），提供党群服务、新时代文明实践站、志愿者服务、社会保障、劳动就业、人口综合管理工作站、社区警务室、房屋租赁、党建服务、矛盾调解、法律援助、工商管理等服务功能；结合自然村设置邻里驿站，作为家门口的党群服务点、便民服务点、商店、村民生活快递收发、电商直播和农产品物流收发的智慧驿站等（图3-6-3）。

（2）推动党群服务阵地和各类基层阵地双向开放、资源共享，在为群众提供党群、政务、文化体育等基本服务的基础上，根据需求拓展特色服务，增强服务的精准性和实效性，实行"一站式"服务、"一门式"办理。

2. 便民服务

（1）保障性住房宜在商务社区、产业社区以及邻近就业中心、交通站点、公共活动中心的地区布局，其中保障性租赁住宅宜重点在新城等人口导入区域、产业园区及周边、轨道交通站点附近布局。同时，充分考虑一线外来务工人员等城市公共服务群体的租住需求，适度增配新时代城市建设者管理者之家（图3-6-4）。

乡村地区倡导延续"沪派江南"乡村特色风貌，对特色村落进行整体性保护、传承与利用；尊重居民意愿，倡导乡村住宅类型和安置方式的多样性，改善村民居住条件，打造美观与实用并举、传统与现代交融的沪派特色民居（图3-6-5）。

（2）对老旧住区开展宜居性、适老性改造，通过改善厨卫条件、更新房屋屋面、加装电梯等，提升健康舒适的居住条件；通过铺设防滑地砖、设置感光照明、增加室外扶手和地面导视系统等方式，满足老年人对居所安全、卫生、便利的需求，推动老旧小区焕新颜，实现居民幸福再升级（图3-6-6）。

（3）结合街道（镇）范围设置街道办事处、派出所、社区事务受理中心，结合居委范围设置居民委员会。结合社区党群服务中心、新时代文明实践分中心等设置百姓议事厅，作为老百姓畅所欲言的

沿街商铺改造为社区居委会及社区公共空间，平行于道路的室内"长廊"，引导居民自然步入，营造轻松舒适的社区场所感。

图3-6-2 徐汇区康晖里党群服务站

利用原村委会改造成村民中心，以"应融尽融"为工作理念，形成集村史展示、共享办公、学习教育、健康服务、休闲娱乐、日常生活服务等为一体的多元服务平台，连续回转的风雨连廊为村民提供遮风挡雨的空间。

图3-6-3 金山区漕泾镇水库村村民中心

"会客厅"，更是民事民商、民事民议、民事民决、民事民评的生动实践地（图3-6-7）。

（4）5~10分钟社区生活圈内设置菜场，满足居民基本购物需求。鼓励通过数字化改造和多元化业态植入，将传统菜场升级成为集菜场、餐饮、党群服务于一体的综合集市，为居民提供一站式社区服务。

乡村地区结合行政村范围设置便民商店，提供肉菜、粮油副食、调味品、日用品等生活必需品供应，以及金融服务、维修服务、理发浴室、物流配送、邮件快递等服务功能。

重点向建筑施工及环卫、绿化、快递、医护等行业一线职工定向供应"价格公道、服务到位"的租赁住房，共有440张床位、138套房源，租客可"拎包入住"。社区内设有700平方米超大公共活动区，以及超1800平方米社区商业，提供餐饮、超市、理发、快递驿站等多种服务，为城市建设者管理者提供家门口的美好生活。

图3-6-4　闵行区新时代城市建设者管理者之家

民居建筑修缮充分汲取村落原有的粉墙黛瓦建筑风格，建筑色调以素雅为主，与桃花相映成辉；柔美的坡屋面流线、朴实的木饰线条与窗框，展现出江南水乡与乡野风貌的淳朴自然。

图3-6-5　奉贤区青村镇吴房村◎中国美术学院风景建筑设计研究总院

3. 就业服务

健全就业公共服务体系，结合街道（镇）范围，依托党群服务中心（社区综合服务设施）、基层公共就业服务平台、社工站等各类公共服务平台内部共享空间，嵌入式设立社区就业服务站点，加强高校毕业生、就业困难人员等重点群体就业帮扶，提供就业需求排摸、就业岗位筹集、就业供需匹配、就业能力提升、就业援助帮扶、创业指导服务等（图3-6-8）。

4. 医疗卫生

（1）结合街道（镇）范围设置社区卫生服务中心，强化康复、护理、安宁疗护等功能，提升全生命周期的健康管理水平。在人口较多、规模较大、服务中心难以覆盖的地区，可以卫生服务站为服务补充（图3-6-9）。

1949年后全国大规模建设的第一个工人新村，2019年底启动整区域保护性修缮工程。用"一房一方案"代替"千房一面"，对标友好理念，实施入门无障碍设施、楼道会客厅等适老化改造，打造多功能户外"智能公共客厅"，最大限度保留了第一个工人新村的珍贵印记，让居民体验更加便捷、安全的智慧新生活。

图3-6-6　普陀区曹杨一村成套改造项目◎上海城市空间公共艺术促进中心

依托社区党群服务阵地体系打造党建能引领、感情能凝聚、矛盾能化解、资源能共享的百姓会客厅，真正成为老百姓家门口走得进、愿意进的社区大客厅。

图3-6-7　普陀区曹杨新村街道百姓会客厅◎上海城市空间公共艺术促进中心

乡村地区结合行政村范围设置卫生室（社区卫生服务站），提供初级诊疗等医疗健康服务，满足村民家门口就近医疗与配药需求，打通看病配药的"最后一公里"。

（2）鼓励经常有母婴逗留的商业服务业和休闲娱乐场所，以及社区文化体育卫生等公共服务场所配置母婴设施，提供方便母乳哺喂、婴幼儿护理、孕妇休息的专用空间和专门设施。

（3）设置工疗、康体服务中心，关注弱势群体健康，为精神、智力残疾人提供日间托管、康复训练和辅助性就业服务。

链接大学校区、园区、社区、景区资源，面向高校学生、重点人群，提供职业技能加油站、乐业直通车、创荟沙龙、创业苗圃、大学生见习服务、人社政策面对面等就业创业指导和帮扶服务。

图 3-6-8 奉贤区上美海湾就业服务站点 ©上海市人力资源和社会保障局

建筑面积约 260 平方米，服务周边 1.5 万居民，以城市、社区、自然、中医四个友好为目标，打造具有小规模多功能特点的"上海市中医药特色示范社区卫生服务站"。

图 3-6-9 长宁区周家桥街道三泾社区卫生服务站

5. 为老服务

(1)设置街镇级机构养老服务设施,为老年人提供满足日常生活需求的集中住宿、膳食营养、生活起居照料、洗涤与清洁卫生、室内外活动等生活照护服务,疾病预防、药物管理、医疗康复等日常健康服务,情绪疏导、心理支持等精神慰藉服务,以及适合老年人的文化、教育、体育、娱乐等服务(图3-6-10)。

(2)设置社区嵌入式养老服务设施或者场所,为老年人提供日间照护、全托、助餐等服务以及其他支持性服务。15分钟社区生活圈内设置长者照护之家,为本街镇老年人提供中短期托养、照护服务;配置老年人、残疾人、伤病人康复辅具社区租赁点,提供老年用品和康复辅助器具的展示、体验、科普、租赁等服务。5~10分钟社区生活圈内设置老年人日间照护场所,提供照料护理、康复辅助、精神慰藉、文化娱乐等服务,鼓励开展早托、晚托、接送等附加服务;嵌入老年助餐服务场所提供堂吃和送餐等助餐功能。鼓励将长者照护之家、康复辅具社区租赁点、日间照护中心、老年助餐服务场所等集中设置于社区综合为老服务中心内,作为嵌入式养老服务的枢纽和平台,提供更加专业、综合的养老服务支持,并负责居家养老服务调度和配送等工作。此外,结合居委范围设置老年活动室,开展日常交流、文娱等活动。乡村地区结合行政村范围设置老年活动室,结合自然村范围设置老年助餐点(图3-6-11)。

配备护理室、高标准病房、日间照料室、独立卫生间、电梯、食堂、洗衣房等多种功能空间。室外设有健身活动区域,室内有书画室、阅览室、棋牌室、医务室等活动区域。针对患认知症的老人,设有照护专区和专用床位;为夫妻双方共同入住的老年人提供夫妻房服务,满足多样化养老需求。

图3-6-10 崇明区横沙乡阳光心园敬老院

6. 教育托幼

（1）推进基础教育优质均衡发展，聚焦入学入园矛盾突出区域，优化基础教育设点布局。结合15分钟社区生活圈范围设置初中，结合5~10分钟社区生活圈范围设置小学和幼儿园。

（2）加强育儿指导和托育服务，结合5~10分钟社区生活圈设置婴幼儿、儿童养育托管点，提供以普惠性为主的托育服务（图3-6-12）。扩充社区托育服务内容，提供更多元与优质的成长活动空间。

7. 文化活动

推动基层公共文化设施标准化建设和更新提升，结合15分钟社区生活圈范围设置文化活动中心，开展图书阅览、科普宣传、影视厅等需一定空间规模的活动（图3-6-13）；结合5~10分钟社区生活圈设置文化活动室，书报阅览、书画、文娱、音乐欣赏、茶座等活动。

盘活闲置用房，因地制宜地系统建设集健康娱乐、日间照护、社区服务于一体的综合为老服务设施，形成服务网络，将标准化、精细化、专业化的养老服务送到村民"家门口"。

图3-6-11　浦东新区书院镇综合为老服务中心

以乡镇为单元，按照辖区内1~3周岁常住幼儿数的15%配置"宝宝屋"，提供临时托、计时托等普惠托育服务和科学育儿指导服务，传播科学育儿理念。

图3-6-12　崇明区社区"宝宝屋"

乡村地区结合行政村范围设置综合文化活动室，包含文艺演出、展览、电影放映、大型会议、百姓戏台、农民书屋、道德讲堂、网络直播平台、妇女之家、儿童之家、母婴设施等功能。

8. 体育健身

大力推进各类社区体育场地设施建设，持续拓展市民身边的全民健身空间。结合 15 分钟社区生活圈设置市民健身中心（综合健身馆）、游泳馆；结合公共空间灵活布局多功能运动场地，提供足球、篮球、排球、羽毛球等群众体育运动场地（图 3-6-14）。

建筑面积约 3200 平方米，是社区公共文化服务的主阵地。在开放时长上，较传统文化中心开放时间每月增加 105 小时；在内容上，增加基础公共文化活动、市民夜校文化素养普及课程，持续丰富人们的精神生活。

图 3-6-13　浦东新区潍坊新村街道社区文化活动中心

总建筑面积约 4320 平方米，集运动、休闲、餐饮于一体，涵盖羽毛球、篮球、乒乓球、健身、瑜伽、团操、拳击、桌球、射箭等十余个体育项目，满足周边白领及居民需求。探索公益＋商业的公共体育服务供给模式，鼓励社会力量以商业运营造血公益项目。

图 3-6-14　黄浦区小东门街道外滩金融都市运动中心

乡村地区结合行政村范围设置多功能运动场，提供广场舞等室外的健身场地，配有儿童青少年体育健身设施的活动和游戏空间，如篮球场、羽毛球场、小型足球场等；结合自然村范围配置村民益智健身苑点，提供健身器材和游戏场地；沿河沿路设置健身步道，开展散步、健走、跑步等运动（图3-6-15）。

9. 应急防灾

充分发挥社区在应对公共安全事件方面的重要作用，有序规划和配置应急防灾设施。结合社区卫生服务中心、卫生服务站设置哨点诊室，开展公共卫生病例排查、登记、管理、流调、隔离、转诊与消毒等。充分利用绿地、广场、学校操场、体育场（馆）、露天大型停车场等均衡布局社区应急避难场所，推进应急避难标准化改造，提升应急避难能力。在辖区内适中位置和便于车辆迅速出动的临街地段设置小型消防救援站，尽量靠近城市应急救援通道，确保在接到出动指令后5分钟内到达辖区边缘（图3-6-16）。

总用地面积约840平方米，毗邻荷花基地，结合体育活动开展助力新浜"荷花节"，满足乡村文旅、休闲等各方面需求。

图3-6-15　松江区新浜镇泥地足球场

图3-6-16　杨浦区江浦公园应急避难场所 ⓒ 王睿

乡村地区结合行政村范围设置应急平安屋，储备应急物资，开展经常性和常态化的应急知识科普和技能培训，作为村民应急避灾避难场所和应急队伍的联络点、集结点；常住人口 1000 人以上的行政村还应设置微型消防站。

10. 公共交往

建设类型丰富、便捷可达、舒适宜人的公共交往空间，让居民们更好进行日常交往、休闲游憩、体育锻炼和文化活动。社区级公共绿地服务半径一般为 500~1000 米，用地面积不小于 3000 平方米；社区以下级公共绿地服务半径一般为 300~500 米，用地面积不小于 400 平方米（图 3-6-17，图 3-6-18）。

3.6.2 "十美"品质提升型服务要素

1. 生态培育

不仅要让居民们能够"开门见绿"，还要进一步实现"开门用绿、开门享绿"，倡导从三方面丰富和提升社区生态空间：一是立体化，设置屋顶绿化、垂直绿化的立体绿化形式，多维复合实现处处见绿。二是多样化，鼓励推动市民菜园、社区花园、生境花园、装置花园建设，乡村地区鼓励村民在房前屋后开展因时因地种植，形成乡村小三园（小菜园、小果园、小花园）；鼓励商业、办公、文化设施、居住、学校等用地中的附属绿地、广场，在有条件的情况下 24 小时对外开放。三是生态化，结合

占地约 5600 平方米，是周边地区唯一的集中公共开放空间。更新设计以"乐"为基点，以"众乐之源"的立意组织适老适幼、宜游宜观、可憩可玩、可阅读能共享的多元景观空间，为社区提供多元共享的场所，激活城市公共生活。

图 3-6-17　徐汇区徐家汇街道乐山绿地ⓒ上海维亚景观规划设计

林荫道、生活性街道、滨水地区等建设绿道，串联主要公共空间节点，完善生态网络结构。

赋予生态空间活力体验，让居民在感知自然的同时，更好进行日常交往、休闲游憩和种植体验等。结合街道（镇）范围，在绿地、市民花园内设置市民园艺中心，提供各类园艺产品销售、开展社区园艺师咨询服务、园艺大讲堂等各类园艺科普活动（图3-6-19）。

在高密度住宅和苏州河之间打造一处线形公园，以美丽幽静的景观步道串联多处活跃的运动休闲空间，动静皆宜。

图3-6-18 长宁区天原河滨绿地ⓒBAU建筑城市设计

以打造市民家门口的园艺与艺术生活场景式空间为理念，为市民提供公益宣传、园艺课堂、养花咨询、绿植零售、周末市集、艺术展览等服务，让公众从打造窗阳台开始，培育社区共建力量。

图3-6-19 静安区曹家渡市民园艺中心

2. 全民学习

推动实现全年龄段的学习空间便捷可及。结合街道（镇）范围，设置社区学校，鼓励结合社区人口结构及需求，形成特色的功能主题，包括老年学校、成年兴趣培训学校、职业培训中心、儿童兴趣活动等，营造终身学习、终身发展的社区环境（图3-6-20，图3-6-21）。

3. 儿童托管

在满足基础教育的前提下，为儿童成长发展提供更有温度与更加细致的服务。结合15分钟社区生活圈设置儿童服务中心（图3-6-22），结合5～10分钟社区生活圈设置儿童之家，乡村地区结合行政村范围设置儿童之家，因地制宜为儿童及其家庭提供游戏娱乐、亲子阅读、课后托管、家庭教育指导、主题实践活动、未成年人保护等服务。结合15分钟社区生活圈设置家庭科学育儿指导站，为0～8岁幼儿家庭提供科学育儿指导服务。

上海首个以政企合作模式运行的24小时公共图书馆，寓意家门口的书房，提供阅读、社交、文创、服务等功能。

图3-6-20　嘉定区我嘉书房

面向周边近2000名科研人员、6000多名高校师生、1000多名中学师生和1万多名居民，集书画展览、科普教育、咖啡阅读、会议活动、音乐沙龙等功能于一体，引领创新型城市书房建设，高品质地满足居民多层次、多样化的文化需求。

图3-6-21　虹口区曲阳路街道书香曲阳文化会客厅

4. 健康管理

推动社区卫生服务从传统病时照护转向对全时健康管理和监测，结合信息化技术推动优质医疗资源不断下沉、普惠共享。结合街道（镇）范围设置智慧健康驿站，开展健康自检自测、自评自管，包括老年人认知障碍风险自评、青年职业病自评、儿童生长发育曲线宣教、妇女妇科病乳病筛查宣教等，规范和推动"互联网＋健康医疗"服务，开展面向居民的在线签约、在线诊疗等服务。有条件的社区卫生服务中心应当在相对独立、出入口分设、通风良好的区域设置特殊门诊。

关注未成年人身心健康，结合街道（镇）范围设置未成年人保护工作站，面向未成年人开展心理咨询、公益项目、宣传未成年人法律法规和公共服务政策，组织开展家庭教育指导和生活服务等。

适应不断增长的健身需求，优化健身空间灵活布局，依托公园、绿地、广场等公共空间建设健身步道、体育公园等，鼓励开展极限运动、轮滑、攀岩等小众特色运动，满足居民对于体育活动场地的差异性需求。在乡村地区设置室内健身室，提供桌球、乒乓球、健身器材、舞蹈教室等（图3-6-23，图3-6-24）。

5. 康养服务

通过定制化设施满足老年人的身心需求。结合街道（镇）范围设置长者运动健康之家，为老年人提供体质测试、基础健康检测、科学健身指导、慢性病运动干预、运动康复训练等，全方位提供银发无忧港湾。乡村地区可重点在集中居住点和老年人口较多的行政村配置长者照护之家，以集中住养为主，为老年人提供托养、医养、康养、体养、文养、智养等"六养融合"服务（图3-6-25）。

以儿童喜爱的拼搭结构为主题元素，寓意彩色唐镇多彩童年，包含阅览室与木工走廊、桌游区域、种植乐园、亲子阅读、多媒体教师、心理辅导等功能空间，开展蝴蝶展、红色绘本阅读、生物多样性课堂等活动。

图3-6-22 浦东新区唐镇儿童服务中心

拥有智慧健身步道、足球场、羽毛球馆、乒乓球房、智慧篮球场、室外智能健身房（智慧健身苑点）、长者运动健康之家、康健苑（残障人士健身房）、中青年健身房、儿童乐园区、体育文化收藏馆等十多项功能设施，成为全龄友好、共享开放的综合型社区公共运动空间。

图 3-6-23　徐汇区康健体育公园

泵道结合徐汇滨江体育健身休闲带设置，几乎适配所有带轮运动项目，包括小轮车、山地车、滑板、陆冲、轮滑等。在设计上，不仅有保证小车手们体能和动作训练的基础路线，也有配合高手们完成不同穿越动作的进阶设计，能够同时兼顾不同年龄段、不同训练目标的多元需求，让所有人都能在运动探索中享受乐趣、增强体质。

图 3-6-24　徐汇区徐汇滨江南段 S1 泵道 © 上海城市空间艺术季，田方方

运用"互联网＋健身""科技＋健康"等新技术和新手段并整合高校师生、专业医生、体育指导员等人才资源为老年人提供"一站式"运动康养服务。

图 3-6-25　杨浦区殷行社区长者运动健康之家

6. 特色服务

提供便民多样、贴近生活的微利型商业服务。结合5~10分钟社区生活圈设置社区食堂为居民提供膳食加工配制、外送及集中用餐；设置生活服务中心（图3-6-26），涵盖便利店、早餐店、药店、菜店、末端配送、家电维修、家政中介等商业便民服务。

乡村地区鼓励结合资源禀赋和生产生活特点配置相应的服务要素，如旅游资源丰富的村庄可设置游客综合服务中心、农产品销售展示中心（农夫市集）；红白事中心除了服务红白事举办需要，可在日常兼具社区食堂的膳食供应功能，提供堂食或配送至老年人家庭，并且在提供旅游服务的村庄可兼容特色餐饮服务（图3-6-27，图3-6-28）。

聚焦全龄人群多元化、多层次、个性化需求，探索推动场馆将各生活服务领域有机融合，复合历史人文、艺术活动、便民商业、社区食堂、慈善公益、健康养生等多种功能。

图3-6-26 浦东新区塘桥美好生活馆

原为废弃制衣厂，通过活化这一乡村工业遗产，植入售票问讯、展示集会、茶室、特色售品，以及游客主题活动空间、景区办公用房，户外设有电瓶游览车站和候船空间。

图3-6-27 青浦区朱家角镇张马游客中心 ⓒ致正建筑

7. 文化美育

发挥社区文化的联结作用，成为强化社区成员归属感和认同感的社会纽带。可设置的社区文化展示空间包括社区级博物馆、美术馆、演出场馆、科普教育馆等（图3-6-29），鼓励各街道（镇）根据功能定位、产业特色及资源禀赋等，有针对性地配建。乡村地区可设置村史馆、农耕文化博物馆等，提升文化感知、丰富人文体验。

大力弘扬公益慈善文化，结合街道（镇）范围设置慈善超市，承担社区慈善款物接收、慈善义卖、困难群众救助、志愿服务和慈善文化传播等功能。

以稻米产业及现代农业为基础，创建稻米文化中心，打造集文化展示、稻米加工、智慧农业等功能于一体稻香烟火集市、稻米文化小镇。

图3-6-28　崇明区新村乡稻香生态市集

建筑面积约200平方米，利用闲置乡村用房改造而成。秉持"让美术馆成为村民的美术馆，用艺术创变乡村"的宗旨，以美术馆为载体，组织开展在地艺术乡建和社区营造工作，丰富乡村艺术文化氛围，助力崇明乡村文化振兴。

图3-6-29　崇明区建设镇富安乡村美术馆

8. 创新创业

对于"上班族"来说，最幸福的事莫过于在家门口就可以找到自己满意的工作机会，避免每日过长的通勤距离和通勤耗时。结合15分钟社区生活圈，合理布局商业、商务办公、产业等就业空间，让居民就近实现舒心就业；挖掘旧厂房、住宅裙房等闲置或低效空间，提供面向小微企业、创新创业人群的低成本办公场所（图3-6-30），让社区成为就业路上的"始发站"。

在商务社区、产业社区，为就业人群提供生活服务设施，可以提供便捷无休的商业服务、创新出彩的文化娱乐、活力共享的运动空间，也可以是商务洽谈、信息分享、展示交流的场所。

协新毛纺织厂曾经的大空间厂房，经过适应性改造，分隔成一间间尺度更加宜人的办公空间。秉持"work / play"的理念，办公空间结合娱乐设施，激发员工更大的创造力。

图3-6-30　静安区 Bwzy Lab ©Bwzy

作为上海大都市圈乡村振兴示范引领实践地，开展现代都市农业技术创新、生态绿色农业可持续发展实验、江南田园农耕文明传承展示、超大城市和美乡村生活示范、长三角地区乡村振兴制度创新等交流和探索。

图3-6-31　青浦区金泽镇双祥村乡村振兴实验基地

乡村地区结合农业生产和乡村振兴要求，可设置为农综合服务站，开展农技推广、农资供应、农业信息、农机质保、益农信息社、培训与远程教育等（图3-6-31）；创业青年较多的村庄按需配置乡创中心（青年中心），提供技能培训、就业指导、创业指导、人才交流等。

9. 交通市政

以生态环保、节能减排为导向，引入新技术、新工艺、新设备，完善社区市政设施配置。重点优化小型垃圾压缩收集站、生活垃圾分类收集设施、公共厕所、移动通信基站等设施配套，在充分考虑邻避关系的前提下，鼓励市政设施综合设置，宜进行地下化、景观化处理，使市政设施充分融入社区环境。同时，充分考虑环卫工人作息需求，宜结合小型垃圾压缩收集站，划定一定空间设置环卫工作作息场所。

乡村社区重点优化公共厕所、垃圾收集点、污水处理站等基础设施配套（图3-6-32），宜独立分散布局，建设兼顾实用性与美观性，满足日常使用需求的同时，减少对村民生产、生活的负面影响。

合理布局停车设施，已建住宅通过内部挖潜、区域共享等多种途径增建停车位；统筹使用社会生活圈内停车位（图3-6-33），通过资源共享的方式，充分发挥商业、办公等非居住类用地的停车泊位作用。

乡村地区不鼓励大规模集中设置停车场，建议村民使用自家院落和宅前屋后空地进行停车，若有需要集中停车，可利用行政便民服务中心广场。有旅游功能的村庄可结合旅游景点设置游客停车场，以客流量配置，为外来游客车辆及旅游大巴提供停放场所。

对垃圾站原有设施及周边区域进行改造，垃圾站成为花园型垃圾压缩站，采用全封闭设计；垃圾房周边空地采用现代空间手法和江南园林风格相结合，成为具备垃圾分类科普宣传和公共空间功能的口袋公园。

图3-6-32 浦东新区金桥镇永建路垃圾站

完善电动汽车、电动自行车停放场所和充电设施建设。鼓励在商业中心、商务楼宇、工业园区、交通枢纽、停车换乘（P+R）等公共场所利用公共停车场（库）等空间专门设置停放场所和充电设施；结合居民日常出行需求，合理利用社区公共服务设施附属场地及其周边公共绿地、广场，在不改变用地性质、不影响使用体验、与相邻建筑保持安全距离的前提下设置停放场所，并为周边条件有限的住宅小区提供共享充电服务；鼓励政府机关、企事业单位内部充电设施对外开放共享服务。

住宅小区内部应集中设置电动自行车停放充电场所，架空层原则上不得作为集中停放充电区域，确有困难的，宜在小区楼栋山墙、巷尾等适当位置分散布置停车和充电点。既有小区宜以"一桩多车"共享为原则，利用新增公共车位开展共享电动汽车充电桩建设；新建小区固有车位以"一车一桩"为原则，100%配建电动汽车充电桩或预留安装条件。鼓励在小区周边具备条件的道路停车场，结合架空线入地、合杆整治、路灯灯杆建设等工作建设电动汽车充电桩。

设有充电桩的车库（棚）应当具备火灾自动报警系统，加装视频监控、自动喷水灭火系统（可采用简易喷淋）排烟设施等必要消防设施。

全面掌握辖区内小区内部、路侧停车、园区停车实时数据，形成一个存有14245个车位信息的全域停车数据库。开发"智慧停车"小程序，准确标注小区、路侧、场库园区各类停车区域的收费标准和停车时间，实现停车资源的共享共用。

图3-6-33 杨浦区控江路街道智慧停车治理平台

10. 智慧管理

社区生活圈不仅要满足当下需求，更要发挥想象、放眼未来，聚焦社区居住、医疗、教育、养老等民生领域打造数字化生活应用场景，让"数智"成为描绘未来生活新画卷的好帮手。运用智能化手段和信息技术，可以实现智慧型社区建设，如智能安保门禁系统、智能泊车—寻车系统、智慧屏预约订车等；提供远程医疗、线上教育、智慧养老、智慧健身、智慧物流等服务；打造智慧化应用场景平台，帮助各部门、区、街镇掌握社区空间资源情况，辅助编制社区行动蓝图和年度行动计划，开展线上社区居民互动，监督实施推进等，实现智慧管理（图3-6-34）。

以数字孪生为核心技术路线，搭建社区数字底座，为街道提供科学决策和智能分析的可视化支撑。建设"智慧临小二"服务平台，面向社区居民提供掌上预约、一键物业保修、社区服务地图等数字服务应用，并在线下提供24小时不打烊的数字服务区，集结水电煤缴费一体机、自助打印机、24小时问诊室、体育器材自助租赁机等自助智能服务设备，丰富家门口全时服务。

图3-6-34　静安区临汾路街道数字家园生活应用场景

第 4 章　共商共谋，绘就蓝图

在当前空间资源紧约束的背景下，针对社区群众家门口需求"设施小、数量多、改善型、低影响"等特点，"15分钟社区生活圈"必须构建一套统筹协调、科学系统的空间规划方法，在适宜的空间范围内，以需求和问题为导向，通过复合集约、有机链接、时空统筹等手段，系统整合社区资源，构筑融入城市发展、功能混合布局、人口密度适宜、蓝绿网络交织、要素服务便捷的社区空间格局。同时，关注社区发展差异与资源禀赋条件，创新因地制宜、精细匹配、巧妙提质的空间治理手段，结合人的使用需求和出行特征，识别构建社区特色空间骨架，描绘彰显魅力、富有活力的社区"生活画卷"。

本章在第三章确立目标导向的基础上，结合上海实践，围绕推进"15分钟社区生活圈"行动的全过程，包括划示基本单元、构筑空间模型、描绘生活画卷、挖掘潜力空间、耦合供给需求等主要环节，探讨方法手段，强化差异引导，推动功能复合融合、空间集约高效。行动过程中，要注重体现人民主体意愿，发挥社会多元力量，合力推动社区"硬空间"与"软服务"全面提升，共绘美好生活蓝图。

4.1 擘画美好生活圈

"15分钟社区生活圈"以"宜居、宜业、宜游、宜学、宜养"目标为导向，重视容纳多功能社区生活，承载人们从日常生活保障、安全、归属，到学习、交往、创造等各层面需求的美好愿景。越来越丰富的城市功能得以下沉到社区层面，并呈现出更具特色与活力的生活场景。社区将提供安心暖意的生活保障、融洽和谐的交往氛围以及丰富多彩的文化艺术体验，激活公共生活，促进社区共情，带来有"烟火气"和"人情味"的生活体验，让孩子们茁壮成长，让

图4-1-1 "15分钟社区生活圈"基本单元与街镇、居委的关系

年轻人成就梦想,让老年人乐享生命,也向新市民和访客等生动展示社区特质,共同"圈"出多姿多彩的美好生活"新画卷"。

4.1.1 划示基本单元

"15分钟社区生活圈"强调以适宜的慢行范围为空间尺度,尽可能丰富地提供居民日常生活所需的各项功能。考虑到外围乡镇在空间尺度上往往远超"15分钟"范围,以满足人的基本出行习惯为导向,需要在街镇范围内进一步细分"15分钟社区生活圈"基本单元,以便更好强化空间统筹、合理安排各项功能。综合考虑城乡交通条件与出行方式、人口密度与人群类型、服务水平与建设潜力等因素,根据居民生活方式和时空行为特征,提出衔接管理、出行便捷、类型相近、规模合理等4个划示原则。

原则1:衔接管理。既有社区服务设施一般以街镇为单元进行配置,主要考虑街镇作为承担社区管理职能的政府部门,是负责运营维护、提供公共服务的主体,必须要从街镇层面统筹各类项目的建设实施。但是,当前上海不同街镇之间存在较大的面积和人口差异,将全市107个街道的数据相比,面积最小的静安区石门二路街道为1.07平方公里,面积最大的青浦区香花桥街道为64.8平方公里,后者是前者的60多倍;人口最少的静安区石门二路街道仅有2.4万人,人口最多的浦东新区花木街道达到24万人,后者是前者的10倍。

"15分钟社区生活圈"基本单元作为各类功能项目和资源统筹的空间平台,必须紧密衔接街镇行政边界,并与党建、民政、卫生健康、应急管理等各类网格单元统筹整合,做到"管理有界、服务无界"。其中,城镇社区生活圈基本单元可包含若干个居民委员会;乡村社区生活圈基本单元一般以1个行政村为范围划定,原则上只划示保护村和保留村,不包含撤并村,但是对于部分近期无撤并计划、常住人口规模较大、存在明显服务短板、近期有建设项目的村庄,也可考虑划示社区生活圈基本单元(图4-1-1)。

原则2:出行便捷。为确保居民就近、安全使用公共服务要素,"15分钟社区生活圈"基本单元的空间范围宜以出行便捷为原则进行划示,涵盖相对集中的居住、产业、商业办公及配套设施等建设用地,形状边界宜清晰规整,避免过于狭长或不规则,且不宜跨越封闭式城市快速路及主干路、铁路、大型河流、生态绿带、高压走廊等存在出行隔离影响的空间要素。若与街镇、居民委员会等管理边界冲突,宜优先考虑出行便捷。此外，对于山体、水系等大型生态空间，以及机场、交通枢纽等大型交通设施用地，可不予划定。如黄浦江江面宽度300~770米，两岸慢行联系不便，因此作为基本单元的外部空间边界；而苏州河尺度相对较窄，两岸地区定位为超大城市宜居生活典型示范区，在慢行桥梁密集的地区可以作为基本单元内部的活力廊道。又如"15分钟社区生活圈"基本单元普遍不包括浦东机场、虹桥机场等交通枢纽，以及生态间隔带、楔形绿地等大型生态空间（图4-1-2）。

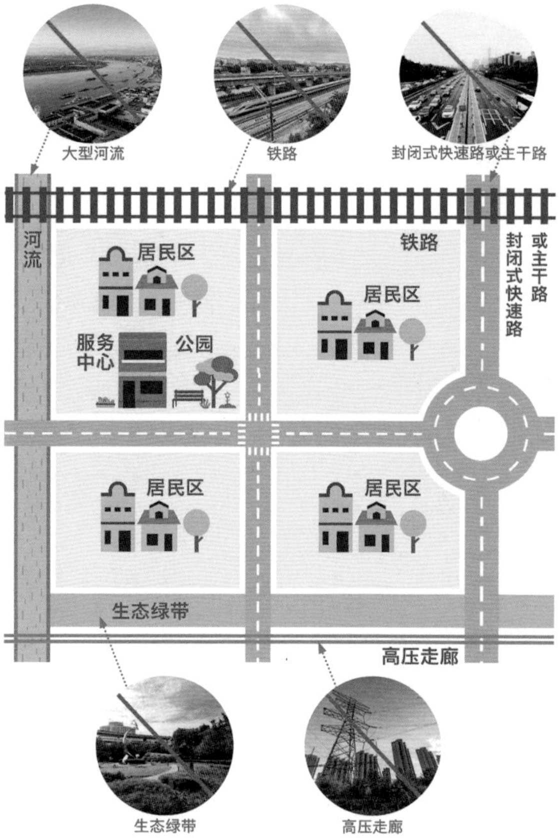

原则3：类型相近。考虑到城镇与乡村在生活方式、空间组织上存在较大差异，同时规模较大的街镇内往往混合集聚居住、产业、商业商办等多元功能，由此带来的居住、产业、就业等人群需求也不尽相同。因此，必须结合主导功能和服务人群，有针对性地构建不同类型的"15分钟社区生活圈"基本单元，确保其服务供给符合大部分人群需求，并便于集约共享，促进社区服务要素的精准配置。

在地区类型上，可分为城镇社区生活圈与乡村社区生活圈。其中城镇社区生活圈内，根据主导功能与人群类型，进一步细分为居住生活圈、产业圈、商务圈、高校圈等多元类型（图4-1-3）。原则上产业圈、商务圈应形成产业业态相近、就业人群相似、边界相对独立的圈层，以产业、商办用地为主，可混合部分居住用地。

原则4：规模合理。在明确主导功能与人群类型的基础上，"15分钟社区生活圈"基本单元还需要综合考虑居民出行方式、人口密度等影响因素，综合考虑公共服务设施运营和管理的规模性、经济性，以此确定合理适宜的基本单元人口规模和空间范围。

理想状态下，参照幼儿园1万人设1处、小学2.5万人设1处、社区级文化体育设施5万~10万人设1处的配置标准，以及人步行15分钟可达1公里的生理特性，"15分钟社区生活圈"基本单元的服务半径原则上不超过1公里，空间规模宜在3平方公里左右，常住人口约3万~5万人。

图4-1-2 "15分钟社区生活圈"基本单元的空间隔离因素示意

结合城镇地区实际情况，①中心城居住生活圈应满足步行15分钟可达，服务半径一般为800~1000米，覆盖范围一般为1~3平方公里，以规划确定的常住人口作为服务人口，一般为3万~5万人并可适当提高；②新城居住生活圈综合考虑居民常用交通方式，按照15分钟慢行可达的空间尺度，可适当扩大服务半径，覆盖范围一般为2~5平方公里，人口规模不宜低于2万人，并且除常住人口外还需适当兼顾外来流动人口的服务需求；③镇区居住生活圈，人口规模大于2万人的镇区，可参照新城标准划分，覆盖范围一般为2~5平方公里；人口规模小于2万人的镇区，统一划分为一个居住生活圈；④产业圈的服务半径一般为1000~1500米，覆盖范围一般为3~7平方公里，可根据产业建筑规模适当调整，以规划确定的就业人口及常住人口作为服务人口；⑤商务圈的服务半径一般为800~1000米，覆盖范围一般为1~3平方公里，可根据商办建筑规模适当调整，同样要兼顾就业人口和常住人口需求。

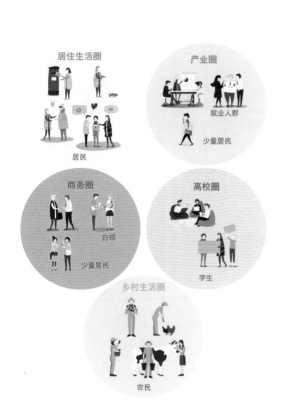

图4-1-3　"15分钟社区生活圈"基本单元类型示意

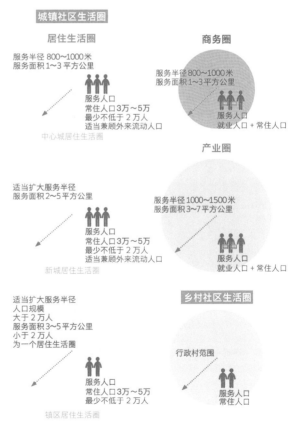

图4-1-4　不同类型"15分钟社区生活圈"基本单元的合理规模示意

乡村社区生活圈根据行政村范围划定，一般一个行政村即为一个社区生活圈基本单元，以行政村规划确定的常住人口作为服务人口（图4-1-4）。

以上海市普陀区"15分钟社区生活圈"基本单元的划示为例，以10个街镇范围为基础，依托网格片区作为参考，综合考虑外环线、苏州河、沪宁高速铁路等因素进行划定，将全区划分为30个基本单元，以居住生活圈为主，根据主导功能划示出长风生态商务区等商务圈，以及桃浦智创城等产业圈（图4-1-5）。

4.1.2 构筑空间模型

"15分钟社区生活圈"作为城乡发展的"成长型社区共同体"，不仅要配置完善"十全十美"理想功能服务，还要通过链接城市格局、功能混合布局、人口密度适宜、加密活动网络、要素有机连接等5条策略，构建成为有温度、有活力、有归属感、有创造力的空间模型（图4-1-6）。

图4-1-5 普陀区"15分钟社区生活圈"基本单元划分示意 © 普陀区规划和自然资源局

1. 链接城市格局

与"多中心、网络化、组团式"城市空间发展格局相衔接，加强社区生活圈与各级公共活动中心、交通枢纽节点的功能融合和便捷联系，倡导TOD导向，形成功能多元、集约紧凑、有机链接、层次明晰的空间布局模式（图4-1-7）。

2. 功能混合布局

"15分钟社区生活圈"作为居住、生活以及工作等多功能复合的有机整体，倡导功能的混合布局和土地的复合利用。一方面除了居住、服务等功能以外，鼓励预留一定比例的就业用地，以公共交通站点或公共活动中心为核心集中布局，也可以依托历史风貌区、旧工业厂房嵌入式创新空间，提供一定的社区内就业供居民选择，适度促进居住与就业的

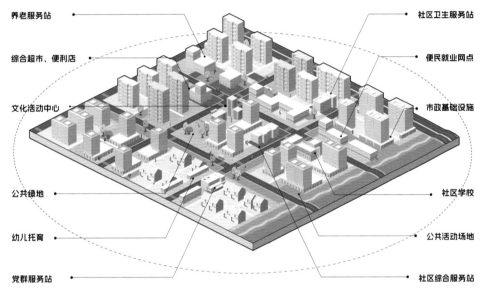

图4-1-6　"15分钟社区生活圈"空间模型

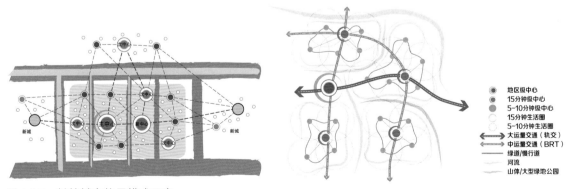

图4-1-7　链接城市格局模式示意

平衡,缓解通勤压力。另一方面促进共享办公、终身教育、文化活动、体育健身等服务要素与商业服务业用地混合布局，创造丰富多元的城市生活,打造包容活力的社区环境(图4-1-8)。

3. 人口密度适宜

在步行可达范围内,尽可能丰富地提供居民日常所需的公共服务,是"15分钟社区生活圈"源起的重要原因。服务设施配置需在考虑服务半径的同时，考虑支撑服务设施正常运行的最小服务人口规模。从设施使用角度,在步行可达范围内,人口密度越大、人口规模越大,设施的服务半径越小,可提供的设施类型也越多,因此社区生活圈要以一定的人口密度作为支撑条件;但从居住环境角度看,人口密度过大、开发强度过高,会影响居住生活条件。因此，必须从兼顾设施服务和居住环境的角度，确定适宜的人口密度和开发强度。据研究,当人口密度为1万~3万人/平方公里时,更有利于营造兼具环境友好、设施充沛、活力多元等特征的社区生活圈。当人口密度过高时,宜适当疏解,并增加设施配置;当人口密度过低时,宜适当导入人口,并阶段性采用流动式、临时性设施作为有效补充。[1]

4. 加密活动网络

"15分钟社区生活圈"的活动网络主要包括生活性街道、风貌道路、林荫道、街坊内公共通道等慢行网络,以及滨水步道、绿道等蓝绿网络。服务设施和公共空间的各类活动节点是否能通过慢行的方式舒适便捷到达,与活动网络密度和布局有着密切关系(图4-1-9)。

一方面,在一定的道路面积比例的前提下,道路间距越大则道路宽度越宽,对于以倡导步行的社区生活圈而言,过大的道路间距和过宽的

1　程蓉《15分钟社区生活圈的空间治理对策》,《规划师》2018,34(5);李萌《基于居民行为需求特征的"15分钟社区生活圈"规划对策研究》,《城市规划学刊》2017(1)。

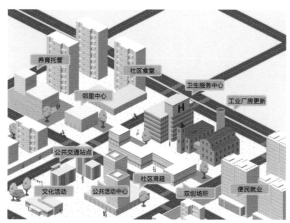

图4-1-8　功能混合布局模式示意

路幅都不利于塑造步行安全的路网格局，会进一步影响居民对公共设施的舒适性与可达性。因此，社区生活圈倡导宜人的街区尺度和步行网络密度，鼓励形成"小街坊、密路网"的空间布局模式，结合步行路口间距控制，以及开放内部街巷、增加公共通道、设置限时步行通道、加宽历史地区街巷总弄、设置空中连廊和地下通道等方式，加密慢行网络，形成2~4公顷的住宅街坊规模，既有利于塑造开放共享的城市空间，又不影响住宅地块内部环境的安全与舒适。

另一方面，公共空间是加强社区空间环境品质、提升居民生活品质的关键因素，社区生活圈内要构建多类型、多层次的公共空间，满足居民不同类型、不同空间层次的公共活动需求。通过构建蓝网绿脉等公共空间骨架，串联社区主要公共活动及公共空间节点，形成网络化布局，满足人们日常休闲散步、跑步健身、商业休闲活动等日常公共活动需求，形成大众日常公共活动网络。

5. 要素有机链接

首先，社区各类服务要素选址宜遵循方便居民、利于慢行、相对集中、适度均衡的原则，优先布局在人口密集、公共交通方便的地区。其中公益性设施优先布局于环境、区位和交通条件优越的地段，如轨道交通和常规交通站点、公园绿地和广场周边，增强可达性。"15分钟社区生活圈"鼓励在人口密度高、活动频率高的地区形成综合性社区服务中心，涵盖就业引导、社区服务、生态休闲等服务要素，并依托社区资源

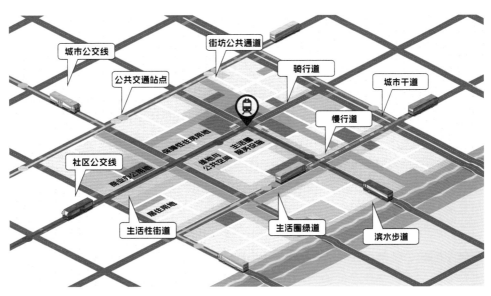

图4-1-9　加密活动网络模式示意

培育特色功能，形成社区生活圈的"重心"。5~10分钟层级服务要素宜灵活均衡布局，并与生活性街道、公共空间、慢行步道邻近设置，保障老人、儿童的便捷友好使用。

其次，基于居民行为特征调查，实现设施空间布局与居民实际需求的有效契合，将关联度高的设施邻近布局，形成面向不同对象的设施簇群。如对于低龄老人，日常活动通常以菜场为核心展开，同绿地、小型商业、学校及培训机构等邻近布局，方便老人在一次步行出行中完成一日所需的多项活动。对于儿童来说，日常生活往往围绕学校展开，对儿童游乐场及培训机构等有较高需求。又如对于中青年上班族，社区生活参与度相对较低，以工作日生活购物、周末文体活动为多，可以购物场所为核心，步行串联各类社区服务和公共空间，为其在工作之余更多回归社区生活创造条件。

最后，优先将使用关联度较强的设施通过通勤步道、休闲步道、文化步道等社区慢行网络进行串联，进一步加强就业、居住、社区服务、生态休闲等服务要素之间的有机串联，综合满足居民通勤、上学、游憩、健身等需求，从而促进居民更多的慢行出行和相互交往，引导形成绿色健康、交往活力的生活方式。

4.1.3 描绘生活画卷

在完成上述空间模式构建的基础上，"15分钟社区生活圈"如何加强不同人群的感知体验，并引发更多互动交往，需进一步识别和构建社区的主要生活脉络，通过激活、提质、赋能等手段，引入多元活动场景，方能描绘出一幅幅生动活力的社区生活画卷。

1. 识别构建社区生活脉络

"15分钟社区生活圈"规划首先要梳理社区的服务设施、公园绿地、河道水系、生活性街道、慢行步道等资源禀赋的分布情况；其次结合手机信令数据、社交媒体数据以及PLPS（公共生活—公共空间）调研、OD（交通起止点）调查等对居民时空行为规律进行分析，筛选出承载较高强度生活性活动的空间场所分布；将两者进一步叠加分析，可识别出具有标识意义、烟火气息、人流密集、活动集聚的蓝网绿脉、生活性街道、公共活动中心、人文探访路径等空间网络。在此基础上对社区重要开敞空间和公共活动路径等进行系统梳理和整体统筹，通过打通局部慢行断点堵点、强化社区中的结构性空间要素及其之间的流线和视线联系、提升日常出行路径的连接性等手法，形成纵横交织、成环成网、主次分明的空间序列,叠加生活服务设施和公共活动空间,作为"15分钟社区生活圈"中的生活脉络。

上海市普陀区万里街道是上海西北部人口较为集中且具有代表性的居住地区，也是上海四大跨世纪示范居住区之一。在万里社区美好生活提升计划中，通过提取社区蓝绿基因、识别人流活动路径，点亮"爱尚万里"的"两幅画卷"：一幅是"蓝绿交织"自然生态美景的"千里江山图"——包括6.2公里"一环"水脉以及25公顷"六纵"绿轴（图4-1-10）；另一幅是展现"十全十美"美好生活场景的"清明上河图"——结合居民出行习惯，塑造"两横"作为社区发展的重要轴线，将新村路定位为激发活力健康态度的景观休闲大道，打造一公里夜跑风景线，沿线增加小微运动设施提供配套服务，沿线居住区围墙实现景观化透绿；将富平路定位为承载美好生活需求的法式风情大道，增加香颂咖啡馆、香氛图书馆、艺术沙龙等业态，选取闲置空间植入法式庭院节点，并在街道家具设计中引入法式元素，策划文化活动、街头艺术表演等活化街角空间（图4-1-11）。

上海市普陀区曹杨新村始建于1951年，是1949年后全国兴建的第一个工人新村，采用当时国际先进的"邻里单位"理念进行规划建设，以环浜，一条位于社区中心位置的环状景观河道，为公共空间核心骨架，串联起周边居住小区与公共服务节点（图4-1-12）。在之后的建设过程中，环浜逐步被小区、设施、单位所蚕食和封闭。2021年，曹杨

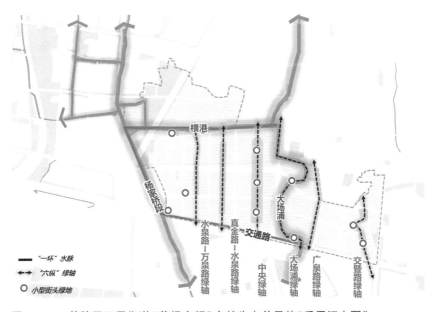

图4-1-10 普陀区万里街道"蓝绿交织"自然生态美景的"千里江山图"

新村"15分钟社区生活圈"规划启动，以"101"蓝绿空间——"1"为桃浦河风貌绿带，"0"为环浜滨水空间，"1"为百禧公园生活轴线——为骨架，强化对原有社区公共空间结构的恢复、重塑和焕新。针对环浜岸线可达性及可视性不足等问题，打通断点，贯通步道，借助其蜿蜒流动的线型，通过巧妙增加空间节点、加宽绿化道路、补充服务设施、增设

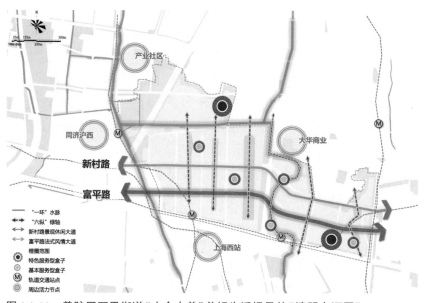

图4-1-11 普陀区万里街道"十全十美"美好生活场景的"清明上河图"

图4-1-12 普陀区曹杨社区以环浜为公共生活空间骨架
©《社区更新的规划与实践：上海曹杨新村》

图4-1-13 普陀区曹杨社区通过环浜贯通打造新曹杨八景©上海市园林设计研究总院

桥梁等，串联沿线住区入口，在强化其开放度、可达性、活力度的基础上，营造、开阔舒展或步移景异的景观，成为惬意生活、促进交往、感知自然的蓝绿生活环（图4-1-13），使环浜岸线等成为曹杨居民共享的高品质公共活动场所。

2. 营造演绎社区丰富场景

在识别构建社区生活脉络的基础上，通过"以点带线、以线成面"的方法，对生活脉络进行激活、提质和赋能，吸引不同年龄段的居民留驻、参与并交织互动，最终描绘出一幅幅彰显魅力、富有活力、令人心向往之的社区"生活画卷"。具体营造手法上，首先在主要生活脉络沿线选取人群活力高、停留时间长、交往性强的节点，运用"长藤结瓜"等点、线、面结合的手法，精准落位，巧妙布局，嵌入服务设施，激活口袋公园，增加活动空间、驻留空间和交往空间；其次围绕老百姓"衣食住行"的需求特征，在相匹配的空间场所中植入多元功能和丰富活动，如游戏运动、锻炼漫步、烟火集市、艺术文创等；同时，在主要生活脉络沿线，系统性地加密街道家具，丰富绿化种植，强化界面活力，保留或植入文化元素、风貌特色和历史记忆。

徐汇区田林街道是上海中心城区典型的存量社区，建筑密度高，老龄程度高，开放空间、高品质的休闲空间不足。田林路是承载社区生活的主要骨架，集中了居民生活所需的各类商铺，还有多所学校，是典型的老小区生活性街道。规划结合大数据分析道路两侧人行道人流密度和活动特征，在小区入口、街角空间、校园门口等设置一系列供居民归家、学生放学、行人休憩使用的口袋景观空间，通过人性化的设计给每一名"使用"田林路的人带去尊严和关怀。如，在小学周边给孩子们创造安全的回家路，并设计安全的校外活动场地；增加更多可在树荫下休息的座椅，让每一名在田林路上辛勤工作的人得到来自环境改造的关怀；关注老旧小区入口区域的人性化设计，增加"门亭"，给每一名晚归的居民点亮家门口的灯（图4-1-14至图4-1-16）。

愚园路历史文化街区作为上海中心城内规模较大、优秀历史建筑集聚的历史文化风貌区，集中体现了上海近代高级住宅区和以教育建筑为代表的公共建筑群风貌，其主街愚园路被定为上海永不拓宽的64条马路之一。愚园路上有100多家商户，大多是个性化的小店，潮牌、西餐、咖啡、柴米油盐、修补匠等等，还有集聚文创品牌集合店、社区邻里中心、公共空间艺术等于一体的体验式复合型业态。一天24小时在这里形成张弛有序的节奏变换，穿着定制西装的年轻人站在

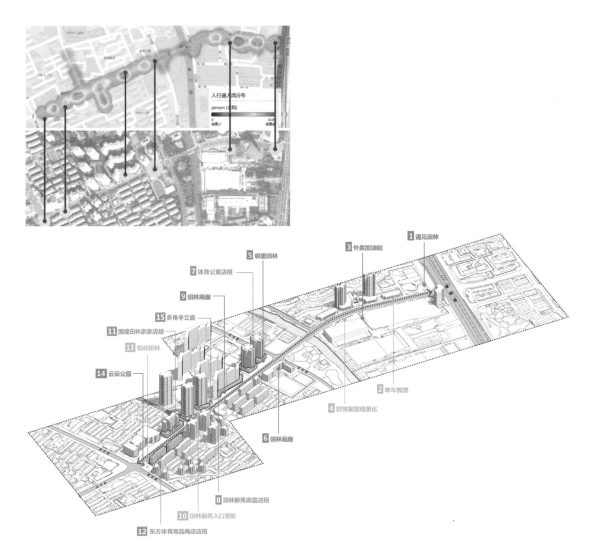

图 4-1-14 徐汇区田林街道运用大数据对人流密度和活动特征的进行分析,辅助确
定设计节点ⓒ水石设计、合乐规划大数据

图 4-1-15 在田林街角空间、口袋花园中游戏的孩子与陪伴他们的家长ⓒ水石设计

图4-1-16　通过田林路慢行空间设计的改善，为居民提供开敞、无障碍的通行和购物体验©水石设计

巷口，和邻居阿姨自在地聊天，既有让老百姓满意的"烟火气"，又有充满文艺气息的"诗和远方"。CREATER创邑公司总部楼宇前的空地原本是停车场，通过改造变成一片草坪，不定期邀请艺术家以环保材料在草坪上搭建公共雕塑、开展快闪活动等，实现附属空间的开放和艺术人文的植入；愚园公共市集则将社区画卷从"川流不息"的城市道路引入"市井生活"的支弄；近年来陆续新增的3处生境花园更是在这片百年风貌街区中形成一条天然的"生境绿廊"。

图4-1-17 杨浦区长白228街坊中心大草坪露天电影

　　杨浦区长白新村街道228街坊作为20世纪50年代建造的"工人新村"，既承载着上海现存唯一成套"两万户"的深厚历史底蕴，又被赋予重现风貌、重塑功能、重赋价值的新使命。更新后的228街坊主动保留了12栋"两万户"历史建筑，并纳入公共服务、社区商业、人才公寓、健身娱乐等功能，中间围绕着一个3000平方米左右的大草坪，植入露天电影、临时集市、少儿运动等室外文化、体育活动功能，人气、烟火气在这里汇聚，成为家门口"五宜"好去处。午餐时间，社区餐厅"熊猫食堂"排起长长的就餐队伍；下午3点，咖啡店里不时有来打卡的年轻人；社区工坊里能理发，针头线脑、修修补补等"小服务"也大受欢迎；社区运动健身中心开放到晚上10点，白天银发族在跑步机上健走，晚上白领在这里集体"卷身材"；在"上海市工人新村展示馆"有让中年人追忆的儿时光景，外地游客还能沉浸体验一把20世纪80年代的上海生活。228街坊在保留记忆、留住乡愁的同时，引入普惠民生功能，成为"15分钟社区生活圈"的重要"补给地"（图4-1-17）。

4.2 耦合供给需求

　　在土地资源紧约束背景下，如何优化社区公共资源与使用需求的匹配关系是社区规划的重点。一方面要全面评估社区生活圈的实际建设情况与服务要素需求，结合既有服务要素的功能规模、空间布局和使用情况等，查找服务缺口和盲区，形成问题清单；另一方面要全方位识别和挖掘空间资源，既要利用好面积充裕、便于使用的开发地块和更新地块，也要注意到小规模、散分布的街角空间、桥下空间、背街小巷等消极闲置空间，还要有通过统筹协调、共享使用的附属空间。最后综合社区需求评估和潜力资源挖掘，将居民需求与公共资源相匹配，针对性完善各类服务要素内容，合理安排各类功能，制订空间方案。

4.2.1 精准评估服务需求

1. 服务要素的绩效评估分析

通过设施规模、覆盖率、分布密度等指标量化评估各系统公共资源的配置效率，从被评价对象在社区公共服务的完善程度、与居民活动特征的契合关系、日常的利用频率等不同角度入手，确定公共资源短板清单的弥补策略和方案，引导高效复合的空间规划，实现以人为本的空间资源高效配置。对既有公共服务要素进行量化分析评价的指标包括以下4个方面：

（1）类型与规模评价。 评估对象包括社区内由政府托底，满足居民安全、就医、养育、养老、买菜等生活基本需求且必须配置的公共服务设施、绿地广场等。通过对现状、既有规划情况与标准要求的对比，评估设施单处规模、千人指标、人均指标等，得出短板清单，并以此为导向为搭建社区公共服务、公共空间等物质要素发展框架提供坚实基础。

（2）可达性评价。 评估对象为社区内与居民日常生活息息相关、高频率使用的公共要素：①5～10分钟层级服务设施，如室内菜场、社区食堂、幼儿园、卫生服务站、养育托管点、日间照料中心、文化活动空间、运动场所等；②社区级及以下公共绿地、广场；③交通设施如公交站点、非机动车租赁点等。对于这类设施的可达性评估，以服务半径为主要指标，根据活动人群的出行能力或可承受的适宜出行距离，评估分析设施覆盖率，以减少总体服务盲区、各处设施服务范围重叠地段可控、设施配置成本经济为目标，引导该类设施场地均衡精准地布局。

（3）分布密度评价。 评估对象包括社区内生活性街道、公共通道或步行道、健身跑道、非机动车道等。核心指标包括社区生活性街道间距、步行网络密度、步行道间距等，以达到倡导社区居民绿色出行，鼓励多采用步行、自行车与公共交通出行方式的发展目标。

（4）使用效率评价。 从实际使用角度出发，评估服务要素的使用绩效及服务质量，如服务要素的累计使用人次、平均使用时长以及居民开展活动频次和类型、满意度评价等。[1]

2. 社区公众感知的空间分析

除了基于数据分析评估社区物质要素外，还须了解社区个体对空间特质、存在问题以及预判在未来发展等诸多因素的感知与评价，并将

---

[1] 过甦茜《面向问题和需求的上海社区规划编制方法和实施机制探索》，《上海城市规划》2017(2)。

一定的数据样本通过GIS、SPSS等软件做进一步的空间分析研究，结合"12345"政府热线、120急救、街道网格中心等部门数据，赋予社区主要矛盾以地理空间属性，形成社区"问题"地图，将社会问题与空间属性精准契合。

以上海市浦东新区洋泾街道为例，通过对洋泾街道三年内的"12345"市民服务热线的数据分析，将居民投诉聚焦在停车、噪声、群租三个问题上，并通过GIS软件绘制社区"问题地图"。

3. 居民需求及发展意愿分析

"15分钟社区生活圈"规划要保障社区公共资源的分配效率，就要坚持规划编制与实施过程中的公共利益取向，动态掌握社区居民的需求及发展意愿。在规划过程中，通过问卷统计、访谈记录、方案投票等形式，了解社区居民的年龄结构、家庭结构等基本情况，日常出行的基本特征和规律（可接受的日常使用服务要素出行距离、最常使用的服务要素、最少使用的服务要素等），对社区各类要素的使用评价（最满意的服务要素、最不满意的服务要素等），以及对社区未来发展的意愿等。

通过街镇居委座谈、居民问卷调查，分类深入调研。如长宁区新华路街道创新"街道—居委—居民"三级调研方式，逐层锁定特色需求。首先通过街道调研，把握社区的主要特征和总体问题；其次以居委聚焦分片区的差异化问题，将15个居委会分为风貌区、高人口密度以及老龄化居委三种类型，分别设计调查问卷；最后就具体项目的改造需求等有针对性地征询周边居民意见，为项目改造方案提供支撑。

针对不同人群特点，开展形式多样、线上线下相结合的调查。如上海市闵行区梅陇镇根据社区"深度老龄化、外来人口多"的特征，采用现场访谈与线上、线下问卷相结合的公众参与模式，针对老年人在社区日常活动的习惯，开展实地问卷调研和深入的现场访谈，重点关注对养老设施及心理关爱方面的需求；针对外来人口和上班族高频率使用手机的特征，通过微信公众号发放线上问卷，重点关注对生活便利、养育托管点、社区学校等方面需求。金山区朱泾镇开发微信小程序，可供居民对身边各类设施进行标点、评价和拍照上传现状图片，并对不满意的设施留下意见和建议。

组织开展社区活动，通过现场互动激发社区居民更多参与热情。如上海市杨浦区五角场街道联合同济大学和在地社会组织举办社区生活节，向居民展示"15分钟社区生活圈"规划初步成果并进行意见征询；开展主题沙龙，向群众展示并讲解"15分钟社区生活圈"的理念与行动，强调公众参与的重要性及方式方法；开展社区漫步，带领居民周游社区生活圈的重要节点，邀请参与者评价街区现状，讨论规划愿景。静安区江宁路街道以"向新前行，向心而居"为主题，通过便民服务、签到墙、气球拍照墙等互动形式与社区居民进行参与式互动，引导老少居民逐步展开对未来社区生活和空间环境的讨论和畅想，并将此次活动收集的居民意见和反馈作为后续设计深化的方向和依据。

结合大数据等信息化方法，从时间和空间维度上动态分析人对公共空间和服务设施的使用规律及人群活力变化规律，为优化调整提供依据和支撑。如上海市普陀区通过Keep软件，统计全区共5大类150个健身路径，发现与不同类型场地自发生成的健身路径数量占比存在差异，提出希望校园、园区等的附属空间能够开放的需求。上海市虹口区四川北路街道通过抓取微博网站数据对市民评价进行分析，进一步明确市民对社区的正负面印象，提出下一步改进策略。

4.2.2 全面挖掘空间资源

1. 开发或更新地块

把握社区内开发或更新地块的实施机遇，一揽子解决社区服务设施及空间的较大规模缺口。

规划地块、拟出让地块。结合规划调整及土地出让前期的相关工作开展社区服务评估，优先将缺口较大、需求急迫的服务要素，以综合设置、混合布局等形式集中落实在地块规划指标或土地出让条件内。在不影响相邻关系的前提下，可适当在地块容积率和建筑高度上予以支持，旨在以较小的代价、较快的流程、较高的品质推动社区服务补齐完善。

近期计划开展或有意向开展城市更新活动的用地、用房。通过规划调整，优先嵌入紧缺的设施、公共空间。如上海市长宁区新华街道上生·新所位于多个历史文化风貌区交界处，具有深厚的历史文化底蕴，同时周边社区公共服务设施和公共空间均存在缺口，通过城市更新一是将原研发办公功能转变为公共性更高的商业商办，提升地区能级和活力，增加文化创意、商业休闲等多种功能；二是提供7000平方米的社区级服务设施，布局体育、文化中心以及党建服务站等功能，打造社区乐活中心；三是全面打开围墙，新增不少于12500平方米公共空间，24小时对外开放，设置多条公共通道，完善区域慢行网络。

2. 闲置空间

政府部门的闲置资源。鼓励建立区级统一收储、统一调配、统一处置的运作平台，由街镇和部门根据需求申请使用。如上海市普陀区为推进国有资产共享、共用，提高资产使用效益，于2019年印发《普陀区行政事业单位房屋资产公物仓管理暂行办法》，区机管局联合区财政局对全区行政事业单位房屋资产进行摸底调研，将超标配置、低效运转或长期闲置不用的资产调入"公物仓"进行规范管理，由区财政局进行统筹调配，相关部门和街镇可根据需求申请使用。徐汇区同样通过部门联动，构建全区潜力资源统筹机制，区规资局会同区国资委、区机管局、区教育局、区国防动员办公室等部门，与各街镇积极沟通对接，结合"15分钟社区生活圈"项目需求，对辖区内低效、闲置的土地资源、公建配套资源、城市更新资源、教育设施等进行整体排摸梳理和统筹利用，避免重复建设、资源浪费。

在地企业低效闲置空间。鼓励通过政企融合，挖掘企业可开放、可共享的空间，提供社区紧缺的服务功能，兼顾居民和白领双方的需求。如上海市黄浦区体育局联合小东门街道和在地企业外滩投资集团，通过政企融合，积极利用存量商务楼宇的闲置地下空间，通过与楼宇、企业代表充分沟通功能需求、设计效果、运营方式，打造形成鑫景金融都市运动中心，面积约4000平方米，统筹兼顾商业和公益关系，将都市运动中心与小东门市民健身中心合二为一，服务功能以运动为主、兼具休闲、社交、娱乐、文化、餐饮等多样元素，成为黄浦区加强健身设施和产业园区、商务楼宇等场所深度融合、提升健身环境品质的创新实践。

社区低效闲置空间。包括各类现状废弃或空置的建筑，如老年服务、幼儿娱乐、社区商业等便民服务设施和公共厕所、垃圾厢房、水泵房、人防空间等小型市政设施。如杨浦区五角场街道积极拓展资源挖潜渠道，整体排摸现有公共空间和设施，一是梳理现状品质较差、使用效率较低的空间，如原街道菜场大棚、社区为老服务中心等，进行升级改造；二是深度挖掘社区内部及街道空间内的附属设施，为社区原有废弃门房间、闲置岗亭等，植入需求功能，并且建立睦邻街区自管委员会，共商资源改造利用方案，形成"1个党群服务中心＋4个党群微空间"的社区党群服务体系，包括面向全人群使用的"人人讲堂"、党史教育宣传的"党群微空间"、适老助老服务的"吾老微空间"、睦邻休憩谈心的"心享微空间"、邻里资源共享的"向阳微空间"等，全面完善党建、养老、助餐、亲子、阅读等功能。

3. 消极空间

环境品质有待提升的公共空间。既包括独立用地的公共绿地、广场，也包括非独立用地的街头绿地广场、居住区集中绿地、公共建筑入口空间等，以及道路空间和不纳入市政道路的公共通道等，还有现状未被充分利用的各类消极空间，如建筑间的中介空间、用途不明的废弃空间、未经设计的冗余空间等，鼓励通过环境改造，增加公共绿地或提高既有公共空间的使用效率。

道路市政设施的消极空间。鼓励轻量化设计，通过复合设置或调整使用用途，补充社区紧缺设施，提升空间品质。如苏州河中环立交桥下空间以"火烈鸟""猎豹""斑马"为主题，运用鲜亮明快的色彩和生动活泼的动物形象，打破传统桥下空间的灰暗基调，植入运动场地、公共绿地、休闲驿站、市政配套设施等功能，成为苏州河沿线的特色公共空间节点。

4. 附属空间

机关、企事业单位的附属公共空间、学校的体育场馆。按照"能开尽开"的原则，通过围墙（围栏）的打开、退界等多种方式，实现附属空间开放；优化管理运营，推动学校体育场馆向社区开放。如上海展览中心将外部花园广场全部向市民开放，华东政法大学拆除万航渡路沿线校园围墙，上海体育科学研究所经过围墙退让释放出约1600平方米附属空间。机关、企事业单位、学校附属设施对公众开放，可适当折算成相关设施的规模性指标。

4.2.3 系统匹配供给需求

1. 根据人群使用特点合理布局

综合社区需求评估和挖掘潜力资源，将居民需求与公共资源相匹配。首先，在人流最为密集、公共交通最为方便的公共活动中心，集中布局综合性的社区服务中心；其次，在现状服务要素无法覆盖的盲区，有针对性地优先补足居民紧缺的服务短板，契合不同群体的活动规律，将使用关联度较紧密的设施邻近设置、集中布局。在引导绿色出行的基础上，进一步减少不同人群使用相关设施的出行总时长。同时适应人口结构、生活方式与行为特征、技术条件等变化，适当预留弹性发展空间。此外，一方面关注打造亮点，结合社区活动网络嵌入可用、可观、可赏的服务设施，满足服务需求，实现处处皆是景的效果。如上海市徐汇区湖南路街道乌鲁木齐中路公共厕所，利用一层主入口后退，释放出

270°转角花园（图4-2-1），拓展驻留空间，提供减缓压抑感的"活口"。另一方面要避免邻避效应，通过科学选址、合理设计，将环境友好的邻利设施建设与邻避设施相结合，化解公众的邻避焦虑。如上海市浦东新区金桥镇利用垃圾房周边空地，采用现代空间手法和江南园林的特色相结合，为居民打造一个新江南风格的口袋小公园。

2. 根据空间特性各赋其职

空间特性可细分为规模尺度、微观区位、场地条件、日照环境、层高层数等，必须根据人群使用特征系统匹配空间场所与服务内容。以空间规模适配为例，可利用开发或更新地块等规模较为充裕的空间，优先补齐对于空间规模要求较高的服务设施，包括一站式综合服务中心、基础教育设施、社区卫生服务中心、机构养老设施、室内菜场等；对于老旧社区沿街裙房、商品房小区会所等规模不大的闲置空间、消极空间，在不改变土地使用性质和基本不改变建筑空间主体结构的前提下，通过改造、修缮和局部整治等微更新手法进行功能完善，补齐党群服务站、养育托管点、社区食堂、社区议事厅等小微设施；还可利用附属空间，在不开展建设活动的前提下，通过功能转换、错时共享、对外开放等管理运营的手段创新，植入服务要素，提升使用效率。此外，不同空间区位也适配不同功能，如位于生活性街道沿线、可达性较好的空间，主要布置菜场、社区食堂、生活服务中心等社区商业及服务业设施；位于居住小区内部的空间，环境较为安静，主要布置为老为幼等服务设施，保障弱势群体的出行安全和使用便捷。

3. 一张蓝图统筹项目安排

以社区空间结构为依托，合理布局各类社区公共要素，形成面向政府的"一张蓝图"，以及面向居民的"一张导览图"，实现从单项目的

图4-2-1　徐汇区湖南路街道乌中公厕及其转角花园

散点更新到多维度的系统规划,保障居民便利又有针对性的利用社区资源。在"一张蓝图"的基础上,结合各街道不同的发展阶段和实际情况,结合需求紧迫性、实施难易度和实施主体积极性等因素,制订该年度建设项目清单,重点明确行动项目、实施主体、资金来源和时间节点等内容,协同保障项目实施。同时定期维护项目实施进度,可根据行动需要,对项目实施清单进行适当弹性调整。如上海市普陀区万里街道在社区规划基础上形成邻里之家、绿行万里、家园节三大近期行动计划,明确项目清单,并与城市更新、土地出让前评估等政策相衔接,使社区规划具有较强的可操作性。

年度项目实施清单可以包含综合型项目包和零星项目。针对居民诉求突出区域,鼓励在推进实施时采用"综合项目包"形式,从空间设计、资源投入上对各相关部门的建设项目计划进行统筹协调,由街镇或各区认定的统一实施主体开展项目一体化设计、管理和建设,提高项目实施效率、设计品质和显示度。如上海市黄浦区外滩街道整合"一街一路""美丽家园""美丽街区"以及其他源自区级部门的更新计划,在约12公顷的山东北路街区内统筹开展老旧小区、生活性街道、小型市政设施等更新和视觉标识系统设计。

4.3 引导差异配置

为包容各社区间的差异性,加强服务要素和空间配置的规划弹性,可从规模、可达、效率、品质四个维度进行组合引导。同时以特色为导向,根据不同社区的典型需求,结合资源禀赋条件,加强社区生活圈规划的分类分层引导、差异管控和特色塑造。综合考虑各地人口结构与类型、生活习惯与行为特征、结合社会经济发展阶段、建设阶段、城市人均建设用地等因素落实弹性配置要求,提供多样化的公共服务,加强文化性、地域性、特色性等要素的植入,有针对性地塑造社区特色,强化社区居民的获得感。

4.3.1 指标组合引导

1. 规模性指标

规模性指标旨在建立适应人口特征、满足功能使用的配置标准,实现公共资源精准配置,包括公共租赁房、廉租房、人才公寓、宿舍人均居住面积;设施建筑面积的一般规模及千人指标;设施用地面积的一般规模及千人指标(有独立用地要求的设施);人均公共绿地面积等。"十全"基础保障型设施以千人指标和一般规模作为主控指标,强调服务的均衡性和全覆盖;"十美"品质提升型设施以一般规模为主控指标,不对千人指标进行控制,实现按需配置,部分特色型设施基本不作硬性要求,通过实际需求分析与相关部门技术要求而进一步明确。

一般来说,规模性指标的确定包括以下三种途径:一是根据各功能模块叠加确定,主要针对专业性较强、功能细分类型较多的服务要素,确定规模性指标的区间值,如社区卫生服务中心的房屋建筑一般包括临床科室用房、预防保健科室用房、医技及其他科室用房等,在各功能用房基本规模的基础上,进一步按照服务人口数量、床位数量等确定上述各临床科室数量及使用面积,叠加形成总规模(图4-3-1)。[1]

二是根据人均需求确定,根据人群使用频率、同时在场系数、人均需求面积(班级数或床位数)等,确定规模性指标的区间值,主要针对有一定额定服务人数、需契合使用者体能心态特征、在使用体验方面要求较高的服务要素。如婴幼儿养育托育机构主要根据每托位平均建筑面积指标核定总规模[2],老年人日间照料中心主要按老年人人均房屋建筑面积指标核定总规模。而且针对这类面向"一老一幼"的教育托育设施、为老服务设施等,可适度提升规模标准;针对随着智能化、信息化等新型生活方式的产生,导致使用需求和频率发生改变的服务要素,可适度降低规模标准。

三是根据使用特征确定,针对部分"十美"品质提升型和特色引导型服务要素,参考行业标准及经验数值,以及成功案例参考,确定规模型指标的建议值。如社区文化展示空间(社区级博物馆、美术馆、演出场馆、科普教育馆),参考文化馆建设标准,服务人口不超过5万人的场馆规模一般为800~4000平方米,各街道(镇)可以根据功能定位、产业特色及资源禀赋等,有针对性地配建。

2. 可达性指标

"15分钟社区生活圈"强调服务要素空间布局与使用者行为方式的匹配性,可达性指标旨在提高设施的覆盖度和便捷性,实现要素空间布局与居民使用特征的高效契合,包括设施

1 中华人民共和国国家卫生和计划生育委员会《社区卫生服务中心、站建设标准(建标163-2013)》,中国计划出版社,2013年。

2 国家卫生健康委员会《托育机构设置标准(试行) 托育机构管理规范(试行)》,中国人口出版社,2019年。

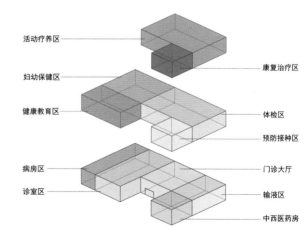

图4-3-1 规模性指标的确定方式——以社区卫生服务中心各功能用房为例

的服务半径及服务覆盖率；步行交通网络密度与间距；自行车交通网络密度与间距；公共空间的服务半径及服务覆盖率等。可达性的另一个重要意义是鼓励步行，服务要素的距离设定尽量满足步行需求，在此基础上营造良好健康的社区氛围与空间环境。

对于规模集聚型设施，主要面向全体居民，日常使用频率相对较低，主要满足周末等公共假日家庭全体成员一日活动所需，并且需要一定的规模以集聚活力与人气，如社区文化活动中心、社区全民健身中心、社区卫生服务中心等，以服务人口（万人需配一处）作为主控指标，保障最小规模，以增强规模经济性与实施可行性，并建议布置在社区生活圈中心位置，邻近公共交通站点、公园绿地等（图4-3-2）。

对于距离敏感型设施，主要面向老人、儿童、残障人士等出行能力受限的弱势群体的设施，以及一些社区居民每日通勤归家前的停留点，要满足高频率、近距离使用，如居家养老设施、儿童托管设施、便民商业设施等，以服务半径作为主控指标，服务半径等可达性指标的重要性远超建筑面积等规模性指标，应考虑一般可承受的步行距离范围，并且不穿越城市道路，确保均衡布局，便捷可达（图4-3-3）。

必须注意的是，对于服务要素特别匮乏、开发用地又极度紧张的地区，在设施服务覆盖离既定目标有一定差距的情况下，若能够通过相关策略手段实现同等效能的公共服务水平，如为老服务设施提供通勤车接送服务有效扩大服务范围，则可对其服务半径指标予以适当放宽。

3. 效率性指标

效率性指标旨在节约集约用地，形成与要素使用特征相适应的空间设置方式，主要包括独立用地、综合设置（不独立占地但有独立建筑

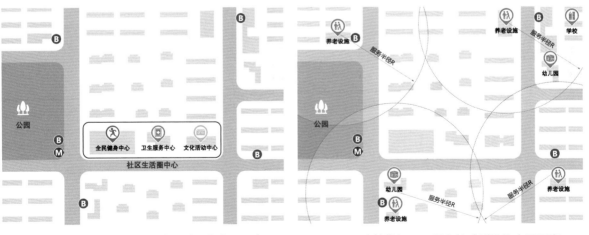

图4-3-2　可达性指标——规模集聚型设施布局示意　　图4-3-3　可达性指标——距离敏感型设施布局示意

使用空间）和共享使用（部分建筑使用空间由多个设施共享使用，或单个设施开放给不同人群使用），鼓励节约集约用地，形成与服务要素使用特征相适应的空间设置方式。对于需要独立占地的服务要素，强调同时管控用地和建筑规模；对于可以综合设置的服务要素，主要强调管控建筑规模（图4-3-4）。

空间设置方式主要根据服务要素功能环境要求确定。首先对周围环境产生一定负外部性效应的邻避设施，如社区卫生服务中心、派出所等宜独立用地，且不宜与菜场、中小学校、幼儿园、公共娱乐场所、消防站、垃圾转运站等毗邻。其次，除部分需要独立用地的设施外，考虑不同人群对于设施可达性以及关联度的需求，打破既往条块分割的局面，鼓励各类设施的复合设置和集约共享，鼓励通过延长开放时间及分时使用，提升使用率。在满足相关行业部门要求的前提下，对涵盖多种服务功能的建筑，建议建筑面积计算可以累计至各类设施指标内（图4-3-5）。

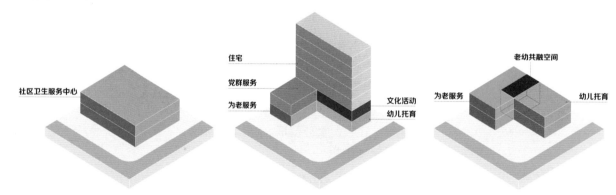

图4-3-4 效率性指标——独立用地、综合设置、共享使用模式示意

图4-3-5 效率性指标——设施独立设置与集约共享的比对示意

4. 品质性指标

各类服务要素不仅要从"量"上进行管控，更要从"质"上进行优化。品质性指标旨在优化设施的空间区位，提升建筑环境品质，实现综合品质管控。主要的服务要素的区位选址、建筑和环境设计要求，根据居民使用体验需求、地区环境特点确定。

选址布局方面，可选指标包括位于社区生活圈中心位置、邻近轨交或公交站点、结合社区商业性街道布局、选址避免对居住区的干扰、避免邻近噪声污染、宜与其他设施相邻设置等。其中规模集聚型服务要素宜选址在社区生活圈中位置适中、交通方便人流集中的地段，如社区行政服务中心、文化活动中心、市民健身中心等；距离敏感型设施宜选址在生活性街道、小区主入口、小区主路沿线、小区内部集中绿地周边等，如老幼人群日常高频使用的幼儿园、小学、老年活动室、小修小补便民商业等。活力性、公共性较强的服务要素应加强其出入便捷性考虑，尽量布局于社区主要商业街道界面，避免对居住区的噪声污染，如菜场菜店、餐饮店等；对环境干扰较为敏感的服务要素宜避免临活力街道布局，可选择在非主要商业街道设置设施出入口，如卫生服务站、长者照护之家等。此外，为老为幼设施还需要布局于阳光充足、接近公共绿地的地段，并应避开城市干道交叉口等交通繁忙路段；市政环保设施如小型垃圾压缩站等，选址需要考虑卫生、防疫等环境邻避要求，宜与居住住宅保持合适距离（图4-3-6）。

环境场地方面，可选指标包括绿地率或硬地率、空间界定绿篱防护、座椅结合场地设置、复合设置设施实现共享场地、建筑与活动场地的日照条件、通风及避风设置要求等。如教育设施鼓励教学区和运动场地相对独立设置，并向社会错时开放运动场地；托育、养老等服务要素应满足日照要求；户外活动场地宜推进无障碍和老人、儿童友好型设计，配置充足的休憩、观赏、健身、照明等设施等；健身场所应避免噪声扰民等（图4-3-7）。

建筑设计方面，可选指标包括宜设置在建筑一、二层，宜设置独立出入口，宜采用无障碍设计等。包括幼儿园及托儿设施建筑层数不宜超过3层；医疗卫生及为老服务设施应安排在建筑首层并设专用出入口，如条件有限，选址于建筑物二层及以上时，宜设置独立的出入口及垂直交通等（图4-3-8）。

4.3.2 分类分区引导

分类分区的差异化引导主要考虑社区发展阶段、空间条件、人群特质三方面影响因素。"社区发展阶段"因素主要考虑社会经济发展水平和社区建设发展水平。其中，社会经济发展水平主要考虑经济发达程度、财政能力等可能产生的影响，决定了不同社区在服务要素上进行公共投资的能力，也反映不同社区在公共投资方面需求的差异性；社区建设发展水平主要考虑人口导入程度和建设成熟程度（如老旧地区、更新地区及新建地区等）的影响。"空间条件"因素主要考虑建设用地条件和风貌特色，其中建设用地条件一般可参考总体人均建设用地面积指标，风貌特色包括自然环境和历史风貌特色等。"人群特质"因素即考虑生活在社区中的人的生活需求和特征，主要包括人口类型与结构、生活习惯与行为特征、人口密度。其中人口类型与结构主要考虑

图 4-3-6 品质性指标——不同类型服务要素的选址布局示意

图 4-3-7 品质性指标——不同类型服务要素的环境场地偏好示意

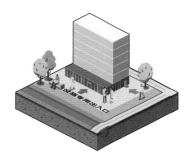

图 4-3-8 品质性指标——不同类型服务要素的建筑设计引导示意

人口的年龄、性别、民族、地域、收入、职业等影响；生活习惯与行为特征主要考虑居民日常使用服务要素的习惯和出行时空特征等的影响。此外，不同的城镇或乡村空间还形成不同的人口密度，对服务要素布局产生一定影响。

1. 分类引导

针对不同人群的类型差异，如老龄化社区、幼子化社区、产业社区、商务社区等，加强不同人群需要的相应服务要素的供给，并满足该类人群的出行活动习惯。

城镇居住生活圈。老年人比例较高的居住社区宜加强为老服务、健康管理等服务要素的配置；婴幼儿和学龄儿童比例较高的居住社区宜加强幼儿园、养育托管中心等服务要素的配置；青年人比例较高的居

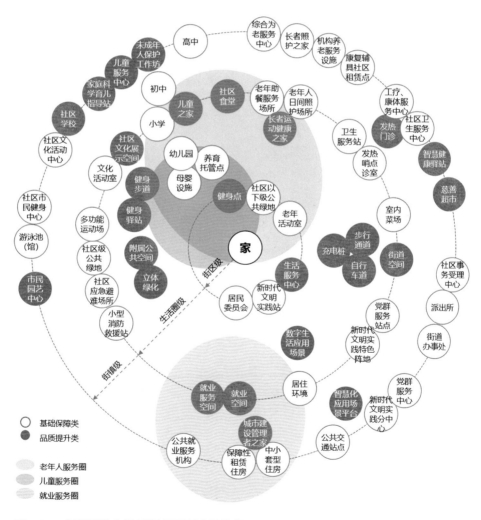

图4-3-9　城镇居住生活圈服务要素配置示意

133

住社区宜加强租赁住房、文化活动、体育健身等服务要素的配置（图4-3-9）。针对使用频率较高、服务人群出行能力受限的服务要素（如菜场、社区养老设施、幼儿园等），其服务半径和服务覆盖要求宜从严控制；使用频率较低、规模品质优先的服务要素（如社区文化活动中心、社区全民健身中心、社区卫生服务中心），其服务半径要求作为要素布局的参考。

产业圈。兼顾产业服务支撑以及产业人群就近居住生活的需求，分类配置生产性服务要素和生活性服务要素（图4-3-10）。其中，生产性服务要素包括生产配套、技术平台和商务平台，宜结合主导产业类型需求选择性配置，针对以工业制造为主的产业社区，重点关注对产业链的服务支撑配套，如冷库、固体废物资源综合利用设施等；针对以研发办公为主的产业社区，重点关注对技术和商务平台的搭建，如孵化器、公共实验室、共享办公等。生活性服务要素根据人群需求可分为基础保障类和品质提升类。基础保障类主要为满足产业人群基本生活要求，既包括服务于整个产业社区的园区级设施，如社区食堂、文化活动中心、综合健身馆和卫生服务站等，也包括就业人员日常工作期间使用频率较高的街坊级设施，如便利店和小型餐饮等；增配品质提升类生活服务要素，主要为提高产业社区对企业和人才的吸引，包括园区级的养育托管点，书店、药店等商业设施，街坊级的文体设施与卫生室、生活服务、咖啡馆、无人零售等。此外，鼓励

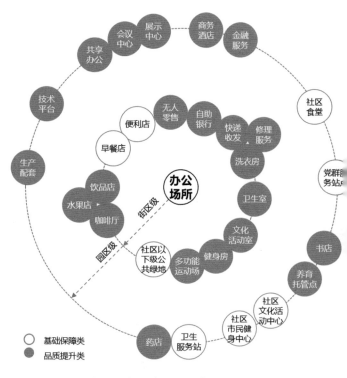

图4-3-10　产业圈服务要素配置示意

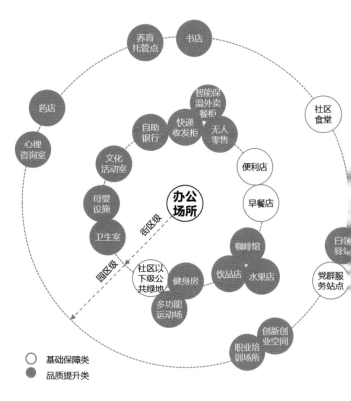

图4-3-11　商务圈服务要素配置示意

依托周边区域共享高等级公共服务设施，如周边城镇的商务酒店、共享办公、金融服务等生产性服务要素；可视情况在产业社区周边城区引入高质量的基础教育、医疗等生活性服务要素。

商务圈。在满足一般居住社区需求的基础上，以优化营商环境为目标，推动商务楼宇硬件提质升级，同时构筑高品质商务就业环境（图4-3-11）。在公共服务设施配置中既要考虑基础保障设施设置，满足商务人群日常需求，包括商务圈内共享使用的白领食堂、党群服务点、白领驿站、社区巴士等，以及结合商务楼宇配置的便利店、小型餐饮、小型公共空间等；又要补充高品质公共服务设施配置，提升商务人群的工作生活品质，包括创新创业空间、职业培训场所、书店、养育托管点、药店、心理咨询服务，以及快递收发柜、智能保温外卖餐柜、咖啡馆、饮品店、水果店、自助银行、无人零售、运动场地和健身房、文化活动室、卫生室、母婴设施等。

乡村社区生活圈。根据乡村区位条件确定服务要素配置标准，城市近郊区的行政村和自然村，宜充分依托城镇已有服务要素基础，推进基础设施和服务要素共建共享；远郊区规模较大的行政村和自然村，宜在原有基础上集聚提升，配置功能综合、相对完善的服务要素（图4-3-12）。根据不同村庄的资源禀赋和农林渔畜牧业等生产特点，在满足一般乡村社区生活圈需求的基础上，可配置相应的旅游、文创、科技等服务要素，如旅游资源丰富的村庄，可设置游客综合服务中心、特色民宿及餐饮等设施；具备乡村文创、科技等优势特色产业基础的村庄，可加强培育乡村创新创业空间，提供生产培训和生活服务要素。

2. 分区引导

老旧社区。在空间资源紧约束条件下，结合地区社会经济发展水平和社区发展建设阶段目标，见缝插针、因地制宜、融合嵌入，最大限度完善服务要素配置。优先配置紧

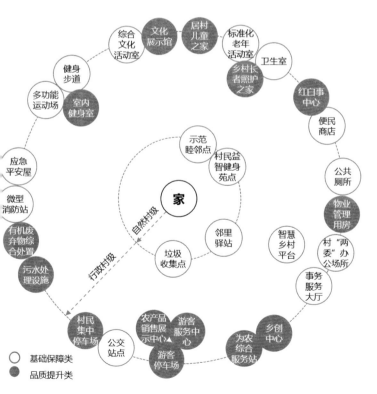

图4-3-12　乡村社区生活圈服务要素配置示意

缺的基础保障型服务要素，按照居民实际需求和空间资源条件配置品质提升型和特色引导型服务要素。结合用地条件合理布局服务要素，人均建设用地指标较低的地区，在保证建筑面积符合标准的前提下，可适度降低服务要素的用地规模指标。此外，鼓励服务设施通过延长开放时间及分时使用，提升使用效率。

新建地区。结合人口导入过程分阶段逐步完善服务要素配置，最终全面实现保基础、提品质、增特色，落实基本保障型服务要素，按需完善各类品质提升型和特色引导型服务要素。确保独立占地服务要素的用地充裕，以及服务要素的建筑规模符合要求。规划人均建设用地面积较大、人口密度较低的地区，服务要素的可达性指标要求可适度放宽。

更新地区。结合城市更新项目优先植入各类公益性服务要素，通过存量挖潜、提质扩容、活化利用等多种更新手段，盘活存量闲置和低效利用的房屋和用地，提升社区服务水平。兼顾近期建设和未来发展，近期结合过渡时期需求优先补短板、保基本，远期结合更新实施进一步提品质、增特色。结合地区更新过程和人口变化情况进行动态评估、灵活调整，提前考虑空间预留和不同服务要素之间弹性转换的可能性。

4.4 集约高效利用

针对居民对服务设施需求日益增长与土地资源稀缺之间的矛盾，以存量空间的更新利用来满足社区未来发展需求，探索渐进式、可持续的有机更新模式已成必然趋势。这就要求空间利用进一步向集约紧凑、功能复合、低碳高效转变，通过引导"一站式"综合服务设施布局、倡导功能兼容和分时共享，推动高等级资源服务下沉、促进片区一体化联动更新、加强社区资源平急转换等方式，实现空间布局与使用需求的高效契合。

4.4.1 形成"1+N"布局模式

在空间资源相对受限的情况下，一站式、集中化的服务要素布局可以更高效补齐社区服务盲区、解决设施类型缺项、填补设施规模缺口，实现空间集约节约利用，提升居民使用服务要素的时空体验。因此，上海于《2023年上海市"15分钟社区生活圈"行动方案》中提出构建"1+N"空间布局模式，营造有用、多用、好用的特色空间，点亮社区品质，其中"1"是指以"人民坊"为代表的功能整合、空间复合的一站式综合服务中心，"N"是指以"六艺亭"为代表的小体量、多功能服务设施或场所。以"一站式"综合服务中心为核心，通过慢行网络串联若干小型服务设施或场所，加强居住、就业、出行、设施和公共空间等服务要素之间的有机串联，设置活力的街道界面和休憩设施，优化绿化环境，提升出行体验。（图4-4-1）

1. 一站式综合服务中心——人民坊

"人民坊"作为切实回应人民群众对美好生活向往的具体空间载体，具有一定规模、功能高度复合，是便捷服务周边的一站式综合服务中心。一般布局在交通便捷、人流相对集中的地方，结合公共交通枢纽、公共绿地、沿主要生活性街道布置，倡导与慢行网络及公共空间系统统筹布局，保证一定的活动空间及可达性。具体功能可以根据社区实际需求及建设运营条件，因地制宜嵌入党群服务、养老托幼、就业创业、文化体育、便民服务、社区议事等"十全十美"功能，满足一老一小、青年白领、新业态就业人群、残障人士等全龄各类人群需求，也可结合未来发展趋势增加智慧管理、数字化服务等功能，让人民群众在家门口就可享受一站式的社区服务。

按照规模、功能及布局区域可分为全龄共享的理想型、服务老幼人群的基本型、面向白领及产业人才的特色型：

图4-4-1 "1+N"布局模式示意

（1）**全龄共享的理想型"人民坊"。** 鼓励优先设置在空间基础条件良好、建设用地充裕、开敞空间规模较大、用地完整的社区，建筑面积一般为2000~4000平方米，提供满足多元需求、塑造品质特色的服务功能，宜结合社区重要公共空间场所和人群汇集处布局。

（2）**服务老幼人群的基本型"人民坊"。** 对于存在社区生活圈服务盲区，但空间基础条件受限、建设用地局促、存量用地腾挪挖潜困难的社区，鼓励优先满足老幼人群托育、照护、活动的基础需求，结合公共空间、老幼人群步行路径布局基本型"人民坊"，建筑面积一般在1000~2000平方米。

（3）**面向白领及产业人才的特色型"人民坊"。** 鼓励设置在商务白领和产业人才相对集中、需求较大的商务区、产业区，建筑面积一般在800~2000平方米，重点满足创新就业、生活休闲等方面的需求，宜优先布局于商务区、产业区建设用地相对集约、开敞空间规模适中、用地较为完整的区域（图4-4-2，表4-4-1）。

2. 嵌入式小微服务场所——六艺亭

"六艺亭"取名源自礼乐射御书数的传统六艺，也可作为演绎"琴棋书画诗花"当代六艺的场所，泛指可以为社区居民提供遮风避雨、休息驻留的小体量、多功能空间场所，以满足居民休闲交往需求，丰富精神文化内涵。因此，"六艺亭"一般不设置固定功能，可结合社区需求灵活转换，并按需配备有休息座椅、无线网络、冷热饮水、自动售卖、物品寄存、应急医疗、公共厕所等基础设备，通过在有限的空间内植入精彩纷呈的服务功能，补足设施短板、填补服务盲区、提升幸福指数。也可在特殊情况下为社区居民提供温暖便利、临时庇护，在紧急状态下发挥社区内的应急保障作用。

"六艺亭"一般布局在人流密集、景观环境良好、公共交通方便或现状存在服务盲区的地区，鼓励结合社区内的蓝网绿脉、生活性街道、

图4-4-2　三种类型"人民坊"的空间布局示意

活力街巷、风貌道路、公共建筑前区或底层架空空间、小区主要入口开阔区域、村口或村公共活动中心等灵活布局按照规模、功能和场地（图4-4-3），特征可分为基础型、提升型和复合型（表4-4-2）。

（1）基础型"六艺亭"。为满足最基本活动需求的服务场所，主要结合街角、小区入口、公共建筑前区等布置，建筑面积控制在10~50平方米左右。必须配置的基础保障类功能包括休息室、无线网络、冷热饮水、自动售卖、物品寄存、雨伞、充电、应急医疗（心脏除颤器、急救箱）等，并且可以在应急条件下满足临时庇护的需要。

（2）提升型"六艺亭"。为可容纳部分规律性、定时性活动需求的服务场所，结合户外公共空间布置，建筑面积控制在100~200平方米。

表4-4-1　"人民坊"功能配置建议表

分类	服务功能	具体内容
"十全"基础保障	党群服务	街镇社区党群服务中心；党群服务站点；新时代文明实践分中心/站/特色阵地
	便民服务	百姓议事厅
	就业服务	社区就业服务站点
	医疗卫生	卫生服务站
	为老服务	社区老年人日间照护场所；长者照护之家；老年助餐服务场所；老年人、残疾人、伤病人康复辅具社区租赁点；老年活动室
	教育托育	婴幼儿、儿童养育托管点；母婴设施
	文化活动	文化活动室
	体育健身	多功能运动场
	应急防灾	社区应急避难场所；微型消防站
	公共交往	附属活动场地
"十美"品质提升	生态培育	立体绿化（屋顶绿化、垂直绿化）；市民园艺中心
	全民学习	社区学校
	儿童托管	家庭科学育儿指导站；儿童服务中心、儿童之家
	健康管理	健身点（市民益智健身苑点）；健身驿站；智慧健康驿站；未成年人保护工作站
	康养服务	长者运动健康之家
	特色服务	社区食堂；生活服务中心（便利店、早餐店、药店、菜店、末端配送、家电维修、家政服务等）
	文化美育	慈善超市
	创新创业	生产性服务设施（生产配套、技术平台、商务平台等）；青年中心（乡创中心）
	交通市政	公共厕所；智慧市政处理设施
	智慧管理	数字生活应用场景

内部功能复合、空间共享，在满足必配基础保障类功能的前提下，为居民及游客提供公共厕所、游览问询等便民服务。同时，鼓励结合使用人群需求，选择配置品质提升型功能，包括便民早餐、咖啡简餐、文化宣传、艺术展示、微型书店、快闪展演点、百姓议事厅、百姓直播间、志愿服务站、屋顶花园等，拓展艺术、生态、科普、党群宣传等主题特色。应急条件下，可作为应急防灾点、SOS呼救点等，满足临时庇护需要。

（3）复合型"六艺亭"。 为容纳多人群集体活动需求的、具备一定规模的服务场所，建筑面积建议在300~400平方米左右。在满足必配基础保障类功能的前提下，鼓励结合使用人群需求和地区特色塑造，选

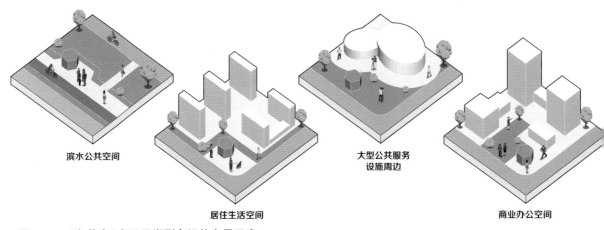

滨水公共空间　　　　居住生活空间　　　　大型公共服务设施周边　　　　商业办公空间

图4-4-3　"六艺亭"在不同类型空间的布局示意

表4-4-2　不同类型六艺亭的功能配置建议表

类型	基础型	提升型	复合型
建筑面积	10~50平方米	100~200平方米	300~400平方米
基础保障型功能	休息室、无线网络、冷热饮水、自动售卖、物品寄存、雨伞、充电、应急医疗（心脏除颤器、急救箱）等	休息室、无线网络、冷热饮水、自动售卖、物品寄存、雨伞、充电、应急医疗（心脏除颤器、急救箱）、公共厕所、游览问询等	休息室、无线网络、冷热饮水、自动售卖、物品寄存、雨伞、充电、应急医疗（心脏除颤器、急救箱）、公共厕所、游览问询等
品质提升型功能		包括但不限于便民早餐、咖啡简餐、文化宣传、艺术展示、微型书店、快闪展演点、百姓议事厅、百姓直播间、志愿服务站、屋顶花园等，拓展艺术、生态、科普、党群宣传等	包括但不限于便民早餐、咖啡简餐、生活市集、慈善超市、文化宣传、艺术展示、文创售卖、微型书店、快闪展演点、百姓议事厅、百姓直播间、志愿服务站、共享服务点、鲜花蔬果店、屋顶花园等，拓展艺术、生态、科普、党群宣传等
平灾转换要求	在应急条件下满足临时庇护的需要		

择配置较大规模的品质提升型功能,包括生活市集、慈善超市、共享服务点、鲜花蔬果店等。应急条件下,同样可作为应急防灾保障点、SOS呼救点等,满足临时庇护需要。

4.4.2 倡导功能复合设置

以系统思维整合社区资源,鼓励城乡各类服务要素的功能兼容、复合使用。在满足使用功能互不干扰的前提下,鼓励各类公共服务设施在平面和竖向上综合设置,建议原则上除部分功能相对独立或有特殊布局要求的地区级公共设施仍须独立设置外,鼓励社区生活圈的服务设施集中复合化设置,形成吸引力更强的社区中心。公共服务设施通过空间、时间上的错位使用实现共享,是提高设施利用效率的重要途径。如养老、福利设施与医疗卫生设施可相邻设置共享场地;商务楼宇中可结合设置一定的文体、为老、托管等设施;新住区底层也可借鉴新加坡模式综合设置一定的社区托管设施等。乡村社区生活圈宜主动适应乡村社会发展趋势,探索服务要素的动态化配置与管理,鼓励功能按需调整(表4-4-3)。

4.4.3 公共资源服务下沉

为筑牢社区单元、提升生活品质,"15分钟社区生活圈"规划要进一步推动市区级优质资源的下沉,实现基层服务要素的增质提效。一是鼓励结合可行市、区级资源的更新建设,复合设置一定比例的社区级服务功能,实时填补周边社区的需求缺口。二是基于对城市街区的共享性引导,拓展高等级资源在空间与时间维度的公共开放度。如徐汇

表4-4-3 服务要素功能兼容引导表

服务要素	健康管理	为老服务	终身教育	文化活动	体育健身	商业服务	行政管理
健康管理		√	×	×	○	×	×
为老服务	√		○	○	○	×	×
终身教育	×	○		√	√	√	○
文化活动	×	○	√		√	√	○
体育健身	○	○	√	√		√	○
商业服务	×	×	√	√	√		○
行政管理	×	×	○	○	○	○	

注:"√"表示宜混合,"○"表示有条件可混合,"×"表示不宜混合

区在2022年完成上海音乐学院汾阳路校区、上海体育科学研究所等5家市属单位共1.7公顷内部附属绿地向社区公共绿地的转变，在存量空间极其有限的背景下实现社区公共空间300米的服务基本覆盖。三是推动市区级医疗、文化、体育等优质资源向社区的服务下沉。如上海市黄浦区依托三级医院的龙头作用，组建"瑞金—卢湾医疗联合体"，由瑞金医院、瑞金医院卢湾分院、东南医院和五里桥、打浦桥、淮海中路、瑞金二路等4个街道社区卫生服务中心组成；"九院—黄浦医疗联合体"，由上海市第九人民医院、相关二级医院和部分社区卫生服务中心组成，依托医疗联合体，实现各级医疗资源之间的纵向整合及共享利用。

4.4.4 促进片区联动更新

与基层行政主体紧密衔接的"15分钟社区生活圈"建设，突破单住区的空间壁垒，系统整合片区内可共享使用的闲置或低效用房与边角空间等存量资源。

1. 跨界共享

面对老旧住区为主的区域，鼓励将若干个小区按照围墙内外一体化、建设管理一体化、自治共治一体化模式实行更新行动。如上海市徐汇区凌云街道417街坊通过系统评估其7个住宅小区的存量资源，将部分建筑侧面对居民生活影响较小的围墙段拆除后，增补出可共享的活动空间，并选取规模较大的若干设施在能级提升后向片区开放。此外，适度集中现状同质化的零星服务设施，可以提升总体服务效能。

2. 跨圈共享

不同社区生活圈交界处往往容易成为服务盲区。对此鼓励以协商的方式，通过跨圈共享、错位配置等方式避免出现服务盲区，减少相邻社区生活圈重复配置的情况。如上海市黄浦区贯彻跨级别、跨街道跨人群的"三跨共享、集约复合"理念；如老西门街道唐家湾菜场设置于老西门街道与淮海中路街道、豫园街道交界处，于2023年9月正式落成，实现公服设施跨街道共享。此外，面对新建小区为主地区，可将品质提升类设施进行差异配置，根据居民意愿调查建立片区共享使用机制。

3. 主客共享

位于历史风貌地区、滨水区、旅游区的服务要素，可以将社区服务功能与旅游服务功能相融合，满足居民和游客的多元需求。如上海市黄浦区外滩街道的党群服务中心与旅游观光设施结合，设置历史陈列馆、旅游资讯服务区，兼顾就业指导客厅、书店、老年人助餐服务场所等，形成商居联手共建共享的公服设施。

4.4.5 引导分时错位使用

合理利用不同人群适用社区服务要素的时间差异，引导分时使用，提高使用效能。学校的运动场、图书馆宜利用寒暑假及节假日向社会开放；社区学校、文化活动站精细划分周末、工作日使用人群时段，共享教室与活动室；老年学校、职业培训中心、社区文化活动中心共享培训教室、活动室；鼓励社区养老院、老年日间照料中心与社区卫生服务中心、卫生服务点共享治疗室、床位等。

统筹设施错位布局，形成共享机制。鼓励跨街坊整合资源，形成邻里联盟，共享服务。多个新建小区可以根据居民意愿调查，获一定比例同意即可参与邻里联盟（图4-4-4），并根据设施使用率调查，制订共享时段和使用方式。参与邻里联盟的小区在建设前期即通过协商，差异化配置内部运动场地、服务设施、游戏装置等资源，其公共服务设施为联盟内部居民共享。

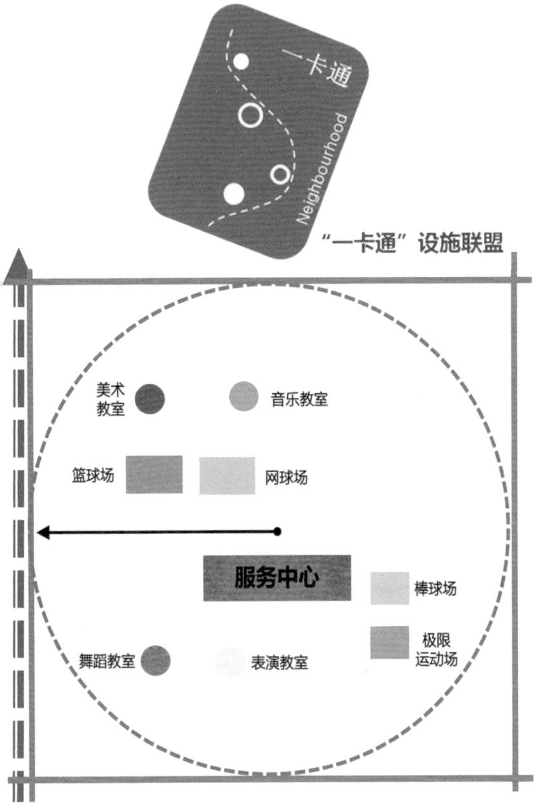

图4-4-4　选取居住人群类似的相邻社区，探索邻里联盟机制

4.4.6 加强平灾结合转换

自然灾害、事故灾害、公共卫生事件、社会安全事件等突发公共事件对日常状态下城市的系统稳定产生冲击。社区生活圈作为基本防灾单元，将应对突发公共事件的应急能力融入社区建设，坚持平灾结合，从日常和应急两大场景考虑空间设施配置、服务体系建构、预防灾害能力加强等，积极应对可能面临的各类公共安全风险，打造"应对有力、快速适应、演进成长"的安全健康韧性社区。

1. 空间韧性，灵活应对灾害

通过平急结合方式，拓展空间边界，落实应急物资储备、公共卫生等空间需求，如大型商场、办公楼等建筑的一楼较宽敞空间作为应急物资储存；利用绿地、社区广场等作为物资临时堆放点，设置监测预警（采样点）设施；结合社区卫生中心及周边设置临时隔离观察点。推进新型社区基础设施的共建共享，如新建设施与既有设施或其他新建设施结合设置，既有绿地改造海绵设施，屋顶、墙壁设置光伏设施，社区办公、安保空间等综合设置微型消防站等。优化各类场地的功能空间，预留一定空间作为应急空间。改善各类道路的应急通道功能，主要道路优先实行架空线入地，定期检查行道树，降低倒伏风险；提高街坊内部路网的密度和通道可达性，加强街坊内外互通互联；改善道路两侧空间被占用情况，优化停车管理，确保应急状态下的畅通；应急设施及避难空间应考虑围绕应急通道布设。

2. 设施韧性，强健抵抗灾害

确保有序快捷的人员疏散和安置，形成多元化、多种类、分散化避难场所格局，以应对不同类型突发事件（表4-4-4，表4-4-5）。如结合商业地块灵活设置储备避难场所空间；老龄化程度高的社区，在应急避难场所配置适老设施。快速响应的抢先救援力量，建设空间覆盖完整的消防站体系，探索小微型消防站、消防设施、小型消防车等设施，应对不同层级事故的救援响应。稳定安全的基础设施供应，强化市政管线韧性，排摸评估现状管线，推进老旧管网更新改造；落实海绵城市理念，促进内涝治理；重视社区微循环能力建设，如社区内配置风力、光电等新能源设施，与企业合作或社区自备模式准备应急发电、水处理设备，灵活实现灾中、灾后的能源自给自足。优化完善清晰高效的应急指引体系，提高指引的识别性和指引效率。

表4-4-4　城镇社区生活圈公共安全配置要素配置建议一览表

防灾圈分级	要素分类	要素细分	空间载体	设置要求
社区 防灾圈 （15分钟）	避难场所	固定避难场所	体育场（含中小学操场）、公园绿地、地下人防空间	服务半径2000米，用地0.2～1.0公顷，应考虑次生灾害防救、消防扑救和卫生防疫等要求
	应急通道	主要救灾道路	连接医疗中心、救灾指挥中心、物资集散中心道路	有效宽度大于15米，设置不小于12米×12米回车场地
		紧急救灾道路	保证大型救灾机械通行、救援活动开展的城市道路	有效宽度7～14米
	防灾设施	医疗设施	社区卫生服务中心、专科医院、综合医院	配置发热门诊及哨点诊室的医疗设施应注重与普通诊室的有效隔离，配置专门设备及隔离观察病床
		防灾指挥设施	结合街道办事处等设置	每个街道（镇）设置一处
		物资保障设施	社区应急物资储备分发场地、应急物资储存仓库	储存仓库按0.12～0.15平方米/人配置
邻里 防灾圈 （5分钟）	避难场所	紧急避难场所	社区游园、小广场、街头绿地、小区集中绿地	半径不超过500米，急避难场所人均避难面积不宜小于0.8平方米
	防灾通道	紧急避难道路	可疏散转移的城市支路、公共通道等	有效宽度4～7米
	防灾设施	医疗设施	卫生服务站	500米设置一处，不小于120平方米
		消防设施	微型消防站	保证5分钟可达，与其他用房综合设置，面积不小于350平方米

表4-4-5　乡村社区生活圈公共安全配置要素配置建议一览表

要素分类	要素细分	空间载体	设置要求
避难场所	紧急避难场所	结合中小学操场、乡村大中型广场设置	选址避免位于各类灾害风险区，与主要防灾通道相连，预留停车场地
防灾通道	紧急避难道路	村民可疏散转移的村道	主要消防通道有效宽度与净高不小于4米
防灾设施	医疗设施	村卫生室	每个行政村设置一处
	消防设施	微型消防站	可与其他乡村用房综合设置

第 5 章　以人为本，精细设计

　　社区的设施和空间设计是兼具系统性和细节性的复杂工程，也是提升居民生活品质的关键环节。在"15分钟社区生活圈"规划建设中，要聚焦社区中各类人群多样化的活动需求，突出以人为本、开展精细设计，通过创新创意的方法和灵活多样的手段，将功能性、人性化、品质化、特色化有机结合，塑造舒适宜人、独具特色的空间场所，为社区增添活力和艺术品味，在细微点滴之处阐释和彰显社区魅力。

　　本章将围绕社区中常见的空间类型，从人的需求和生活方式出发，依据空间特性分类提出精细设计的原则、策略和具体路径。强调要善于敏锐地识别出社区中闲置、消极的"灰空间"，挖掘特质、发挥想象；通过赋予特色功能、界定空间领域、缝合零星空间、开放附属空间、布设便利设施等灵动、巧妙的设计手法，以匠心设计点亮社区生活。此外，关注人文艺术、绿色低碳等社区营造趋势，用包容性的多样生境设计，促进人与自然和谐共处，依托艺术魅力的植入，赋予生活场所的艺术性和烟火气，强化社区人文特色和情感连接。

5.1 激活消极空间

　　社区中存在大量低效使用、闲置无用、环境消极的场所。这些场所鲜被关注，大多分布在道路、水系沿线，或是位于小区半公共空间、邻避设施以及既有服务设施内。面对社区环境资源约束的挑战，激活并有效利用这些消极空间，使其更好链接、融入公共空间网络体系中，在承载周边居民活动需求的同时，有效提高公共空间的使用效率和品质。

5.1.1 赋予特色功能

　　以需求为导向，依据空间条件，从解决主要矛盾入手，顺应地区发展与功能转型需要，赋予社区中的消极场所以适应性的功能，补充完善公共活动和服务网络。

1. 点亮"灰空间"，补充社区功能

城市中有许多边界含糊、功能叠合或尚不明晰的"灰空间"，如大型市政工程的附属空间，以桥下空间、公交轨交站点周边及外延场地等为典型代表；又如公共建筑或商业建筑的后退空间，这类空间多与城市道路人行空间相接，但往往缺乏一体化设计体验不佳。此外，还有街道转角、街坊内部通道、庭院，拆除违章建筑释放的空间，规模过小或形状不规则、无法整体开发的边角料空间等。要从更广的视角重新审视这些"灰空间"在社区公共空间网络中所处的位置和作用，顺应区域发展要求，衔接公共空间网络，分析潜在服务人群的多样需求，嵌入适应性功能。同时，植入的功能也会受到"灰空间"自身净高、进深、采光、交通等条件的限制，如桥下空间因桥面交通形式、桥下空间形态以及与周边场地关系的不同，可能形成线形空间、点状空间、多条高架围合的独立空间等类型，平面和立面条件各不相同，在改造中需注意植入手法的差异性和匹配性。

首先，梳理"灰空间"的交通组织联系，与公共空间网络形成顺畅、安全的衔接，提高"灰空间"的可达性。其次，基于空间自身条件，在保障原有功能不受影响的基础上，划示出可供社区共享，且净高、光线等条件适宜的空间区域，进行环境设施的一体化设计。如位于沪闵高架下的上海市徐汇区市政智慧养护基地，在东西向狭长的空间中，集约布置了防汛仓库、停车场、实训基地、工具间、多功能展览室、办公室、党建小站、休息区以及智慧养护指挥中心等功能体块，并将功能体块外的公共空间以开放展廊的形式向公众开放，提供散步通道和休憩设施。再次，发挥"灰空间"对周边社区的功能补充作用，基于需求调查，因地制宜、见缝插针地嵌入居民喜闻乐见的服务和活动，如健身场地、儿童娱乐设施、便民服务驿站、社区共享停车场等，以更开放、更有活力的姿态成为融入社区的公共性场所。如上海中环桥下篮球公园、卢浦大桥桥下运动场、凯旋路桥下"柠檬糖果盒子"、中山北二路走马塘段桥下"魔幻森林"等，都深受年轻人和亲子家庭的喜爱（图5-1-1）。

2. 转换闲置空间，融入特色功能

社区中不少既有服务设施的原有功能已与现代居民生活方式不相匹配，导致闲置或使用率低，成为社区"遗忘的角落"，如供水系统改造后闲置的水泵房，鲜少有人使用的公用电话亭，未考虑平战转换而空关的人防空间，未充分利用的物业配套用房，年久失修的停车棚、休憩亭、廊架等。对于这些空间资源，必须进行全面梳理，结合空间规模、分布位置等因素，综合考虑转换改造，融入适合居民需求的特色功能。其中，规模较大的建筑空间可改造为综合的社区服务中心，嵌入社区行政办公、青年创业指导、邻里共享活动室、阅览室等功能。如上海市普陀区石泉路街道将废弃的水泵房，改造为社区网络信息化办公中心和社区共享活动空间（图5-1-2）；长宁区虹旭小区将闲置停车棚改造为居民活动室，将未利用的物业配套用房改造为社区健身房和咖啡馆（图5-1-3）。而规模较小、散布在小区中各角落的建筑，则可改造为就近服务的睦邻空间、展示空间。如上海市杨浦区四平路街道将公共

图5-1-1　激活桥下空间　左上◎陈剑峰，左下◎夏云，右◎翡世景观设计

图5-1-2　石泉路街道将废弃水泵房改造为社区网络信息化办公中心和社区共享活动空间◎骏地建筑设计

图5-1-3　仙霞街道虹旭小区将闲置设施改造为社区活动室◎虹旭小区居委会

电话亭改造为居民艺术作品展台；浦东新区沪东新村街道将多个小区的主入口门卫重新设计，成为居民家门口的休憩室。此外，住宅建筑的入口、楼道、屋顶等公用空间也可拓展为共享交往的场所，如休憩角、宣传角、屋顶晾晒区和小花园等。闲置空间的功能转换可考虑不同人群错时使用，提高使用效率，并通过持续跟踪使用情况，对使用功能进行动态调整。

5.1.2 界定空间领域

高品质的公共空间营造一般具备易达性、独特性、丰富性等特征，要从真实的、具体的人的实际使用感受出发，主动顺应活动规律、行为特点和实际需求，最终实现人与场所的有效互动。

人在公共空间的活动可分为必要性活动、自发性活动和社会性活动三种类型，对空间环境有各自的要求，也同时存在联系和交叉。其中，必要性活动较少受到环境或时间影响，在各种条件下均会发生，如在驻留空间等候、公交站点候车、商业空间购物等。自发性活动多在适宜条件下发生，如天气和场所具有一定吸引力时，人们愿意开展散步、驻足休憩、休闲游玩等活动；或当场地中提供可遮风避雨、动静活动不相互干扰等条件时，人们也倾向于开展自发性活动。社会性活动大多发生在面向公众开放的空间中，需要能容纳较大人流量的场地，并有一定领域边界。三类活动之间存在着连锁互动关系，须妥善界定空间领域、精心安排适配不同类型活动的空间场地，减少动静活动的相互干扰，并提供不同场地间连接和转换的可能，在保障必要性活动场所品质的基础上，激发更多的自发性活动和社会性活动，使场所更具活力。

1. 契合交往时空特征，划定活动分区

根据场所服务人群的年龄、性别、教育程度等因素，厘清主体人群的交往特征和主要需求；调查居民交往活动在特定时段和特定空间的集聚规律，如上下学时段家长等候和接送孩子，老人在餐后散步，居民在节日节庆时参与社区户外活动等；结合场所的空间尺度、日照采光、周边交通、建筑布局等基础条件划分具有时空特征的动静分区、私密-开放分区与功能分区，并考虑一定的灵活性和复合性。如在上海市普陀区石泉街道管弄一村的活动广场设计中，根据社区中儿童、老人的活动需求和特点，在场地中划分儿童活动区、休憩廊架区和开敞活动区，动静相对分开又有机结合。广场北部以简洁明快的云廊环绕，既限定空间又提供遮阴避雨的活动场地；阳光充足的南部空间则采用圆形、下

沉的边界形式，形成相对独立、安全的儿童活动场地，利用高差布置可休憩的座椅；东侧边缘以线形布置的座椅带，串连起若干活动区域，增强区域间的互动性，使休憩、活动、照看、社交等多种人群活动能在一个空间中同时发生，形成全龄化、全天候的社区客厅（图5-1-4）。

2. 空间适度围合，实现边缘友好

公共空间须尽量创造适宜的环境条件，吸引人们的使用和参与，这与空间感、领域性、舒适度等密切相关。活动空间要适度围合，规模较大的空间可适当化整为零，成为多个规模较小的空间，增强空间聚合度，让使用者更有领域感，从而形成更为积极的活动场所。围合的边界更能提供安全感的区域，人们更倾向于在边界开展休憩、独处等相对安静的活动。因此，在边界更适于提供一些舒适、尺度亲切的阴角空间或袋状空间，并与周边形成一定的隔离，以避免机动车交通、噪声、停车等

图5-1-4 石泉路街道管弄一村的活动广场 ©骏地建筑设计

图5-1-5 长桥街道体育花苑的边界，设有靠背木质座椅 ©格吾景观设计

图5-1-6 徐家汇街道乐山绿地的边界，设置圆柱座凳组合，使用者可自行选择交谈或独处的落座方向 ©上海维亚景观规划设计

因素影响、增强空间使用的安全感（图5-1-5）。同时，基于不同人群的生理和心理特征，可在边界处配以适宜的街道家具，如有靠背、材质舒适的座椅适合老人，面对面的组合座椅适合需要交谈的人，单边或背对背的组合座椅适合"低社交"、爱独处的人（图5-1-6）。

此外，可借助植物、高差和铺装等手段丰富边界形式（图5-1-7）。在植物配置上，通过采用枝叶不过度繁茂的灌木形成半围合空间，避免视线封闭；在空间边界设置点状绿化种植岛或种植花箱，增加植物间的通行出入口，在界定边界的同时，兼顾强化场所可达性与驻留性。在高差处理上，通过设置台阶的方式局部抬高，分割场地；运用高差变化丰富空间的动态性，如构建土丘地形、植入下沉运动场地等。在铺装设计上，通过色彩、材质、尺寸和铺砌纹样等方式分割区域（图5-1-8）；也可与高差设计相结合，强化区域划分。

3. 优化社交环境质量，延长交往活动时间

通过铺装优化、地形变化、绿化种植、动线组织等手段，提供明亮舒适、光照充足、空间开敞的集中硬质场地和舒适的休憩空间，为交往活动提供基础保障（图5-1-9）。通过植入丰富而新颖的休闲设施、趣味性的地形设计、充满野趣的绿化种植等方式，提升社交空间的环境质量，从而延长交往和活动的时间（图5-1-10）。通过将驻留点、观景点和路径串联设计，共同构成完整的公共空间序列，强化连续丰富的感知，为社区提供兼具视觉美感和生态意义空间环境。

4. 加强空间互联互通，提升整体活力氛围

通过游线和步道连接各种交往空间，形成跨越空间的交往活动，实现空间和行为的连接（图5-1-11）。通过同类设计要素的规律性植入，将系列空间彼此带动，使社区的整体氛围呈现出活力、热闹的状态。

图5-1-7 背街小巷利用灌木营造半围合空间©上海同济城市规划设计研究院匡晓明团队

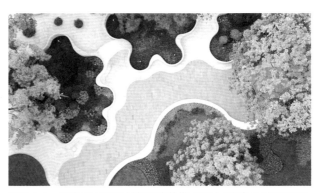

图5-1-8 虹桥公园通过地面铺装做分区与过渡©翡世景观设计

5.1.3 点亮色彩明度

善用艺术、文化、景观等手段，提升环境的明度和彩度，改善环境昏暗、消极的问题，使场所更具生态化、亲和化、个性化。

1. 色彩明快，展现个性特色

社区空间的色彩宜考虑社区整体风貌特色，运用较为协调的色系使环境配色鲜明、亮度提升并具有辨识度，使人们获得轻松欢快的空间感受。充分发挥色彩的特质，赋予与空间相适应的氛围，如明快色彩带来愉悦，柔和色彩带来祥和，冷色系更显庄严肃穆，暖色系更添温馨舒适。在社区纷繁复杂的景观元素中，通过分析建筑墙体、地面铺装、围墙等既有色彩的分布规律，确定社区的色彩基调。在明确整体基调的基础上，结合不同场所特性，选取相近色系或反差色系，进一步突显场所特色。社区中的色彩不宜过多，要营造一定的视觉连续性，以免杂乱无章。在色彩协调的同时，要关注色彩的变化，避免空间单调、缺乏生气。在色彩序列中，采用约20%的弹性色调更易形成丰富而有序的视觉效果。此外，植入具有地域文化特点的艺术装置和城市家具，通过

图5-1-9 黄浦区外滩街道山东北路社区根据儿童和老人的需求，在主要开敞空间加入儿童娱乐设施和健身设施

图5-1-10 闵行区江川路街道在小区出入口增加老年休憩空间

图5-1-11 长宁区仙霞街道虹旭小区将拆违空间改造为生境花园©虹旭小区居委会

色彩突变等方式，形成吸引人气的突出节点。如上海苏州河长宁区段江苏路桥下空间（图5-1-12），在桥底、结构柱、地面、楼梯等部位运用使人产生兴奋热烈情绪的多巴胺色系，色彩丰富，明度饱和，整体和谐，成为市民喜爱的打卡点。

2. 清新绿色，映入盎然生机

通过丰富多样的植物配置，为社区空间增添绿色元素，使空间环境更为干净整洁、更富生机活力。依托适度的地形变化，并搭配种植常绿乔木、灌木、多年生地被、树篱、草等不同种类植被，营造四季变化、依时开花、层次丰富的绿色景观。利用建筑立面、屋顶等部位植入屋顶绿化、墙面绿化、檐口绿化等多样的立体绿化，增加社区的绿化量和绿视率。同时，利用藤本植物绿化旧墙面、市政设施外立面等，可以有效遮陋透新，与周围环境形成和谐统一的景观，给人以生机勃勃、充满希望的心理感受。上海市长宁区新泾镇乐颐生境花园，利用本土植物培育修复土地自然生态系统，通过丰富的陆生、水生植物组合，打造四季花园、生境驿站、蝶恋花溪等活动区域，营造人与自然和谐相处的绿色场所（图5-1-13）。

3. 照明柔和，营造温馨夜景

社区承载了丰富的夜间活动，如夜跑、散步、遛狗等，需要通过精心的照明设计，体现明暗对比，突显重点景观，丰富夜景层次。在灯具的

图5-1-12 "超级管"项目运用多巴胺色系赋予青春活力 ⓒ翡世景观设计

布局组合、明度亮度与风格形式等选择上，需综合考虑主题契合、艺术品质、节能环保、夜间安全和对野生动植物友好等维度，尽可能采用暖光源，以泛光灯为佳。如在重要的公共服务设施和历史建筑的墙面，增加泛光照明突显建筑轮廓，展现建筑夜景特色。结合植物不同的种植方式，适度布局柔和照明，既可营造温馨夜景氛围，也减少对植物生长的干扰；还可在乔木上装点小型灯泡，形成火树银花的氛围；在花境、草坪等空间布置低矮灯带，烘托典雅气氛等。结合园路、广场、花架等空间，布置较为明亮的照明，保障夜间活动安全；结合艺术作品和街道家具的特点，设置富有变化的照明，适应人群使用需求、突出艺术氛围；结合水景适当配置照明设施，产生镜像、变幻的效果，丰富空间感受。如上海辞书出版社旧址（何东旧居）的附属空间，在台阶、休憩廊架、座椅、花境、草坪、水池等部位采用形式多样的照明方式，烘托场地宁静氛围，突显空间特质（图5-1-14）。

5.1.4 添置街道家具

城市公共空间中的街道家具布设要秉持系统性思维，构建完整的街道家具体系。基于公共空间体系、层级和功能特征，从布局、风格、色彩、材质、元素等方面考虑城市家具配置。在具体空间的街道家具设计中，以塑造更为安全、舒适、美好的空间环境为目标，结合人群活动

图5-1-13 长宁区新泾镇乐颐生境花园丰富的植物群落

需求，添置适合不同年龄人群的服务设施或娱乐设施，注重单体家具、家具组合的多样性、包容性和复合性。

　　街道家具涉及类型众多，涉及服务设施如座椅、报刊亭、岗亭、宣传栏、邮筒等，交通设施如风雨连廊、交通指示牌、交通信号灯杆、人行护栏、公交候车亭、自行车停车设施等，绿化设施如树穴树箱、花池花钵、护树架等，市政设施如市政井盖、户外市政箱、消火栓、照明设施等，环卫设施如垃圾箱、烟灰柱、环卫工具箱等，围护设施如铁马、施工围挡、围墙等。面对如此多样繁杂的设施类型，必须构建更为合理的统筹配置方法，在满足各条线需求的同时，充分体现复合性、集约性，用紧凑高效的配置方式实现最好的服务效果。

　　首先，在街道家具的数量、形式、颜色等方面，需化繁为简，减少布设冗余、风格混杂、功能冲突；其次，鼓励对街道家具叠加美术艺术和智慧科技等元素，提升人文特色和人本温度；再次，各类街道家具的详细设计需运用好人体工程学，方便市民操作使用，并考虑不同年龄段人群的差异化需求。

　　以增加座椅设施为例，在位置选择上要便于市民休憩和停留，设计上要精细考虑座椅的高度、宽度、材质和靠背等设计细节，布局上宜将间距控制在30~50米，形成"抓手"连接交往空间。此外，要重点关注座椅设计与布局的老幼友好。如对老年人而言，30米左右要能找到

图5-1-14　上海辞书出版社旧址（何东旧居）附属开放绿地的灯光设置 ◎水石设计

一个座椅，以应对突发疾病等情形，同时还需要安全舒适的材质、适合的座面宽度与座椅高度、带靠背和扶手的座椅形式并配套急救设施；对儿童而言，则更需要趣味性，青睐颜色丰富、款式多样、风格活泼的座椅设计。

5.2 缝合零星场地

由于历史遗留问题，绝大多数老旧小区边界封闭，导致社区内可用于微更新的空间消极且零碎，必须运用创造性的设计手法整合散落的空间资源，提升公共服务设施的服务效能，实现更大范围的环境活力。

5.2.1 消除隔离整合空间

封闭社区的边界多以围墙、栅栏或绿化隔离带包围。边界的设立降低了管理成本，但也带来空间的物理分割，造成社会功能的割裂。因此，在处理边界整合时，既要在物理空间上优化边界设计，也要兼顾不同人群和活动之间的合理融合。

1. 优化边界设计，激发活动可能

可通过开放式无墙设计、降低围墙高度、采用镂空透绿的界面、建筑后退界面提供共享空间等方式，打破物理和心理的空间阻隔，实现活动与视线的有效延伸，使边界在发挥限定空间作用的同时，进一步激发活动的可能性。例如，上海市徐汇区漕河泾街道华富社区，在交通主干道龙华西路和轨道交通3号线的"包围"中，形成一个月牙形的"孤岛"，四个小区长期处于小、散、乱的状态。规划利用小区合并整治的契机，通过缝合多层级的公共空间、连点成片，更好地发挥生活性服务职能。具体包括：重组空间碎片化的公共弄堂，加强与外部交通的联系并重新进行功能适配，补充社区服务与景观休闲功能，形成社区的中心生活街道；重塑社区支脉，通过闲置建筑功能转换、小公园边界调整、学校围墙改造等多种手段，优化公共弄巷与沿线小区的边界关系，形成更加多元的交往空间；激活桥下空间，将贯穿社区的轨道交通3号线桥下空间从"边界线"转变为市民日常生活的"中轴线"，以更开放、更有活力的姿态成为连接社区的公共性场地（图5-2-1）。上海市静安区创邑SPACE·愚园从封闭研究所转为开放商办园区，沿路的围墙后退，部分空间打造为休憩小广场，围墙设计成低矮的形式既能限定空间，又能敞开视线，吸引公众探访（图5-2-2）。上海市浦东新区

桥下空间从"边界线"转为"中轴线"

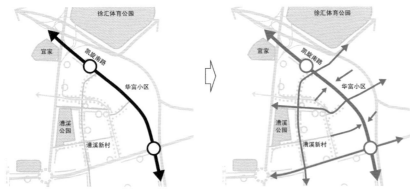

公共弄巷空间梳理、重组

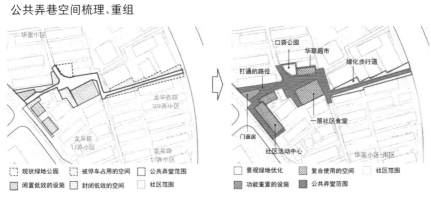

公共弄巷主入口闲置建筑转换为社区服务设施前后对比

服务设施、桥下空间、小公园等节点改造

图5-2-1 华富社区的空间整合与改造 © 上海梓耘斋建筑设计

金桥镇佳虹花园将一条精心布置的曲廊置入场地,重新织补、整合原本松散且存在高差的多处场地,为居民提供便捷的回家动线和功能服务(图5-2-3)。

2. 开展边界协商,兼顾多方需求

鼓励从构建社区生活圈的角度,融合和共享边界,探究空间和关系矛盾的关键点,通过多方沟通和交流,提出兼顾各方立场的平衡性方案,消除居民"心墙"。如上海市杨浦区五角场街道创智坊和国定路第一社区之间有一道"睦邻门",这道门从酝酿到破墙开门历时3年,于2019年正式开启。在破墙开门之前,两个小区之间相对封闭,由于居住环境、人员结构存在差异,居民基本不相往来,围墙两侧的居民要步行20分钟以上才能绕行到达对方小区或周边的公共配套设施。面对开门的需求与顾虑并存的现象,两个社区的基层党组织率先"融合",基层党组织推动成立议事堂(成员由两个小区的业委会、物业公司、社会组织、居民群众等多元主体构成),不定期针对"破墙"的建议进行商讨。在地的社区规划师团队以位于两个小区之间的"创智农园"为社区营造策源地,组织了一系列社区活动,加速并加强社区间的联动。最终,

图5-2-2 创邑SPACE·愚园从封闭研究所转为开放商办园区,沿路设计低矮且开放的围墙和休憩小广场,限定空间并能吸引公众入内探访历史建筑©如恩设计

图5-2-3 佳虹花园场地中置入曲廊,为居民提供便捷动线和功能服务

在自下而上的推动和自上而下的支持下，"睦邻门"顺利开启，双方居民只需3~15分钟即可到达对方小区里的活动空间和公共设施。

5.2.2 开放共享附属空间

上海中心城绿地空间存在总量不足、分布不均、与城市空间割裂等问题。同时，现有大量风貌区、滨水区、商业商务区、产业园区等拥有良好的建筑景观风貌和内部绿化环境，空间资源尚未得到有效释放和利用，与城市融合性不足、市民无法进入和共享。此外，大量老旧封闭居住街区还存在公共服务设施配套不足、公共活动空间缺乏等问题。因此，需要打开附属空间与城市空间之间的藩篱，释放更多空间资源，实现设施与空间的开放共享，打造共享街区。2022年起，上海开始推进附属空间开放专项行动。截至2023年底，共完成单位附属空间开放项目80个，开放绿地面积约56.7万平方米，上海音乐学院、华东政法大学长宁校区、上海辞书出版社旧址（何东旧居）等一批标杆性项目得到社会的广泛认可。

1. 打开物理边界，实现场所可达

优先选择开放临街或与道路有连通路径、形状规整、地势平缓、生态景观条件好的区域。采用拆除围墙（围栏）和违章建筑、移除密植高大绿篱、退界、打开和增设出入口等多种方式，让原先封闭的生态绿景与城市公共空间无界融合，成为走得进、坐得下，能观景、能交流的街头会客厅。

2. 改造场地环境，实现景观可赏

通过高品质设计，改造升级绿化景观，创造良好的空间环境。协调活动需求与生态景观，合理确定场地和绿化的面积比例。根据地块特点、现有植物景观资源等，确定绿化特色和形式，包括树木、草坪、花坛、垂直绿化等。尊重原有植物特色，注重利用场地内原有植被和保护古树名木资源。

3. 增设公共功能，实现活动可容

在打开空间的同时，完善服务设施，为市民提供休憩、艺术文化、体育等多样化服务，满足不同人群的游憩需求。包括利用现有设施，错时开放共享；结合产业、人群特征等，利用现有建筑空间和户外空间，植入托育、医疗、健身、休闲等功能。除日常活动外，鼓励开展短期展览、节日活动、户外表演、慈善活动等非商业活动，也可按需提供户外饮食等商业活动。

4. 展示特色风貌，实现文化可阅

附属空间中往往有很多历史建筑和古树名木，通过深挖历史文化资源，保留历史风貌格局，保护具有较高历史价值的特色围墙（围栏）；修缮历史建筑，协调新老建筑、内外界面，使历史建筑成为视觉焦点，体现场所精神，展现风貌特色（图5-2-4）。

5.3 贴合人本尺度

社区中的日常服务、配套设施与居民生活动线和使用习惯息息相关，越是近人尺度的细节，越要深入贴合使用人群的需求，提供舒适的使用体验，营造社区"烟火"场景。

5.3.1 功能贴近生活

伴随移动互联网技术的进步和城市化的推进，人们的日常生活变得更加便利，但同时也减少了邻里间面对面交流互动的机会，传统的市井生活正在逐渐消失，熟识的邻里关系也面临消解。因此，"15分钟社区生活圈"建设要注重在现代化的都市生活中构建鲜活的生活场景，为社区重新注入"烟火气"、重构和谐熟识的邻里关系。

充分考虑不同社区群体的需求偏好，精细配置与老百姓日常生活密切相关的功能与业态。既要提供基础的"柴米油盐"服务，配置菜场、便利店、早餐店、小修小补店等便民业态，也要兼顾全龄人群的差异化

图5-2-4　上海体育科学研究所附属空间向社会开放©上海市园林科学规划研究院

图 5-3-1 鸿寿坊室外空间

图 5-3-2 鸿寿坊室内空间

需求以及更高层次的文化休闲需求，引入社区食堂、宠物服务、精品餐饮等特色服务，开展美食市集、手工艺品市集等活动，推动传统业态向多元融合、形式丰富、品质提升的方向升级，打造更加契合本地居民生活方式的日常生活场所。同时也应注重提升商业界面的开放性，创造更加舒适宜人的公共空间，打造可驻留、可闲逛、可交往的烟火场景。鼓励结合建筑灰空间布置商业外摆，结合室内外公共通道、户外平台等布局公共休憩区、口袋公园、屋顶花园等，提供更多促进邻里交往、激活情感连接的互动场所，从而增添社区生气与活力。如上海市普陀区鸿寿坊，首批引入的60余个品牌中包括51家上海（或区域）首店，这些颇具特色的品牌组合涵盖惠民生鲜店、街头老字号、特色简餐、精品咖啡店、烘焙轻餐店、微醺酒吧等多元业态，既能装下老百姓的一日三餐，也能带来精致餐饮的品质体验，从而营造出"精致的烟火气"。鸿寿坊活力开放的界面让这份烟火气变得更加生动，新旧建筑交汇处围合形成一处开放集会广场，叮咚作响的涌泉水景、点缀其间的葱郁乔木以及环形的树池座椅，为繁忙的都市生活增添了一份休闲与惬意。不仅如此，这份轻松的社交氛围自外向内渗透，室内一层的通高公共通道设置活动座椅，二层平台既可作为舞台表演空间，也可供顾客就餐休憩，开放的公共空间连同青翠的绿植，为室内空间注入蓬勃生机与交往活力（图 5-3-1，图 5-3-2）。

5.3.2 关照特殊需求

倡导全龄友好，通过分析不同年龄段人群的行为特征，以细致入微的服务和空间设计满足老人、儿童、残障人士等群体差异化、个性化的需求，注重选用符合人体工程学的城市家具，营造全时段、全天候、全人群贴心舒适的体验。

1. 面向老人，提供全面适老化的安全防护

参照《老年人居住建筑设计标准》（GB/T 50340—2003）等相关标准对住宅进行改造，满足老年人在居住中安全、卫生、便利和舒适等基本需求，如增加电梯、升降

梯、坡道、扶手等无障碍设施，消除卫生间地面高差，铺设防滑地砖等。同时，分析老年人"从家到社区公共空间和服务设施"的主要活动路径，筛选出适合的改造要素，如住宅楼入口、通行空间、健身广场、慢行步道、社区食堂等，重点开展适老性改造，实现社区整体的老龄友好。通过增设扶手助力设施、场地平整等方式增强通行安全性；在标识导引上通过醒目字体、放大字号、安装灯带照明等方式提供清晰指引；公共空间布置上注重提供宁静私密、绿化丰富的休憩场所，鼓励选取材质柔和的木质家具和防滑的地面铺装。（图5-3-3）

2. 面向儿童，建立儿童友好的设计建设引导

根据儿童对安全出行、公共空间、社区配套、健康管理、意见参与、文化创造等方面的需求，可分为三个等级进行引导。第一级，提供安全舒适的出行环境、包容开放的公共空间和完整均衡的社区服务配套等基础保障。如围绕上下学接送、游戏玩耍、探索交往等需求，结合道路空间、学校出入口、社区设施等设计充满趣味性和可探索的活动场所、互动装置和座椅设施，注重运用活泼的配色和耐久的材质。第二级，关注儿童的身心健康与独立意识管理，通过降低环境噪声、增加户外活动场所等方式，加强对儿童的生理健康管理，同时在社区中营造儿童可参

图5-3-3　江川路街道适老化设计，住宅楼入口增加无障碍坡道和扶手，通过放大门牌号、安装灯带等方式提供清晰指引，健身广场设置贯通的慢行步道，布置质感柔和的木质家具

与共建、共维的空间场所和机会渠道，培养其独立思考、参与公共事务的主人公意识和能力。第三级，为儿童打造更多激发创造的文化场所节点，如依托历史文化场所开展文化美育活动、引导儿童参与装置艺术设计、挖潜社区空地鼓励合作共创等，营造艺术文化的社区氛围，提高儿童创造能力和审美能力（图5-3-4）。

3. 面向残障人士，提供更为周到的无障碍环境建设

注重"安全第一、集约公平、便捷易达、直观易读、注重细节、复合好用"等原则，实现从家到公共空间和公共设施的路径上，各类人群的通行无障碍、信息无障碍，帮助残障人士更好地融入社会，感受城市的温度。如在有高差的通行道上设置长度、宽度适宜的，带扶手的防

图 5-3-4　新华路打造儿童友好的出行路线，围绕儿童上下学、疫苗接种等需求，结合道路空间设计可供互动探索的装置和座椅设施，营造轻松安全的社区氛围ⓒ洛嘉儿童

滑坡道；充分考虑听障、视障、肢残等特殊人群的需求，提供有针对性的视听、触摸等信息交流设施；配置应急报警系统，在服务窗口或柜台提供信息无障碍服务；结合社区公共建筑复合设置无障碍服务功能（图5-3-5）。

5.3.3 兼顾多元需求

随着人民生活水平日益提高，人们对精神生活的质量要求日益提升，青年发展、女性友好、母婴友好、宠物友好等需求逐步突显，对社区公共空间高质量发展提出更为多元的要求。

1. 面向青年，提供激发创新交往的活力场所

基于青年渴望自由多元生活、创新创业、持续学习等需求，兼顾动态活动与静态社交的特质，以活力丰富、激发互动、聚集交流的空间设计，为青年提供心生向往的社区生活、创新、休闲、学习空间。打造亲近自然的公共空间，依托滨水空间、公园绿地、广场等，营造新潮活力、绿色生态的休闲娱乐场所，形成更高密度的交往空间。打造多元服务场景和便利服务设施，依托社区既有的公共服务设施和潜力空间，嵌入白领食堂、健身房、文化展馆、阅览室、自习室等社会化服务功能。支持创新创业梦想，打造新型工作场所，结合社区综合服务设施设置就业服务驿站，利用社区中的存量写字楼、老厂房等低效空间，转化为低成本创新空间、共享办公空间，与社区生活、文化艺术相融合，激发创意的火花。

图5-3-5　杨浦滨江空间无障碍创新示范区建设，为听障人士设计"可视化"标识系统，为视障人士研发语音系统

2. 面向女性，营造贴心关怀的空间环境

基于女性在社区活动中的体验需求与照护需求，在公共卫生间、公共出行空间、消费空间中营造更为贴心细腻、实用舒适的空间环境。如提升公共卫生间中女性卫生间、无性别卫生间的比例，在公共交通空间中设置女性友好专座、等候设施等。同时，特别关注女性在生育、哺育时期的需求和权益，通过完善卫生、养育、看护等服务设施配置和设计，加强对女性生育养育的社会支持。如上海市徐汇区在人群密集的公共空间中灵活嵌入母婴亭小微设施，内部设备一应俱全，满足母亲给婴儿哺乳、换尿布、清洗等多种需求，且设备尺寸、操作方式也都遵循人体工程学设计。同时，母婴亭内部还设有智能数字化系统，对室内温度、湿度、空气质量进行实时监测，为使用者提供舒适安全的空间，也方便运营方的管理维护（图5-3-6）。

3. 面向爱宠人士，塑造宠物友好的社区环境

随着当前养宠物的人数和家庭数的增加，携带宠物出行的需求日益增长。因此，社区在空间设计中要综合考虑人与宠物共用公共空间时可能出现的矛盾和问题，实现人宠和谐共处。首先，应科学处理人宠活动空间布局，通过合理划分活动区域，适应不同人群与宠物的活动特征，减少冲突和干扰。其次，综合考虑场地防护、活动分区、卫生安全等因素，配备宠物便溺收集处理设施、宠物寄存点位等配套服务。此外，场地设计上注重选择抗污染性强、耐践踏、适宜宠物玩耍的地表环境和地被植物，提高社区空间的耐用性，减少维护成本。如徐汇滨江绿地根

图5-3-6　徐家汇公园母婴亭，内设怀抱婴儿的哺乳椅、带安全扣的婴儿尿布台、高度合适的置物台，方便家长轻松完成单人操作；洗手台配备伸拉式的水龙头及热水，方便婴儿清洗；应急母婴用品提供各种品牌纸尿裤、溢乳垫、护臀膏等

据市民诉求,逐步开放遛狗空间,并配以醒目的标识导引;通过开辟"萌宠乐园"供宠物自由玩耍,结合党群服务中心、咖啡馆等提供宠物友好相关服务,营造全域宠物友好的氛围。

5.3.4 布设便利设施

社区的生活便利设施主要有两种类型:一是便民设施,如晾晒架、宣传栏、遮荫设施等;一是环境卫生设施,如垃圾箱、公厕等。在老旧社区中,这些设施由于建设年代久远,出现老化破损、使用不便,需重新配置。同时,随着生活方式的转变,社区中涌现出一批新兴设施,如智能快递箱、共享充电桩、共享读书亭、自动售货机等。众多类型的设施如不经统筹、"见缝插针"地设置,容易给居民使用造成不便,也会使社区整体环境杂乱无序。

1. 依据居民使用和出行习惯开展一体化设计布局

根据服务人口规模以及各类设施的服务半径,合理安排设施布局,并结合各类设施的使用频率、使用需求、居民主要动线,结合小区主要

图 5-3-7　大桥街道中王小区在主要出入口结合围墙集合设置立体绿化、宣传栏、信报箱、休憩和遮荫设施 © 同济大学陈泳团队

图 5-3-8　长宁区精品小区工程,部分小区将垃圾厢房和大件建筑垃圾厢房结合设置 © 陈敏

出入口空间、户外公共空间、居民楼出入口等部位细化安排设置。同时，鼓励设施结合建筑、场地环境、景观小品等要素一体设计、相互协调，塑造良好空间环境品质（图5-3-7）。

2. 处理好"就近设置与有序分散"的关系

使用频率高的设施宜与居民出行交通流线相结合设置，使用频率一般的设施可与主要的户外活动空间结合设置，同一空间内多种设施尽量集中布局（图5-3-8）。考虑预留一定的空间，应对今后新增设施的需要。此外，在空间有限的条件下，推荐设施结建、功能复合。如小区主要出入口空间可将书报栏、共享读书亭、智能快递箱等设施结合设置，方便居民进出小区时使用，减少出行距离（图5-3-9）。

3. 以气候响应型设计改善社区体验

应对城市热岛效应，运用气候响应型设计手段，改善城市户外热舒适度。采用科学的建筑形态和街区布局，增强夏季穿堂风；建设城市有盖空间，通过设置公共连廊、在建筑沿街面设置有盖步行道、有盖公共空间等，减少日照影响，帮助行人在建筑之间穿行时得以遮阴避雨；根据场地条件差异，利用移动种植箱、补种乔木、增加遮阳网等方式，增加城市凉爽点。如新加坡推行的"冷却新加坡"（Cooling Singapore）

1　鲍柏江、王林、薛鸣华《上海历史风貌区巷弄精细化治理路径探索——以徐汇区衡复历史文化风貌区为例》，《上海城市规划》2023（5）。

巷弄建筑：❶建筑墙面 ❷围墙 ❸骑楼/过街楼 ❹门窗 ❺建筑附属物 ❻入户门 ❼门卫室 ❽垃圾房

巷弄交通：❾机动车停车 ❿非机动车停车 ⓫充电桩 ⓬路障 ⓭交通流线 ⓮巷弄宽度

设施设备：⓯电表箱 ⓰电信箱 ⓱信报箱 ⓲牛奶箱 ⓳空调内外机 ⓴架空线 ㉑出土管 ㉒消防器材 ㉓宣传栏 ㉔座椅 ㉕标识系统 ㉖健身设施

巷弄环境：㉗院落绿化 ㉘垂直绿化 ㉙景观小品 ㉚巷弄口 ㉛巷弄建筑照明 ㉜公共空间照明 ㉝巷弄口铺装 ㉞巷弄内铺装 ㉟窨井盖

巷弄氛围：㊱巷弄色彩 ㊲界面材质 ㊳绿化色彩 ㊴店招店牌 ㊵巷弄声音 ㊶声音控制 ㊷巷弄味道 ㊸巷弄文化 ㊹功能活动 ㊺红色文化

图5-3-9　弄巷精细化设计控制全要素，涉及建筑、交通、设施设备、环境、氛围五方面，多达45项要素[1]

计划，提出涵盖植被、城市形态、水域与水景、城市地表材质、遮荫、交通、能源七大类的措施研究，并提出细化的设计要点，为新加坡创造更加凉爽舒适的城市环境（图5-3-10）。在建设城市有盖空间方面，鼓励构建公共连廊网络，在道路交错处、等候和休息区域（如公交站）连廊等部位改变尺寸或增加区域，为多种户外活动提供恶劣天气下的遮盖；倡导沿街建筑、公共建筑提供有盖步道，街区之间的步道（除特殊情况）至少要保证4~7米宽度和10米净高；带屋顶的公共广场通常邻近交通站点，要提供足够面积、全天候使用的遮蔽设施和座位，并布置公共艺术、水景、无线网等设施，以容纳社区各类活动。开展社区风环境模拟识别清风廊道（图5-3-11），通过设置城市冷点，更高效地将清新空气送入街区腹地，具体手段包括在商业商办空间布置弹出式、可移动绿植装置，在社区绿化空间中补充种植乔木，在里弄建筑外悬挂遮阳网等。

公共连廊
- 居住区的连廊
- 公共交通站点连廊
- 建筑之间的连廊

建筑沿街面有盖步行道
- 建筑出挑的雨棚
- 建筑退让的廊道

有盖城市节点空间
- 有盖公共节点空间
- 私有的公共空间

类型	公共连廊	建筑沿街面有盖步行道	有盖城市节点空间
屋顶特点	屋顶遮挡阳光和雨水		屋顶通常在遮蔽的同时自然采光
环境调节	除遮阳外基本完全开敞		有温度、风力等调节设施，让空间环境长时间保持适宜状态
配套设施	在交通节点会改变尺寸、增加休息区域	有些会加入景观、公共座椅等设施	提供休息座椅和活动设施，鼓励多种行为的发生
所处位置	人流出行的区域	城中心人流密集的街道两侧	城中心人流聚集的区域或建筑组团之间
实现效果	能延长人们在户外的活动时间，促进商业、集体活动、公共活动的发生，特别是在私有的公共空间，有盖的公共空间能实现公众利益和业主利益的双赢，同时利用可持续设计还可以节约能源		
相互关系	连廊、沿街步行道和节点空间相辅相成，共同构成了城市中有盖步行网络系统，方便居民出行，将整个城市的地面层空间活化		

图5-3-10　新加坡有盖公共空间的类型与设计特点©林光明

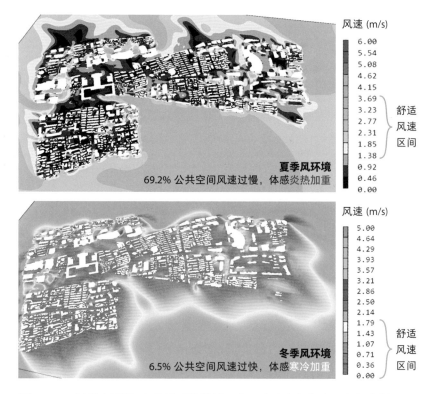

图 5-3-11　社区内夏季、冬季风环境模拟示意 © 上海市气候中心参与绘制

5.4 优化慢行体验

　　基于社区的慢行空间网络体系，为居民营造安全舒适的慢行环境，包括结合滨水地区、公园绿地、田—水—路—林—村等设置慢步道、跑步道和自行车道，改善路网微循环等，促进居民绿色低碳出行。一方面，优化道路沿线公共空间的布局和设计，基于线形的交通性与点状交往的行为特征开展精细设计，为慢行过程赋予更丰富多变的空间体验。另一方面，向纵深联动进一步激活街区活力，街区为街道提供了腹地，通过在街区内形成舒适的慢行路径，并在路径两侧设置日常生活所需的设施与服务，打造更为开放、活力、便捷的街区空间。

5.4.1 保障慢行空间

　　优先保障行人和自行车交通的权利，是构建安全交通环境的关键策略。构建以人为本、慢行舒适、利于微循环的道路系统，需重点解决好空间保障与安全保障两个问题。

图5-4-1 黄浦区轨道交交通人民广场站8号出入口利用商办建筑底层通道实现有效衔接

1. 充分保障步行及骑行空间

在形成完善、畅通的慢行网络的基础上,结合不同出行方式下的人的行动速度、行动特征与安全需求,进一步优化慢行道路的细节设计,适当控制机动车空间,将更多的街道空间用于步行及骑行。其中,城市道路人行道的宽度不宜小于3米,宽度12米及以下道路的人行道宽度不宜小于1.8米。人流量较大的区域,宜设置较宽的人行道。非机动车道第一条车道宽度不宜小于1.5米,增加的车道每条宽度不宜小于1米。在机非分行的道路上,非机动车道宽度不宜小于2.5米。

图5-4-2 杨浦区大学路道路交叉口小半径转弯

2. 设置公共通道提高微循环

公共通道宽度应与慢行需求相协调,其中以步行为主的通道宽度需考虑人的使用尺度需求——不宜大于16米。公共通道与两侧建筑的退界空间宜进行整体设计、一体建设,可更好保证空间在视觉和功能上的充分融合。受实际开发条件限制的,也可按照统一设计进行分期建设实施。鼓励存量公共设施开放内部通道(如商办建筑、文化体育设施、公园、公共交通站点等),在地块之间设置地上或地下连通道等多种形式,提升步行的可达性(图5-4-1)。

3. 塑造安全舒适的慢行环境

在街道设计中,通过平整高差、优化铺装、增加街道家具、去除车道线、统筹布局停车融合区等方式,降低机动车车速和流量,营造利于行人、自行车使用的共享街道空间。街道交叉口设计应尽可能保持紧凑,采用小转弯半径,在缩短人行横道间距离的同时,促使机动车被动降低转弯速度，保障行人过街安全。其中，主干路与其他道路交叉口倒角半径宜为10~20米，次干路与次干路或支路交叉口倒角半径宜为10~15米，支路与支路的交叉口倒角半径宜为5~10米（图5-4-2）。此外，安全设施、信号灯、照明等设施的设置对街道安全也有重要影响，通过增加中央岛、改善公交停靠位置、提供更好的照明、设置交通减速措施等手段，提高行人出行以及自行车行驶的安全性。

5.4.2 活跃街道界面

街道不应仅被视为城市交通网络中的线形组成，更应是功能丰富、充满活力的场所，通过提供丰富的步行活动体验，促进社会交往和人际互动。

1. 提升界面的多样性和开放度

杨·盖尔（Jan Gehl）在《人性化的城市》（*Cities for People*）中提出，全世界最有吸引力的街道能找到相同的韵律：平均每100米有15~20个店面，这意味着行人每隔4~5秒就能获得不同的体验。沿街界面的多样性对街道活力起着至关重要的作用，在街道设计中要加强重要步行沿线界面的活力与趣味性的创造，特别是建筑的第一层和第二层，由于它们处于行人常规的视域范围内，更应提供多样化的界面功能，提高界面开放性。

2. 鼓励沿街功能多元复合

针对街区、街坊、地块和建筑，开展不同层面和尺度的土地复合利用，包括在不同地块设置商业、办公、居住、文化、社区服务等混合的使用功能，以及在建筑的不同部位和不同楼层设置不同功能，形成水平与垂直的功能混合格局，为居民在步行可达范围内提供出行目的地的多种选择，提高步行出行比例。在街道首层鼓励设置多尺度与多业态的积极功能，包括中小规模餐饮、零售、生活服务、产品展示及公共服务设施等，吸引公众进入，提升偶发活动的频率。非交通性街道在不影响通行需求的前提下，鼓励在街边广场绿地、设施带、建筑后退等空间中设置临时设施，如售货亭、餐饮外摆、杂志售卖、信息咨询等，强化街道的功能密度，提升街道空间效率和活力。

3. 加强街道界面的连续性

鼓励商业与生活服务街道的活力连续性。对于街道空间不连续的区段，可以通过保证道路单侧连续界面、局部连续界面，或设置特色围墙、艺术展墙等方式，实现沿街氛围的连续。在街道空间有限的情况下，可通过设置停留场所或在纵向可达的腹地内，结合院落、弄巷、建筑等植入具有吸引力的功能节点，进一步提升街道活力。关注街区中的"金角银边"，在转角空间嵌入画龙点睛的功能。在积极的沿街界面设置一定密度的商业与公共服务设施出入口，鼓励大型商业综合体沿街道设置中小规模商铺，并设置临街出入口。如上海市长宁区武夷路街区更新中，在保持历史风貌道路尺度的基础上，通过对沿街的工业用地转型、历史建筑活化利用、建筑立面修缮、慢行步道整治、绿化驻留节点嵌入等方式，形成具有特色和活力的街道界面（图5-4-3）。

4. 优化步行空间和道路断面设计

统筹考虑道路的交通需求和沿街活动，分级分类明确道路定位，基于定位明确道路步行空间的主要功能，并开展道路断面的差异化设计。在倡导慢行优先的原则下，分析交通参与者的活动行为，形成与行人和非机动车群体活动需求相匹配的场所类型。对于街道空间进行整体设计，包括红线内部的道路空间、沿线的退界空间及沿街建筑界面和附属设施等，注重集约设置与统筹利用，确保连续的活动空间与紧密的功能联系（图5-4-4）。

图5-4-3　长宁区武夷MIX320街区更新焕发活力◎同济原作设计工作室

图5-4-4　黄浦区外滩街道山东北路，将建筑立面、后退空间和步道组合的道路U形界面一体化设计，提供休憩驻留和绿化景观元素◎水石设计

5.4.3 增设交往节点

在街道空间中增加多样化的驻留空间和交往节点，并植入丰富的活动内容，不仅能为居民提供便利的交流和休憩场所，成为街道空间中的亮点，更能促进社区居民之间的互动和情感连接。

1. 提供多样化的驻留空间

人行道在满足行人步行空间需求的基础上，也应为活动的多样性提供可能。如提供行人靠边停下闲聊的场所、在行道树荫下乘凉的空间、在条件允许的情况下设置咖啡座等设施。在空间狭窄或高层密集的区域，借用公共设施的底层开放、围墙后退设置小微口袋花园，提供减缓压抑感的"活口"，消除逼仄空间对行为和心理的不良影响。

2. 引入丰富的公共活动

积极利用街道空间开展临时性公共活动、街头文艺表演、艺术活动、商业活动等，吸引居民体验和参与。在空间和时间维度上进行统筹考虑，对于静态交通、交往交流、商业活动、休闲游憩等各类行为需求，宜在街道空间中予以弹性预留。

3. 灵活配置休憩设施

休憩设施包括多种类型，如可移动座椅、固定单人座椅、固定长椅、坐人矮墙、花池边沿、可坐台阶等。在地铁车站、重要公共建筑出入口、公交站点、公共空间的驻留节点，休憩设施的布设需适应不同活动和使用的要求，选择不同的形式。休憩设施的摆放宜有利于促进社会交往，数量宜按游人容量的20%~30%设置，密度在每公顷20~150个为宜；可坐人矮墙和可坐台阶占所有座椅的比例不宜大于5%。

5.4.4 连接公交站点

提升公交站点与其他各类交通方式的衔接，在换乘路线的空间组织、交通组织和配套设施设计方面，注重与周边建筑、公共空间的有机结合，构建便捷、无障碍的公交换乘系统，为人流提供舒适体验。

1. 衔接轨交站点出入口

轨道交通站点与公交站点之间宜设置连续步行系统，便捷通畅、导向性强，尽量避免多条通道、多方向空间贯通。轨道交通站点周边（500~800米服务范围内）的步行系统宜24小时开放，或因地制宜地设置时间管理要求。鼓励增加轨道交通站点出入口数量，并与周边道路、建筑、公共空间等综合设置。轨道站点与建筑直接连接时，应充分考虑周边物业的实际管理,满足安全疏散需求。

2. 强化站点的人性化设计

在公交站设计中,可设置避免日晒雨淋的候车亭,数量适宜的座位或可倚靠的设施,实时动态更新的信息栏,方便换乘的非机动车停车带等。出租车与小汽车停靠点可合设,并与公交停靠站保持不小于50米的距离。在无法兼顾的情况下,公交停靠站优先设置。

5.5 倡导绿色低碳

在全球城市化进程加速的背景下,城市建成区无序蔓延造成耕地、林地、湿地等自然资源显著减少,带来自然景观破碎、城市空间离散。大规模的建设行为加剧了资源消耗,引发环境承载力和生物多样性下降,卫生安全、环境污染、自然灾害等问题复杂而尖锐。与此同时,全球气候变化、海平面上升和地面沉降等环境问题,已对生态系统产生显著的负面影响,全球范围内洪涝灾害、风暴潮等极端天气频发。

近年来,中国许多城市遭遇严重的气候灾害,暴露出应对气候风险的脆弱性。国家层面相继提出海绵城市、城市双修之生态修复、韧性城市建设等要求,提出通过转变城市发展模式,走绿色低碳、环境友好的可持续发展之路。低碳韧性城市以实现社会-经济-生态可持续发展为治理目标,通过增强城市适应气候变化的能力,减小气候灾害导致的风险,涉及城市生态系统、建筑领域、能源电力、公交体系、水资源及流域管理、土地利用等方面。社区层面作为城市的细胞体,更要进一步落实、细化绿色低碳的发展路径,夯实应对城市复杂问题的韧性网络。

5.5.1 营造多样生境

生境的质量、多样性、稳定性和连通性对塑造健康的生态系统有重要价值。良好的生境带来新鲜的空气、阳光和适宜的温度,有助于改善城市生态问题、促进居民身心健康,也能有效缓解城市化进程中自然景观的破碎化,为各种生物提供适宜的栖息地,从而促进生物多样性的保护和生态系统的平衡。在高密度超大城市中构建城市级生态网络的同时,也要在社区基本单元里识别生态基底,运用差异化的手段完善蓝绿空间,加密、连接和补充城市生境网络,实现人与自然的和谐共生。

1. 识别生态基底,完善蓝绿空间基底

以社区为核心、从更大范围开展区域性的生境斑块梳理,识别社区生态基底（表5-5-1）。开展气候条件调查，研究温度、降水、光照等气候特征及变化规律；开展蓝绿空间调查，分析区域范围内的蓝绿空间要素分布特征与景观格局，重点关注特定栖息地、自然保护小区或公园、大型绿地、河湖水系等，确定生态区位特征与资源禀赋；开展生物多样性调查，汇集研究范围或周边类似生态斑块内的植物、鸟类、兽类、两栖爬行类（以蛙类为主）、昆虫（蝶类及传粉昆虫为主）等类群，分析现状生物多样性资源空间分布特征。基于调查形成区域生态基底图，划示出区域重要的生境保护空间、现状生境斑块、物种潜在分布斑块、生态廊道等，结合建成环境影响评价明确生境网络的障碍点和生境空间优化的重点区域，有针对性地提出引导选址建议（图5-5-1）。如依托现状河流生态廊道、道路防护绿地、绿道等，形成点、线、面有机融合的绿地生态网络；对现状尚未贯通的断点区域，优化现有生态斑块的管养方式，挖潜建设生境空间建设，营造生物栖息地踏脚石；引导建成区运用海绵城市、屋顶绿化、建筑立面绿化等多元手段，最大限度释放生态效应。

2. 运用差异化手段完善生态系统

（1）弱化干预，利用自然生态系统增强生态韧性。对于社区中面积较大的生态斑块，可充分利用自然生态系统的自我调节能力，提升对环境变化的适应力和对干扰的抵御力。如在公共绿地、公园中划定适当的面积（3~4公顷）作为生物多样性保护区，丰富植被群落、减少人群活动干扰；依托生态廊道增强生态系统连通性，加强水系两侧生态空间的保育、修复与拓展。

表5-5-1　生态基底调研内容

气候条件调查	通过查阅资料，确定项目地所处的地理位置、气候带及温度、降水和光照等气候特征及其基本变化规律
蓝绿空间调查	基于遥感影像等空间资料，分析调查范围内的蓝绿空间要素分布特征与景观格局特征，重点关注特定栖息地、自然保护小区或者公园、大型绿地等，结合区域绿地系统、河湖水系等相关规划，确定项目区的生态区位特征与周边资源禀赋
生物多样性调查	最大限度汇集现有的生物多样性数据资料，对研究范围或周边类似生态斑块内的植物、鸟类、兽类、两栖爬行类（以蛙类为主）、昆虫（蝶类及传粉昆虫为主）等类群进行调查，形成现状动植物物种名录，通过空间制图分析现状生物多样性资源空间分布特征
社会经济调查	收集项目区相关的规划政策、历史文化、自然地理和社会经济背景资料，重视对项目区域历史文脉的调查与研究，如区域传统农耕文化中的生态智慧、历史环境变迁过程等，分析本地重要生态文化要素

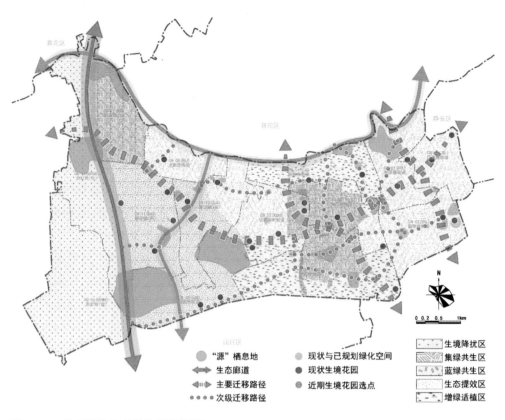

图 5-5-1　长宁区生物多样性保护绿图

（2）适度干预，修复提升生态系统服务功能。对于受人类活动影响较多的自然环境，通过适度干预，修复自然生境，提升生态系统的功能。如在乡村社区生活圈中，可通过设计亲近自然的农业景观，提高农业空间的生态效应和抵御自然灾害的韧性；通过提高生物多样性，增强森林生态系统应对极端事件的韧性；对森林进行适当的抚育间伐，改善个体生态位，促进其天然更新和演替等。

（3）高强度干预，重构新的生态系统。对于人类活动的主要区域，可通过高强度干预，重新构建生态系统，改善生境空间质量，提高生物多样性。如结合社区空间本底条件，优化绿色基础设施，促进各种开敞空间和自然区域相互连结，形成绿色空间网络；落实"海绵城市"理念，在公园、小区等区域建设一系列的水生态基础设施，如雨洪公园、雨水花园等，实现雨涝调蓄、水源保护和涵养、地下水回补、雨污净化、土壤净化等作用；挖掘闲置用地、低效绿地、单位附属绿地，丰富屋顶绿化、建筑立体绿化、林荫道植被等，为野生动物建立庇护所和高连通度的迁移路径。

3. 打造社区生境花园，提供生态踏脚石

社区生境花园将"花园"与"生境"融合在一起，既可以为动植物提供栖息地环境，又兼具观赏、休息和户外活动，具有"生多保护、绿色碳汇、雨水蓄积、健康疗愈、自然教育"等多重复合功能，通过生物多样性保护与城市更新的有机结合，提升社区生态空间品质，成为居民家门口的"自然保护地"。社区生境花园一般分为生境保护区、互动观察区和休闲科普区三个功能板块（表5-5-2）。其中，生境保护区是必要功能区，要相对独立，为野生动物提供良好的栖息地功能；其他两个功能区可基于场地条件和周边居民活动热度与需求而选择设置（图5-5-2，图5-5-3）。

表5-5-2　生境花园功能分区与设计内容

分类	列项	必选功能	可选功能	设计注意
必要功能区	生境保护区	本地植物群落	人工搭建庇护所 水生生境（如自然补给水源）	禁止游人进入 仅供工作人员使用
		自然式栖息地、庇护所		
		水源		
		食源		
可选功能区	互动观察区	互动科普	人工搭建庇护所 水生生境（如自然补给水源）	限制性游览为主 宜分散布置
		观察点、拍摄点		
		有机堆肥点		
		本地植物群落		
	休闲科普区	休息设施	居民休闲设施 多功能植物种类	以休憩娱乐科普为主 适当集中布置活动场地及休憩设施
		科普说明		
		文化展示		

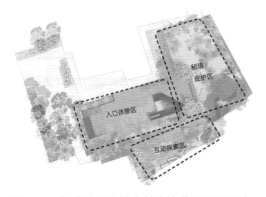

图 5-5-2　江苏路街道岐山村生境花园分区设计方案示意ⓒ上海丕司景观设计

图 5-5-3　江苏路街道岐山村生境花园ⓒ陈敏

（1）提供动物栖息地环境要素。 根据保护目标物种的活动习性，在生境保护区内选择适合区域，模拟自然界的野生栖息地要素，搭建形成动植物栖息地。具体手段可包括：提供生态水塘、旱溪等为鸟类及野生动物提供饮水水源，并改善微气候；疏松土壤和落叶为野生动物提供庇护所；结合环境特征人为放置一些功能性设施，如鸟浴盆、喂食器、昆虫屋等，为野生动物提供更适宜的生存环境。

图5-5-4　江苏路街道万村生境花园的科普设施
◎江苏路街道办事处

（2）优化植物配置本土化、有机化配置。 营造以本土植物为主的乔灌草配置，为鸟类、传粉昆虫类等提供可获取的食物；倡导有机种植，减少使用花园肥料和农药，保护土壤质量及地下水资源；选择粗放管养植物，并采用滴灌等节水方式设计；通过堆肥等方式循环利用花园产生的有机垃圾，减少资源浪费。

（3）打造人与自然互动场所。 适当布局硬质场地，为人群提供能与自然生境互动的活动空间，注重场地设计的舒适性、安全性和景观性。如形成可供小规模聚集活动的交往空间，提供桌椅等休憩设施，并通过园路、园桥连接各个活动节点；提供具有一定遮蔽功能的休憩空间，并布置科普展示内容；鼓励就地取材，利用场地已有的木材、石块、砖块等元素，加以改造并恰当利用。

（4）强化生境管理配套水平。 灌溉及雨水管理设施应根据实际气候条件，通过可渗透铺装、雨水收集、雨水滞留、雨水净化等生态措施，实现雨水的下渗、收集、滞留、净化和再利用；夜间管理设施需在设计阶段确认生境花园入口门禁设施的形式及开闭时间，以保证野生动物，尤其是夜行性动物的生存环境尽可能不受打扰；照明设施以低亮度的安全性照明为主，尽量避免直接发光的光源形式，并在21:00后关闭人工光源，减少对夜间生态系统的干扰。

4. 布局多样化科普设施，培育人人参与的公众意识

鼓励依托城市公园、地区公园、社区公园、生境花园等空间，因地制宜设置多种形式的生物保护和科普科研设施。科普展示设施可采用平面展示、感官体验、互动科普装置等方式增加趣味性，普及自然教育，提高公众兴趣和认识（图5-5-4）。科研监测设施可包括安装动态红外摄像机，观测和记录场地内出现的野生动物及其行为活动，分析野生动物轨迹和分布，对建成后生境空间进行生物多样性监测与质量评估等，为空间环境的持续性优化提供依据。

5.5.2 倡导减排降碳

在可持续发展理念的推动下，20 世纪末国外开始系统性研究低碳社区并进行实践探索。通过多年的努力，已积累了包括规划设计、建筑技术、能源管理、交通系统、废物处理等多个方面的丰富技术经验。例如，英国伦敦贝丁顿社区（BedZED）通过 20 多年的探索建成"零碳社区"，达到运行阶段零碳排（图 5-5-5）；德国弗莱堡（Freiburg）施利尔贝格太阳能社区（Solarsiedlung am Schlierberg）通过光伏板生产的电能甚至超过社区自身所需，多余电力可向电网输送，成为"负碳社区"（图 5-5-6）。推动低碳社区建设，不仅是建筑行业实现节能减排目标的关键领域，也是推行城市更新行动的重要策略。一方面，通过建筑空间、设备设施的低碳改造，降低后续运行阶段碳排放，实现空间环境低碳化更新；另一方面，为居民提供匹配低碳生活方式的硬件环境支持，在此过程中进一步培养居民低碳生活意识、引领绿色生活方式。

社区低碳营建的核心思路是"减排增汇"，通过审视城市不同尺度视角的低碳场景，构建"城市片区—公共空间—建筑—街区"四个层面与尺度的建设和更新手段（图 5-5-7，图 5-5-8），形成既有益于环境社会可持续性，又兼顾经济发展的综合解决方案，从而改善人们的生活方式、出行方式以及消费方式，为城市的减排降碳、健康发展作出有益贡献。

1. 城市片区层面，重塑多方参与的战略性提升

通过优化城市尺度、合理提高城市密度、重塑公共交通组织等方式，实现城市的可持续发展和综合竞争力的提升。基于"15 分钟社区生活圈"的总体目标和原则，建立低碳社区总体策略和项目清单；探索

图 5-5-5　英国伦敦贝丁顿社区 ©Tom Chance

图 5-5-6　德国弗莱堡施利尔贝格太阳能社区 ©Andrewglaser

低碳社区建设的实验性试点项目，提炼经验做法，用于更大规模和系统性的应用。如对既有基础设施的复合化利用，绿色出行街道空间优化，气候适应性公共空间改造等。此外，建立多方在地主体共同参与的机制，激发居民的共同参与、共同行动。

2. 公共空间层面，改善绿色出行环境、激发社区活力

增强街道、广场、公共绿地的多样功能性，在通行体验、景观效果、韧性安全、休闲交往等方面发挥多维度的作用。改善街道空间绿色出行环境，提升通行体验舒适度，如优化人车分行交通流线，细分步道功能、等级和空间尺度，设置公交专用道，开辟宽敞的非机动车道，设置贴合行人动线需求的过街人行横道；加强轨道、公交、共享单车等多种

1 建筑改造

- 太阳能板
- 加装电梯以实现无障碍
- 改善窗户隔热性能
- 增设阳台（结合噪声/污染情况，可采用半封闭形式）
- 改造入口空间及楼梯
- 对现有建筑结构进行立面翻新，并改进隔热性能
- 通过供暖和通风改善室内气候
- 用于社区服务、社交场合、自行车停放等功能的公共空间
- 热泵

2 街区增容

- 步道细分空间尺度并提供功能
- 垃圾循环利用回收站
- 通过建筑改造增加使用面积
- 高质量的自行车基础设施
- 积极开放的面向街道的首层功能
- 加建楼层以增加使用面积（不突破原有建筑高度限制）
- 拆除院内地面停车场，在建筑物中设置停车设施
- 加密社区功能
- 改造提升庭院
- 划定庭院空间，并在院内引入气候适应/雨洪管理措施
- 首层提供共享设施－为街区服务的自行车车棚或社区空间
- 在公共交通附近进行增容

3 公共空间升级

- 激活底层空间
- 贴合行人期望线的人行横道
- 宽敞的非机动车道
- 带有树池的树木，可收集雨水，不同种类的本地树种
- 雨水花园
- 休憩空间
- 集水资源管理、游乐和景观为一体的设计
- 轨道、公交和共享单车之间的便捷换乘
- 公交专用道

图5-5-7 "城市片区—公共空间—街区—建筑"的四个层面低碳更新手段ⓒ能源基金会、丹麦盖尔建筑事务所

交通方式的便捷换乘，提供高质量的自行车基础设施等。推行广场绿
地空间的环境一体化设计，实现水资源管理、休憩活动和景观美化的融
合，如增设雨水花园、雨水收集系统，合理布置休憩空间和城市家具，丰
富植物配置等方式。

3. 街区层面，提质低效空间、促进可持续生活方式

在街区内充分挖掘闲置和低效空间，通过完善功能、复合利用等方
式，更加有效地促进空间提质，塑造健康、可持续的生活方式。如结合
新建建筑和庭院布局等方式，改善街区微环境；结合公共交通站点、公
共建筑布局，积极推进首层提供共享服务的功能，如商业、社区食堂、活
动室、停车棚等；布设垃圾循环回收站、集中充电桩等设施，改善居民生
活方式。

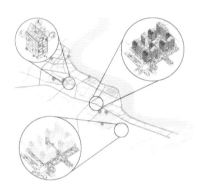

4 城市片区
邀请

· 善用既有的基础设施
· 提升现有区域的质量
· 在现有城市肌理内增容，避免新建基础
　设施中的隐含碳排放
· 在大规模实施前利用试点项目测试成效
· 从试点项目中汲取经验，并在每次新的
　实施中不断改进
· 通过公共空间的邀请来改变人的行为
· 支持本地15分钟生活圈的繁荣发展

图 5-5-8　丹麦哥本哈根气候适应型广场，邀请居民共同构想，形成一
个既能进行雨水处理又能为社区提供集聚活动的空间 ©Klimakvarter

4. 建筑层面，建筑改造、提高节能效率

通过住宅和公共建筑的改造，推动建筑节能与绿色建筑发展，以更少的能源资源消耗，提供更好的工作生活空间。如改造建筑外墙围护结构和窗户构造，改进隔热性能，提升建筑能效；引入集中供能热泵、太阳能光伏等技术，升级能源系统；改造居住建筑的入口空间、公共楼梯、阳台等部位，优化布局和共享方式等。此外，在建筑确需拆除的情况下，争取对拆除材料的再利用。

当前，部分社区已开始将低碳技术措施融入社区更新中。不同类型社区的碳排情况存在较大差异，老公房社区的碳排主要集中在家庭用电、用气和垃圾处理上，高层住宅社区除家庭碳排外，其公共设备系统用能和燃油车产生的碳排量也不容小觑。因此，社区在制订减排策略时应因地制宜、抓准重点、主次分明。

5.6 彰显风貌特色

历史风貌是城市最宝贵的文化资源，要妥善处理好保护和发展的关系，注重延续城市历史文脉，像对待"老人"一样尊重和善待城市中的老建筑，保留城市历史文化记忆，让人们记得住历史、记得住乡愁，坚定文化自信，增强家国情怀。上海作为国家级历史文化名城，已建立了"点、线、面"相结合较为完善的风貌保护体系，划定44片历史文化风貌区、250处风貌保护街坊、397条风貌保护道路与风貌保护街巷、84条风貌保护河道、669处文物保护单位（29处全国重点文物保护单位、238处市级文物保护单位、402处区级文物保护单位）、1058处优秀历史建筑，各类优秀历史建筑、文物、保留历史建筑近万处。"低层成片连绵、建筑风格杂糅、文化特征多元"的空间意象是上海城市特色的重要空间基底，也是上海"海纳百川、追求卓越、开明睿智、大气谦和"的城市精神和文化基因的映射。

上海近半数的"15分钟社区生活圈"范围内均涉及历史风貌保护要素。更好地彰显社区的人文风貌特色，一是要遵循风貌格局保护整体性原则，对覆盖面广、特色丰富、成片绵延的历史风貌地区，保护可被感知的历史风貌信息、文化景观群体魅力特色的完整性和多元性，提供更多成片、独特优美的可眺望风貌的历史空间；二是延续历史发展脉络，在保护空间环境的同时，关注传统的社会生活情态、历史记忆或事件等非物质要素，营造充满辨识度、连续性和协调感的展示环境，回味

社区记忆，感受人文魅力；三是活化历史建筑资源，善用不同保护对象的禀赋差异，适应城市功能发展需求。

5.6.1 传承风貌基因

空间肌理、建筑和环境等要素是传承社区特色风貌的重要基因。这些物质要素是社区空间在渐进发展中不断生长、更新、叠合的外显性结果，既满足了不同的功能使用需求，也承载着特定的社会生活情态。在传承城市整体格局基础上，"15分钟社区生活圈"需要将保护与传承的重点聚焦于历史风貌资源丰富且集中的街区，既要保留历史累积形成的特色肌理，如街巷格局、街面形式、建筑布局形式等，也需处理好空间的协调关系，避免产生新旧肌理反差强烈、新老建筑缺少呼应、街巷界面片段化、空间特色碎片化等问题，影响风貌整体性，并加强对历史建筑所处环境的全面保护，从而更完整、更真实地传承历史风貌的特色元素。

1. 保护、修复、演绎历史特色肌理

基于历史肌理演变分析和特色挖掘，确定社区内具有保护价值的典型肌理类型，明确保护对象，通过修复、织补等方式保护特色肌理的完整性、连续性并适度拓展、优化。

（1）保护街巷格局和尺度。延续街巷空间的骨架格局，尊重特色历史路网与街巷的走向、线形、密度、连接等关系，保留方格网、鱼骨状、梳齿状、环形＋放射状、自然蜿蜒等各具特色的路网结构，有条件的可在以公共活动为主的街坊内梳理、辟通或增加弄巷，增加街区可达性和通行便捷度。保持宜人舒适的街巷尺度，通过控制街廊比、建筑退界、贴线率、高度轮廓等要素，延续原有街巷特征。新建建筑后退应与两侧保留历史建筑保持平直连续，也可采取退台、骑楼等手法以削弱建筑体量感、提高界面活力。如青浦区徐泾镇蟠龙天地，保留了古镇十字街的基本格局与纵横交错、蜿蜒贯通的天然水系，并通过控制街巷宽度和沿街建筑高度，延续依水而居的水乡风貌和窄街密路的空间肌理（图 5-6-1）。

（2）传承演绎建筑空间格局。综合运用违章拆除、界面补全、适当抽稀、丰富组合等改造方式，恢复、演绎、拓展传统空间肌理，增加开放空间，承载更多人群活动，使历史地区的格局肌理更趋完善、风貌景观更具特色、活动体验更加丰富（图 5-6-2）。其中，"违章拆除"即拆除质量与风貌不佳的违章搭建建筑，增加开放空间，恢复传统空间肌理；

"界面补全"即在协调新旧空间尺度和风貌的基础上，局部增加新建筑以保持街廓完整、加强空间围合感；"适当抽稀"即在高密度历史街区拆除部分一般建筑，增加内部公共活动的"透气"空间；"丰富组合"即在整体更新的历史地区，根据功能使用和活动景观的需要进行局部拆减和增补，丰富新旧空间肌理的组合搭配，对历史肌理进行再演绎，以更好地适应现代生活。如愚园路历史文化风貌区在肌理密集的历史街区内，利用建筑后退空间、建筑围合空间、庭院空间、弄口空间等，打造出十多处"小而精"的广场、绿地，重构街区开放空间结构与景观体系。

图 5-6-1　蟠龙天地鸟瞰 © 上海蟠龙天地

违章拆除

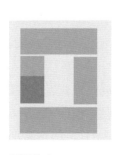

界面补全

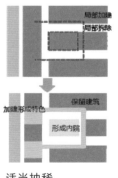

适当抽稀

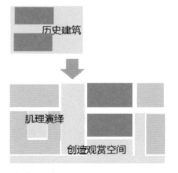

丰富组合

图 5-6-2　肌理修复方法示意图

2. 塑造新旧协调的建筑风貌

保护历史建筑的传统风貌，对具有历史意义、艺术特色和科学研究价值的历史建筑进行精心修缮与复原，主要包括建筑样式、立面与内部装饰、特色构件等风貌要素。鼓励历史街区的功能转型和活化利用，富有想象、恰当精细地为历史街区注入新的建筑空间元素，并注意传统空间与现代功能的匹配性和新旧风貌的协调性。对与历史建筑风貌不协调的建筑立面进行整治和改建，形成沿街连续、向内渗透的风貌延展区域；新建筑应在建筑风格、材质、色彩、建筑细部等方面与周边历史环境相呼应，通过运用呼应演绎、提炼简化、对比协调等设计方法，提升使用人群的舒适度、增强归属感和吸引力。如长宁区上生·新所，遵循真实性、最小干预和可识别性等原则，对具有保护身份的历史建筑进行立面和重点保护空间的精心修复（图 5-6-3，图 5-6-4），还原历史风貌和特色，对其他陆续"生长"起来的非保护类建筑，在保留建筑自身特色的

图 5-6-3　上生·新所保护建筑哥伦比亚乡村俱乐部修缮前后对比 © 上海万科

图 5-6-4　上生·新所非保护类建筑物资采购楼更新前后对比 © 上海万科

同时,通过植入新材料和新设计手法,营造出历史环境下和而不同的全新空间感受。[1]

3. 妥善保护历史形成的环境景观

环境景观与历史建筑、街巷空间相辅相成,共同构成具有历史场景感的风貌名片。保护历史形成的人工与自然环境,包括古树名木、公园绿地、庭院绿化、林荫道路、河湖水体、地形地貌等景观环境,从而让历史风貌得到更完整、更真实的呈现。对于富有盛名和特色,但已经消失的历史景观,必要时可以结合史料考证进行恢复。如黄浦区外滩源不仅精心修缮了百年建筑,还妥善保护了大草坪和20余株百年古树,原本被填埋的划船俱乐部"百年泳池"也得以挖掘恢复,郁郁葱葱的草木与风格各异的历史建筑相交辉映,共同成为外滩历史变迁的见证者。黄浦区老城厢乔家路地区在更新规划中,注重挖掘、保护历史文脉,根据可溯史料将对著名的梓园进行景观复原,对园中建筑进行整治修复与修缮,再现江南园林的雅致风韵,推动片区整体风貌提升(图5-6-5)。黄浦区古城公园位于原上海县城墙的东北角,老城墙在早前城市建设中经拆除、填濠变成市政道路。为再现老城厢的历史风貌,古城公园重筑仿古的青砖城墙,连同沿墙流淌的潺潺溪水,共同构成引人回忆的"护城河"景观,并以丹凤台、钱业公所、民居缩影等景点来反映上海历史,让人们感受到岁月沉淀和文化底蕴(图5-6-6)。

5.6.2 展现文化脉络

社区历史风貌的保护与传承,不仅要注重对有风貌价值的物质要素、环境要素以及非物质要素的整体性保护,也要重视系统保护与生动演绎蕴含其中的历史、科学、艺术等价值,让不同时期沉淀的文化魅力充分彰显、竞相绽放。综合运用多种技术手段构建文化感知体系,焕活

1 大都会建筑事务所(荷兰)、华东建筑设计研究院有限公司《上生·新所城市更新》,《建筑实践》2021(6)。

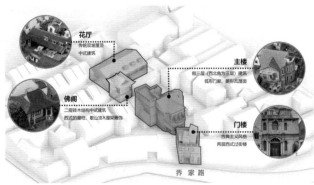

图5-6-5 老城厢乔家路地区复原梓园格局与园林效果图

传统文化场所，让市民可以透过场域的文化意象和空间特征，沉浸式地品味历史变迁、城市发展和文化脉络，从而树立起对社区的独特记忆和文化印象，培育其参与社区历史文化探访和风貌体验的积极性，提高其对社区的认同感和归属感。

1. 挖掘文化资源，引入契合主题的业态与活动

充分挖掘非物质文化资源、梳理文化发展脉络，并从中提取文化基因，融入产业发展与活动策划，形成社区特色文化IP。引入与场所文化氛围相契合的功能业态、主题活动和城市事件，实现社区全时段、全天候的文化活力展现，在延续场所精神的同时也能满足现代文化生活需求。如浦东新区新场古镇，在完成"十字中轴"沿街门立面风貌整治、30余处历史遗存修复等物质环境保护的基础上，植入丝竹轩、锣鼓书艺术馆、浦东派琵琶馆等传统特色文化业态，形成两条分别以民间技艺和生活休闲为主题的文化街，再现江南传统水乡古镇的文化魅力（图5-6-7，图5-6-8）。虹口区甜爱路以"爱情"为主题打造特色IP，在全长800米的道路上注入甜爱邮筒、甜爱留言墙、爱心红绿灯等甜蜜元素，并成立"缘起虹口"甜蜜产业联盟，与企业合力推动甜蜜场景、甜蜜产业、甜蜜品牌和甜蜜服务的发展，成为"上海最浪漫的路"（图5-6-9）。

2. 植入文脉要素，营造可阅读的空间环境

提炼社区文脉底色，融入城市空间、建筑与景观环境设计，运用抽象或具象的艺术化表达方式，显现社区人文魅力，形成可阅读的风貌展示界面。将具有地域特征的文化故事、生活场景、历史印记等元素，植入建筑立面、景观绿化、街道家具、路面铺装、街区围墙等公共环境的一体化设计中，打造延续集体记忆的空间节点，营造特定的场所感，从而增强历史风貌的展示度和感受度。如衡山路-复兴路历史文化

图5-6-6　黄浦区古城公园里的"护城河"景观和沪南钱业公所◎王登轩

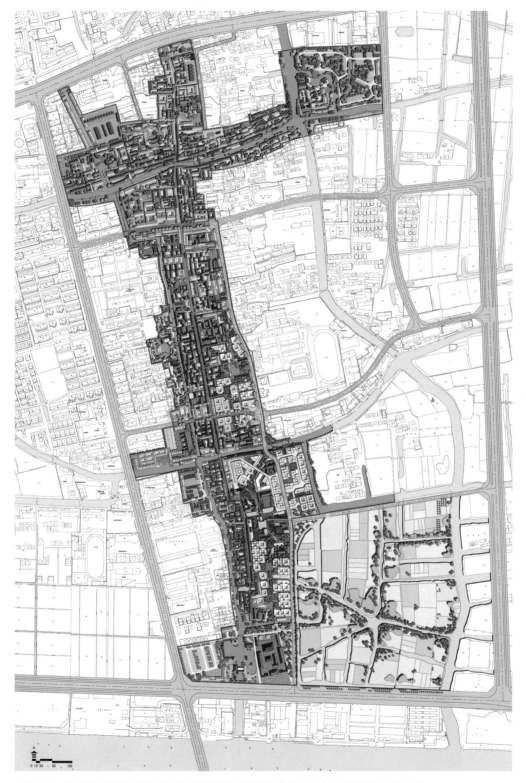

图 5-6-7　新场历史文化风貌区重点地段规划总平面（2013年）ⓒ新场镇人民政府

风貌区高安路3号的伊丽包子铺，从街区特色风貌中提取色彩、铁艺门窗、复古美术字体等元素，融入店铺门面的更新设计，让小商铺由原本不和谐的风貌"断点"变为展示风貌的新节点（图5-6-10）。黄浦区南昌路街区，将"南昌路1902"LOGO设计成可分可合的地砖铺装样式，应用于人行道树池铺装中，以饶有趣味的方式向人们展示着这条路的悠久历史（图5-6-11）。杨浦滨江公共空间巧妙融合工业遗迹与工业元素，展现滨江工业带"锈色"风貌，如利用遗存的纺车廊架改造

图 5-6-8　新场历史文化风貌区的江南水乡街景◎上海新场文化发展

图 5-6-9　甜爱路以"爱情"为主题打造特色IP，注入甜爱留言墙、甜爱结婚登记中心等甜蜜元素◎ 虹口区融媒体中心

图 5-6-11　南昌路街区铺设的"南昌路1902"地砖◎上海市政工程设计研究总院

图 5-6-10　高安路3号的伊丽包子铺◎上海瞻昂建筑设计

为集坡道、廊架、座椅等功能于一体的复合设施（图5-6-12）；将水管作为线形元素融入沿岸景观灯设计（图5-6-13），再现工业区管网林立的旧时场景。[1]

3. 整合空间资源，展示风貌特色

系统梳理空间资源，整合消极空间，结合肌理修复进行留"白"增"空"，因地制宜在转角、沿路、街坊内部、历史建筑周边挖掘中小型开放空间。尤其宜在特色建筑与构筑物、古树名木、水边等观赏点周边嵌入小型广场、绿地，并通过街巷串联成网络，在增加空间环境特色之余，也为人们提供更多容纳交往活动的公共空间、更近距离感受历史风貌的展示空间。如位于衡山路–复兴路历史文化风貌区的永嘉路中段，借助风貌整治和拆违契机植入一座口袋公园。采用红砖铺地、围合敞廊、舒缓屋顶等设计元素，与历史街区风貌相协调呼应，为周边居民提供了休闲娱乐、感受历史风貌的好去处。此外，在植入开放空间时须注意控制好高阔比，若原有建筑较高，可在建筑与广场之间通过加建低层建筑、围墙等构筑物以及布置绿化带等手法进行过渡（图5-6-14）。

4. 打造探访线路，丰富步行体验

充分利用街区弄巷、建筑通道、过街楼、开放的建筑底层等空间，衔接形成连续完整、开放可达的慢行系统，串联片区重要的人文旅游资源与主要开放空间，包括历史建筑、非遗博物馆、园林景观、公园绿地等，打造主题多元的文化探访线路。这些线路须与城市道路、地铁站、公交站等外部交通保持便捷的联结关系，鼓励在沿线合理设置商业休闲、文化娱乐、旅游咨询等服务设施以及标识系统，以更好服务居民、游客的游览需求，并通过改善地面铺砌、美化围墙形式、保留行道树、增设休憩座椅等方式，营造更舒适的慢行环境。如位于上海市衡山路–复兴路

1 章明、陈波、鞠曦《确定性与非确定性的共生——空间生产视角下的上海杨浦滨江公共空间再生》，《风景园林》2023, 30(6)。

图5-6-12 杨浦滨江利用纺车廊架改造的复合设施© 战长恒

图5-6-13 杨浦滨江水管景观灯© 苏圣亮

历史文化风貌区的武康路，是上海中心城区西部花园住宅区的典型代表，以"提升民生、以小见大"的方式进行精细化整治，包括补种行道树、优化弄堂口部和历史建筑地块的围墙，增设导向标志和街道家具等；完善休闲旅游功能，将巴金故居、黄兴故居等历史建筑开放为展览和旅游咨询中心；建筑底层植入多元业态，打造创意店铺、餐厅、画廊、概念体验店、博物馆等特色功能节点；结合地标武康大楼的修缮和架空线入地，设置最佳观景点和环境优化，提供更好的品味场所。

5.6.3 活化历史资源

历史建筑的保护与活化利用，需始终以人的使用和感受为中心，满足多层次的服务需求。历史建筑更新不仅是提供市民生活、社会服务、交往活动等需求的重要载体，更可以成为加强美学教育、形成共同价值观、实现自我价值的重要场所，满足覆盖城乡社区全年龄段、全口径的多层次、多维度需求，体现温馨周到的人文关怀（图5-6-15）。

图5-6-14　永嘉路口袋公园©上海阿克米星建筑设计事务所

1. 植入公共服务,感受历史底蕴

历史建筑的更新利用应基于地区历史发展脉络和资源禀赋,对历史上重要的公共活动中心区域,应优先引导历史建筑恢复为公共活动功能;在街坊和地块层面需要研究历史上的功能布局,优先恢复曾作为公共活动的界面或街坊内部活动节点,植入具有历史特色的公共功能与活动,让社区中更多的居民与访客在享受公共服务的同时,更加沉浸地感受到社区的历史氛围与文化底蕴。如徐汇区天平路街道66梧桐院,邬达克设计的优秀历史建筑经过修缮和公共空间改造,变为集成邻里餐厅、梧桐会客厅、天天影吧、喜阅书吧等设施的社区综合服务体,满足多元人群的服务需求(图5-6-16)。虹口区北外滩街道河滨大楼位于苏州河畔,为了将最美江景留给居民,街道主动让渡二楼的居委会办公空间,改造为集议事协商、邻里交往、学习办公、便民服务等功能于一体的社区共享空间,成为备受居民喜爱的"河滨最美会客厅"(图5-6-17)。

2. 引入创意功能,打造文化地标

对历史地区的保护更新,可以通过引入多样创意功能,打造地区文化创意地标。结合地标性历史建筑和历史街区更新,充分挖掘历史资源文化内涵对创新创意产业的驱动价值,培育功能活力源点,以便更好地发挥综合带动效应,融入城市发展。历史建筑可以为高端产业、总部办公提供场所,工业遗产等类型,可以通过空间划分提供低成本的创意

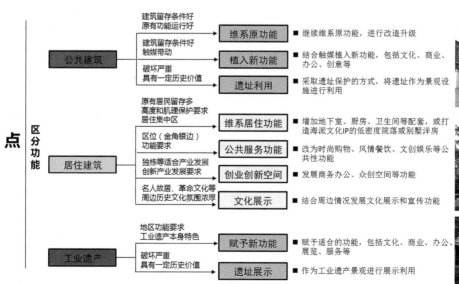

图5-6-15　历史建筑功能利用引导

图 5-16　天平路街道 66 梧桐院 © 上海明悦建筑设计事务所

图 5-6-17　北外滩街道河滨大楼与河滨会客厅 © 北外滩街道办事处

创业空间，从而提高城市经济韧性和包容度，使城市成为吸引、留住人才的"磁场"。如杨树浦电厂遗迹公园，从生产岸线向文化、生态、共享的生活性滨水开放空间转型，将多处工业遗存改造成为休闲活动场所，改电厂清水池为咖啡馆，改灰仓为展示美术馆，并在历史建筑周边充分预留观赏空间，形成独特的滨江工业遗存文化地标（图5-6-18）。

5.7 渲染艺术场景

社区公共艺术是公共艺术领域的重要分支，以公共议题为聚焦，以社区为基础开展艺术实践。随着时代的变化，社区公共艺术的空间载体逐步从街区公共空间拓展至社区的日常生活空间，并凭借其公共性、参与性、互动性等特点，作为一种形式多元、柔性介入、易于实施的手段，成为解决环境平淡、脏乱问题的重要方式，在提升社区的空间品质、激发社区活力、鼓励公众参与、改善邻里关系等方面发挥了积极作用。融入社区的艺术像细胞一样生长，根植于社区文化，既微小质朴、润物无声，又能让人在社区活动的不经意间发现亮色，心生感动。介入方式需因地制宜，通过小尺度、亲切感、趣味性的艺术作品与活动，点亮日常生活、激发创意灵感。

5.7.1 艺术魅力植入空间

社区公共艺术布局于社区居民日常所及的各个场所，在不打扰公众生活的前提下安置作品，形成共生状态，潜移默化地慢慢释放。这种共生依赖于选取适合的空间场所，斟酌恰当的表达形式，展现与社区文化相关、连接社区情感的内容。

图5-6-18　上海杨树浦电厂遗迹公园

1. 优质空间锦上添花

基于社区的公共空间系统骨架，如滨水开放空间、街道空间的绿地广场、重要公共建筑的后退区域、成片历史街区的公共活动节点、大型生态空间等，巧妙选取特定空间点位，如开放空间的视线焦点、室内外空间衔接点、人流集散热点等，植入具有社区特色的艺术作品，丰富视觉环境，烘托场所特质，进而引起居民的共鸣。如普陀区曹杨新村街道在社区最重要的地景和开放空间——环浜沿线，结合滨水绿地、商业设施的开放平台、街角广场、桥梁附近乃至跨河的市政管道和水面上，嵌入一系列公共艺术作品，彰显艺术魅力（图5-7-1）。

2. 平淡空间增添魅力

在消极空间或环境较为平淡的场所，需要综合运用艺术植入、绿化设计、城市家具配置等手段进行整体设计，增加空间吸引力。如桥下空间可通过墙绘、照明、绿植的有机组合以提亮场所的明度和彩度，减弱硬质、冰冷的感觉；背街小巷可结合居民活动动线，通过地面铺装、装置艺术、城市家具等手段，营造具有趣味街巷空间（图5-7-2）；邻避设施可结合周边环境一体化设计，通过绿化遮蔽、作业线和居民活动线分离、设施外立面美化等手法，改善视觉效果；零星边角地块可通过景观小品、绿化设计等手段，转换为居民喜爱的活动节点；沿街建筑侧立面可通过立体绿植、墙绘等手段，形成具有独特文化意向的城市景观面（图5-7-3）。

5.7.2 提炼创作在地艺术

　　传统公共艺术主要布局在城市公共空间中，如在城市广场、公园、街道等布设雕塑和装置等，以艺术家和创作者为主导，公众则是被动接受。这种形式已无法满足人们日益丰富多元的精神文化需求。社区公共艺术的形式则更为自由，更接地气，艺术家根植于社区空间、文化故事、历史元素的创作，与社区居民联合共创，因地制宜地运用墙绘艺术、景观小品、装置艺术、空间设施艺术化等手法，精修社区气质，营造艺术氛围。

1. 墙绘小品，根植社区生活

　　运用墙绘和景观小品是社区中最常见、最易介入、最贴近生活的艺术形式，表现主题多元，材料运用丰富，表达形式自由。结合社区的建筑立面、围墙、活动场地，运用彩绘丰富不同层面的视觉效果，结合社区的公共活动节点植入景观小品形成视觉焦点，实现信息传播、文化意向营造、公众美育等功能。作品创作题材以社区生活为灵感源泉，

图 5-7-1　曹杨新村百禧公园和环浜设置多样艺术作品点亮空间◎上海城市空间艺术季

图 5-7-2　新华路社区"细胞计划"，在街道空间、商铺、社区文化空间中潜移默化地植入社区艺术◎上海城市空间艺术季

根据不同的场域环境，表达相匹配的主题，可生动地展示社区历史故事、人文风貌、社会风情、自然特色等。此外，通过动员居民共同探讨主题、共同创作实践，能使作品更为深入人心。如浦东新区东昌路街角花园，利用沿街建筑的山墙立面创作展现盎然春意的画作，与花园凉亭的横向线条结构、丰富的植被配置相互呼应，共同传递对美好自然的向往之情。

2. 装置艺术，吸引互动参与

结合社区特有的公共空间环境设置装置艺术，并通过加入声、光、电、影等多元的技术手段，使其对公众产生强烈的吸引力，增加空间的趣味性。公众在参与互动的同时给予一定的反馈，有利于拉近居民之间的距离。如杨浦区四平街道在阜新路结合放大的步行空间改造形成口袋花园，设置以"四平"文字为转化的儿童娱乐互动装置，如跷跷板、滑梯、宣传屏等，不仅彰显社区特色，更增强了场所的趣味性，成为社区孩子和老人喜爱的休憩场所（图5-7-4）。

图5-7-3　苏州河桥下空间，利用桥体基础结构创作符合空间更新功能特色的墙绘符号，巧妙运用框景、对望的方式，明亮的配色和活泼的动物形象烘托运动空间的气质◎上海城市空间艺术季

图5-7-4　阜新路口袋花园，结合放大的步行空间设置以"四平"文字转化的儿童娱乐设施，增强场所的趣味，显著吸引人气◎同济大学设计创意学院

3. 服务设施，提升艺术品味

社区公共空间与公共服务设施除了要满足功能要求，也是进行创意设计、艺术营造的重要对象。通过具有艺术感的色彩搭配、街道家具和建筑立面设计等，不仅可以提升环境文化品质，更让居民在日常生活中感受艺术带来的愉悦。如杨浦区彰武路彩虹公园，将原本处于阴影下的街角封闭绿地打开，以"彩虹"为主题进行环境整体设计，彩虹地绘与斑斓的树池座椅相得益彰，为居民营造独具特色的公共空间（图5-7-5）。

5.7.3 重塑场所人文特色

社区空间是最具人文内涵和生活气息的场所，社区的历史文化、社区居民日常生活痕迹均积淀于此。社区公共艺术在介入时要以重塑社区场所的人文精神为目标，通过构建地域文化、延续集体记忆，激发居民对在地社区的归属感。

图5-7-5　彰武路彩虹公园打开街角封闭的景观绿地，改造为可供老人休憩、儿童玩耍的安全场所

1. 挖掘文化特色，唤醒集体记忆

社区的艺术作品不能照搬固定模式，需要充分挖掘社区的地域历史文化特色，根据社区的地域属性进行统筹规划，以唤醒居民的集体记忆或制造新的集体记忆。利用线上线下结合的方式全方位深入了解社区，如线上查找历史资料，线下浏览当地博物馆，向社区搜集资料，记录与居民的访谈对话等，整体把握社区的历史文脉与文化特色，提取社区文化要素，以主题墙绘、场景营造、互动装置等艺术形式植入空间，创造居民可沉浸其中的文化情景。如浦东新区洋泾生态艺术公园在现代风格的景观中，注入反映洋泾历史的航运设施和元素；在开放绿地中增加小鸟景观小品，增添视觉焦点和趣味性；结合居民慢步需求，运用彩虹桥连接浦江东岸与洋泾街道，提升慢行系统的艺术氛围（图5-7-6）。

2. 策划人文活动，培育公共意识。通过艺术家独特的视角重新发现生活中的情感连接点，策划富有社区人文内涵的公共艺术活动，如访谈对话、摄影展览等，将新老居民、古今空间和故事，以艺术形式串联起来，激发出令人惊喜的社区潜力，形成良性可持续的社区文化生态；通过民俗活动或社区艺术节，充分调动居民参与到社区艺术实践中，进一步改善邻里关系，培育社区公共意识。如长宁区新华路街道在2021年上海城市空间艺术季中，利用又一村小区的"一米集市"岗亭作为共创项目《要精神，不要乌苏[1]！》的展厅，艺术家以发型设计为切入点，聚焦不同造型背后的时代理念，邀请居民们描绘自己喜爱的发型并进行展示，激发了不同年龄群体的对话和交流（图5-7-7）。静安区静安寺街道将巨鹿路沿街商铺改造为"巨聚"艺术项目空间，用"记忆交换所"作为城市观察的方法，通过以记忆易物的方式，交换自己所需的物品，留下珍贵的在地记忆。其间，还举行口述社区史、寻味社区食物、社区空间更新共创等一系列公众参与活动。这些故事相互交织、共同见证，书写着巨鹿路的地域历史与人文生活（图5-7-8）。

---

1 乌苏，上海方言，杂乱而脏，令人难以忍受的意思。

图 5-7-6 上海市浦东新区洋泾生态艺术公园结合公园现有的李氏民宅、绒绣馆等历史文化资源，在现代风格景观中保留并重新组织原洋泾港的航运设施和元素，唤起洋泾的历史记忆

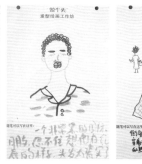

图 5-7-7 新华路街道"一米集市"岗亭中的共同创作艺术项目《要精神，不要乌苏！》，让不同年龄段的居民都很热情地参与其中 ◎ 上海城市空间艺术季

图 5-7-8 静安寺街道的巨鹿路"记忆交换所"通过以记忆易物的方式，留下珍贵的在地记忆，并举行口述史、社区食物、更新共创等一系列公众参与活动 ◎ ShinyArt 善怡艺术

第6章 治理创新，多元协同

城市管理向城市治理转变，是在国家层面从以控制和分配为核心的"管制"逻辑向参与、协商的"治理"逻辑的转变。[1]聚焦社区层面来看，社区治理是以社区这一城市治理基本单元为工作对象，由政府和社区居民，以及社会中各类组织机构共同处理、决策社区事务的过程，与其他治理工作一样，都强调互动、合作、协商。"15分钟社区生活圈"本质上是以社区空间为对象，以满足人民群众"衣食住行"等日常生活需求为目的开展的社区治理工作。因此，必须在工作中改变传统的自上而下为主导的模式，依托政府、市民、社会、市场等多元力量，抓住各类专业活动建设机遇与影响力，通过上下互动、共同协作的工作方式，开展贯穿规划、建设、管理、治理全过程的行动，最终实现建设美好社区的目标。

本章将梳理国内外社区治理发展趋势，并结合上海行动实践中遇到的问题难点和积累的工作经验，分别从创建治理机制、引入多元参与、推动建设运维、举办城市事件和数智技术赋能等方面展开介绍。

6.1 创建社区协同治理机制

从"15分钟社区生活圈"实践历程来看，初期由于工作组织框架和机制处于探索阶段，各参与主体的职责不够清晰，导致区级部门之间统筹协调不足，规划方案实施落地难度大；街镇层面对核心问题缺乏话语权；各类社会主体参与治理的制度化渠道不畅、参与缺乏深度等问题。

纵观国内外社区治理的实践，提升社区治理效率的前提条件是要构建涵盖政府、市场、市民、社会组织的工作机制，以机制为保障，处理好政府部门、基层政府与社区居民及社会主体之间的合作关系。基于此，"15分钟社区生活圈"提出"创建社区协同治理机制"，对于推动整体工作顺利进行、保障规划意图落地、有效跟踪项目建设实施、引导各类主体广泛参与等均具有重要意义。

1 黄怡《社区规划》，中国建筑工业出版社，2021年，第368页。

2 程蓉《15分钟社区生活圈的空间治理对策》，《规划师》2018，34(5)。

3 喻歆植《英国邻里规划实践对我国社区治理的启示》，《开放导报》2017(12)。

6.1.1 引入多元下沉的参与主体

多元参与主体发挥的职责，需要随国家和城市在社区治理方面推进的阶段，以及政治体制,进行适应性的调整。[2] 在社区治理发展较为成熟的国家或城市中，政府主要发挥的是辅助作用。以英国为例，其邻里规划的发起和组织者为社区居民，政府的职责是有义务提供规划指导。[3] 对于社区治理处于初期培育阶段，例如国内上海、成都等城市，一方面，仍要发挥社会主义制度优势，在"两级政府、三级管理"的管理体制背景下，强化各层级政府自上而下的计划引导作用；另一方面，也要尊重社会主体的权利地位，由单一化的政府主导转变为多元化治理主体的协同参与，引入社区居民、社区规划师、社会组织及在地企业等社会各方，共同成为社区治理的核心力量，有序参与到"15分钟社区生活圈"的策划、建设和运营维护中来。

在具体治理过程中，强调各参与主体各司其职、形成合力（图6-1-1）：市级政府部门做好总体指导和政策支持；区级政府发挥辖区内的综合统筹作用，建立协调沟通机制，整合空间资源和经费资源；基层党组织和基层政府承担主体推进职责，汇集各方需求，主导规划编制和方案设计，推动建设实施落地；社区居民全过程深度参与行动的策划、建设和运营维护；社区规划师提供持续性、在地性和系统性的规划建设技术服务和把关；社会组织发挥深耕优势，协助开展治理活动、资金募集以及项目认领等工作。

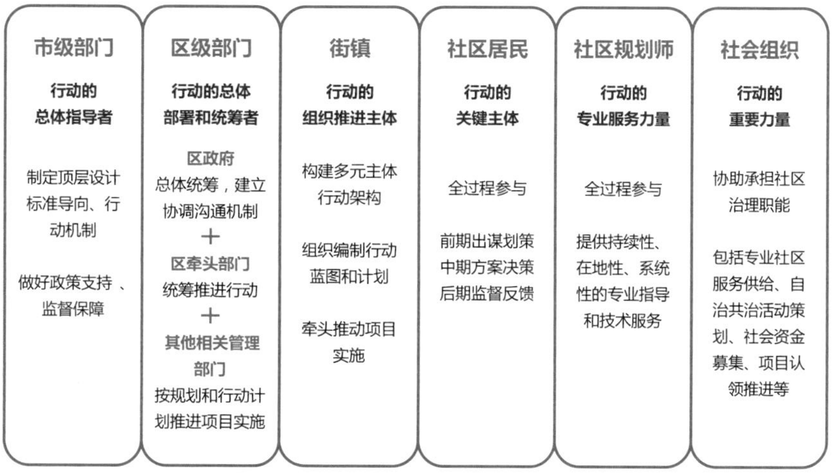

市级部门	区级部门	街镇	社区居民	社区规划师	社会组织
行动的总体指导者	**行动的总体部署和统筹者**	**行动的组织推进主体**	**行动的关键主体**	**行动的专业服务力量**	**行动的重要力量**
制定顶层设计标准导向、行动机制	区政府总体统筹，建立协调沟通机制＋区牵头部门统筹推进行动＋其他相关管理部门按规划和行动计划推进项目实施	构建多元主体行动架构	全过程参与	全过程参与	协助承担社区治理职能
做好政策支持、监督保障		组织编制行动蓝图和计划	前期出谋划策中期方案决策后期监督反馈	提供持续性、在地性、系统性的专业指导和技术服务	包括专业社区服务供给、自治共治活动策划、社会资金募集、项目认领推进等
		牵头推动项目实施			

图6-1-1　社区多元参与主体职责分工示意

6.1.2 构建多维网络的治理体系

顺应多元主体的协作治理需求，改变政府传统自下而上的权力运作方式，建立政府、市民、社会之间的多元互动的网络性运作模式（图6-1-2），使社区治理组织体系由垂直科层结构，转变为"上下结合、左右贯通"的网络结构。

其中，"上下结合"强调政府内部以及政府与社会的纵向工作机制。一方面，强化市级部门、区级政府、区相关部门以及各街道的纵向联动，通过建立专项领导小组、联席会议等工作制度，理顺工作架构，厘清工作职责，有效整合内部资源；另一方面，强调促进基层政府与社区居民、在地企业等主体的上下互动，倡导基层政府结合自身实际情况，依托基层党建、社区代表会议、社区委员会等搭建协商议事平台，通过制度与机制设定稳固公众参与方式，保障社区各类项目全流程的公众参与权。"左右贯通"强调增强政府部门间的横向协同，相关部门在规划、管理、实施、运营等各个环节进行充分的需求整合和资源协调，从各行其职转变为目标统一、相向而行，指导和协助街道合力推进社区行动（图6-1-3）。

我国城市在这一方面结合自身情况各有实践和创新，如成都为破解社区工作"九龙治水"的困局，在全国范围内率先设立市委城乡社区治理委员会，把原先分散在20多个党政部门的职能、资源、政策、项目、服务等统筹起来，作为市委职能部门，发挥牵头抓总、集成整合作用，系统推进城乡社区发展和治理改革。

上海为加强跨部门、跨领域的横向协同，在市级层面成立联席会议制度，由分管规划资源、城乡建设的市领导担任召集人，相关行业主管部门作为成员单位，负责整体统筹和政策保障，明确关于社区生活圈的目标、理念和规划标准，制订全市年度行动计划，定期召开会议确保相关工作按计划有序推进；并在全市划定的1600个社区生活圈基本单元内，以"15分钟社区生活圈"行动统筹"党群服务阵地体系""一刻钟便民生活圈""15分钟体育生活圈""15分钟就业服务圈""15分钟养老服务圈""完整社区""附属空间开放"等各系统条线工作，依托各级党群服务阵地、精神文明建设阵地等载体，整合社区范围内的各类项目和资源，强化统筹实施。在区级层面，多区

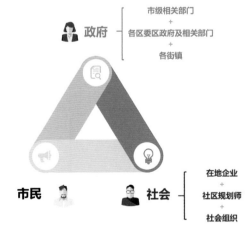

图6-1-2　建立政府、市民、社会之间的多元互动网络

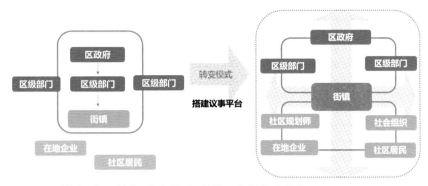

图 6-1-3　搭建"上下结合、左右贯通"的社区有机治理网络

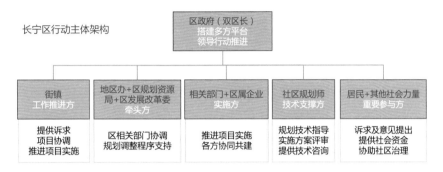

图 6-1-4　长宁区行动推进组织架构及两级联席会议制度 ©长宁区规划和自然资源局

创新建立两级议事联席会制度，由区政府每季度召集一次区级议事例会，负责系统谋划、决策重大问题；区牵头部门和街镇切实履行推进主体责任，每1~2周召集一次街镇级议事例会，相关部门和建设实施主体针对具体问题进行讨论对接，统筹建设诉求和资源使用（图6-1-4）。

6.2 建立社区规划师制度

面对存量社区复杂多样的利益诉求以及品质提升的精细化管理要求，基层政府往往由于缺乏专业知识背景，难以有效整合社区居民纷杂的需求，以及将其转化为系统科学的社区规划，并确保具体项目的高品质实施。基于此，在"15分钟社区生活圈"工作中要重点依托社区规划师,为社区提供在地化的专业技术服务,协助将原来自上而下的单向治理模式向自上而下与自下而上相结合的双向治理模式推动转变。同时,为保障社区规划师工作长期、持续开展,需要构建稳定的制度体系作为支撑。

6.2.1 合理明确角色定位

社区规划师是社区治理工作中的重要角色,因各地社区工作重点不同,社区规划师的工作定位和内容也略有区别。北京、深圳、成都等地的社区规划师多以技术定位为主,自上而下由政府选派进入社区提供专业指导和技术服务,了解社区诉求,推进公众参与,指导规划编制和实施。英、美、日本等国家和中国台湾等地区的社区规划师的角色则更加多元,往往担当"经纪人"与"协调员"等角色,侧重社区运营,致力于推进社区居民和多元化主体的参与,协助社区开展渐进的居住改善,实现美好的社区蓝图。

在上海"15分钟社区生活圈"的规划建设工作中,社区规划师通常兼顾自上而下统筹发展导向和自下而上协调社区居民需求的职能,但在具体扮演角色和承担工作上,根据各区机制、体制特色不尽相同,总体可归纳为三方面。

1. 提供专业技术指导

社区规划师负责对社区生活圈相关的规划编制和项目实施关键环节的质量把控,从专业技术角度保障规划的合理科学,确保高品质设计和实施,使规划管理末端有效地延伸到社区,从市、区两级向市、区、街镇三级治理体系转变。如徐汇区为推进精细化管理和美丽街区建设,

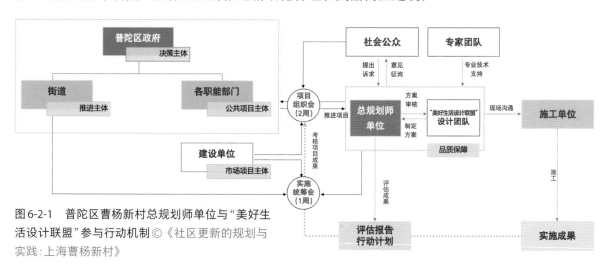

图6-2-1　普陀区曹杨新村总规划师单位与"美好生活设计联盟"参与行动机制ⓒ《社区更新的规划与实践:上海曹杨新村》

建立社区规划师工作联席会议制度，并设立社区规划师办公室，针对风貌道路和景观道路综合整治、绿化景观提升、小区综合治理、公共空间微更新等，由社区规划师提供专业咨询、设计把控、实施协调和技术服务。普陀区曹杨新村联合同济大学、上海同济城市规划设计研究院、华建集团、上海园林设计院等多家设计机构，成立"美好生活设计联盟"，共同探讨开展曹杨新村美好生活的建设工作，由总规划师单位牵头，与设计联盟全过程参与项目技术把关，具体包括参与设计方案讨论、负责设计方案审核、现场指导项目实施、参与解决实施问题、评估实施效果等（图6-2-1）。

2. 架起政府与社区沟通互动的桥梁

社区规划师负责协助街镇与社区居民定期沟通、咨询解释、宣传培训，引导社区居民表达诉求，并予以解读和演绎，将现实需求有效转换并反映体现在社区规划中，促进各方提高规划认知、达成共识。如静安区彭浦镇"美丽家园"建设中社区规划师全程参与，在提供专业的规划设计服务基础上，注重把专业内容以平实的语言向社区居民做解释说明，组织开展各类沟通交流活动，听取社区居民的意见和诉求，通过规划方案协调平衡各方意见，促进各方达成共识（图6-2-2）。浦东新区惠南镇海沈村的乡村责任规划师发挥上下衔接的枢纽传导作用，通过搭建沟通平台，积极引导原住民、新村民表达需求，为村民解读发展蓝图，同时强化全过程咨询服务，尤其在后期运营阶段提供项目咨询协调，从创意策划到实施建设，推动"屋里厢咖啡""乡间花坊"等一大批乡村创业创新项目落地。

3. 引导居民与社会各方主体共同参与

借助社区规划师的专业力量介入，进一步培育社区自治、共治的能力，推动公共治理结构从"政府、市场"单纯的二元管理结构逐步向

图6-2-2　静安区彭浦镇"美丽家园"建设中社区规划师向社区居民解读规划方案
©静安区规划和自然资源局

"政府、市场、社会多元主体"转变。如杨浦区依托社区规划师，组织开展"低碳社区——百草园行动""四平空间创生行动""五角场街道社区生活节"等系列社区活动，通过组织社区创意集市、社区创意论坛等，充分调动居民参与，并指导组建"小小志愿者""社区花委会"等社区志愿者团队，由一个个小微项目开始散发，并持续发酵，将专业知识渗透到百姓日常生活中，逐步激发居民参与社区治理的意识。静安区曹家渡街道会同社区规划师共同发起延武胶街区共创计划，围绕空间更新、街区共创等居民身边议题，陆续举办街头采访、多方座谈、社区开放日、参与式工作坊等各种形式的公众参与活动，建立从问题调研、需求收集，到议题讨论、方案展示等全过程的公众参与方法，收集居民关于公共空间的使用感受与问题需求，引导居民深度参与关键更新点位设计方案的讨论（图6-2-3）。

6.2.2 建立完善保障制度

社区规划师的设立为强化基层政府和社区居民联系、激发公众参与、提升管理部门间协作等提供了有效助力，但在实践过程中也显露出一些问题，如社区规划师的职责定位不具体、工作边界认知不清晰、服务延续性不足、资金保障及退出机制不完善等。为推动社区规划师工作进一步制度化、体系化、规范化，需要在建章立制方面予以重视考虑。

纵观全国，自2010年以来，我国深圳、成都、北京、上海等城市先后尝试构建社区规划师制度，其中北京的制度化建设相对较为完善。北京于2019年在全市正式设立和推广责任规划师制度，出台《北京市责任规划师制度实施办法（试行）》，并于2024年3月予以修订并正式执行，进一步明确了北京责任规划师的职责定位、工作机制、管理和

1　吴秋晴《上海近期社区规划师制度的实践困境与对策浅议》，《上海城市规划》2019(s1)。

图6-2-3　曹家渡街道延武胶街区共创计划，社区规划师与居民一起讨论设计方案
© 静安区规划和自然资源局

图6-2-4　黄浦区社区规划师综合评价工作内容、方法及推出机制◎黄浦区规划和自然资源局

实施保障。职责定位上，责任规划师是为责任单元内的规划建设和管理提供陪伴式专业咨询和技术服务的独立第三方，协助基层推进规划实施、多方协商与共建共享，服务城市精细化治理。工作机制上，建立市区两级责任规划师工作专班，统筹、协调、管理全市责任规划师工作，其中由市规划自然资源委建立市级专班，负责完善制度建设、搭建平台和加强宣传；各区建立区级专班，负责统筹管理全区责任规划师工作，落实责任规划师的聘任、考评和经费保障。并在管理上进一步优化准入把关、聘任退出流程，加强考核评估、奖励激励和资金保障机制。

上海从2008年起，即结合重点地区建设探索"地区规划师"制度；到2014年，按照市委一号课题"创新社会治理，加强基层建设"精神提出引入社区规划师；至2016年，结合城市微更新、"15分钟社区生活圈"等相关工作，在更大范围推动社区规划师参与实践。目前，上海中心城各区及外围部分行政区均不同程度地推行社区规划师制度，并各具特色。如杨浦区依托在地高校资源，于2018年在全市率先推出社区规划师制度，并于2023年扩充队伍，选聘24位规划、建筑、景观等领域专家作为社区规划师，对口服务辖区内12个街道的社区工作。浦东新区于2018年在全区所有36个街镇落实社区规划师制度，每个街镇除聘请1位规划专业背景的社区规划师外，还同步聘请1位土地工作背景的社区规划师及1位资深导师，共计108位，加强对实施层面的指导。[1]黄浦区于2022年发布《黄浦区社区规划师制度实施办法》，明确构建"1+10+N"的社区规划师体系，由1名总顾问规划师负责全区社区生活圈建设的技术总指导，10位社区顾问规划师分别负责10个街道的规划建设服务，若干位项目规划师参与社区具体建设项目设计和实施；并将社区规划师制度运行经费列入财政预算，专款专用强化资金保障；2024年进一步发布《黄浦区社区规划师综合评价工作实施细则（试行）》，建立社区规划师的考评及退出机制，未通过聘期考评者不得连续聘任（图6-2-4）。

6.3 搭建"人民城市大课堂"交流平台

为持续加强对基层政府的专业培训与技术指导，促进各方充分交流与展示"15分钟社区生活圈"的行动方法和建设成效，上海搭建市级、区级、街镇、居村四级"人民城市大课堂"分享交流平台，以包容开放的格局，吸引学术专家、一线规划设计人员、各级管理人员、社会组织、社区居民等共同参与其中，全方位助力基层提升"15分钟社区生活圈"行动质量。

6.3.1 服务基层"点单送学"

"人民城市大课堂"通过组建城市规划、建筑景观设计、公共艺术、城市管理、社会治理等多学科专家讲师团，结合各区基层需求和行动特色，围绕"15分钟社区生活圈"行动的推进实施、经验案例、亮点特点等开展宣讲交流和技术培训，旨在以"点单送学"方式推动"服务下基层"，进一步激发创新活力、形成社会共识。

首期"人民城市大课堂"培训作为2023年全年行动的部署动员，由上海市"15分钟社区生活圈"行动牵头部门主办，发布《2023年

图6-3-1 "人民城市大课堂"开课现场

上海市"15分钟社区生活圈"行动方案》与"人民城市大课堂"课程方案，为全面推进行动明确方向、统一共识；邀请多位学界专家、社区规划师、社会组织、基层管理者等，以主题报告和圆桌讨论形式，从制度构建、公众参与、社区营造等多角度共商经验、共促思考。随后在全市16区有序铺开，由各区"15分钟社区生活圈"行动牵头部门负责组织，围绕各区行动节奏和重点项目确定个性化培训主题，并可从专家讲师团中选取合适人员邀请授课，为行动参与各方传授经验、答疑解惑。

2023年"人民城市大课堂"以"每周至少一讲"的频次，全年开展相关培训58讲，实现街镇、社区生活圈基本单元全覆盖，各区、相关街道工作者、社区规划师、在地企业代表、社区居民代表等共计1.5万余人次参与，获得社会广泛关注与积极反响。2024年"人民城市大课堂"的覆盖推广将进一步深入社区居村，走近百姓身边，以"百师百讲进社区"为目标，计划持续开展不少于108讲的各类培训（图6-3-1）。

为进一步拓展"人民城市大课堂"的辐射触角与社会影响力，让不同年龄、不同职业的人民群众都能充分了解并认同"15分钟社区生活圈"的工作理念、内容要求和工作方法，人人都能参与到"15分钟社区生活圈"的建设之中，"人民城市大课堂"所有课程在课前通过政府部门相关门户平台提前预告排片表；课后课程视频经统一剪辑制作，通过政府部门官方网站和相关网络媒体平台向社会发布，至今已累计吸引线上观看1.5万余人次。

6.3.2 展示交流共促提升

"人民城市大课堂"课程紧密围绕"15分钟社区生活圈"规划、建设、管理、治理的行动全过程，持续完善课程体系设计，目前已联合专家讲师团共同谋划形成相关课程140余节，涵盖系统规划、更新实践、社区营造、治理机制等4大领域；并聚焦热点趋势，策划开展"1+N特色空间塑造""社区中的风貌保护""乡村空间品质提升""更具生态韧性的社区营造""多元数据与数字化应用"等特色专题培训。同时，在课程输送上关注百姓生活实际需求，持续匹配各区发展阶段，中心城内区域以小微更新、精细设计实施等课程为主，外围城区以系统规划统筹、乡村社区生活圈建设等为主（表6-3-1）。

前期开展的"人民城市大课堂"以课堂内常规讲课为主，旨在通过传授专业知识以明确共识要求。随着全市行动的逐步深入，各区涌现出一批实际建成并投入运营的优秀项目，为进一步加强培训效果，

表6-3-1 "人民城市大课堂"课程体系一览（持续扩充中）

系统规划		更新实践	
	上海15分钟社区生活圈行动规划		精细设计、适度介入：上海社区微更新实践探索
	静安区曹家渡街道"15分钟社区生活圈"行动方案		凌云417街坊社区更新
	基于责任规划师制度的延武胶街区共创计划		连接城市生活脉络
	静安区试点街镇社区生活圈规划		从一江一河到外环林带公园：致正建筑工作室的系列驿站实践
	小东门街道社区生活圈规划实践		"绣花针"精神下的社区公共空间品质提升实践与思考
	系统谋划，精细设计，点亮社区		从典型社区到橙色盒子
	黄浦区15分钟社区生活圈案例介绍		生境花园设计师讲座
	新华路街道社区生活圈行动规划		生境花园运维讲座
	嘉定区15分钟生活圈的规划探索与实践：以菊园新区为例		校园生物多样性与知识科普
	社区与乡村生活圈行动规划		身边的自然：校园生物多样性的监测与保护
	社区更新与多元生活		从大金到绿房子：生境花园营造小记
	社区更新的方法与创新实践		小型公共空间赋能
	田林街道社区生活圈行动规划		社区公共艺术的参与式实现
	不同阶段城市设计应对策略：城市风貌塑造		艺术装置植入社区空间
	成都公园城市乡村生活圈构建路径探索		服务于街区治理的设计：以田林路改造与乐山社区改造为例
	多源数据驱动社区街道更新设计		街道空间儿友好微更新实践
	面向城市新复杂性的城市计算		心灵之约，南昌路街区更新记
	空间规划如何相应上海城市数字化转型		社区共享，多元共荣：武夷MIX320+我家菜场
	数字赋能美好社区初探		儿友好微更新实践
	数字化赋能15分钟社区生活圈：以曹杨新村街道为例		空间修补与功能再生：城市社区中的更新实践
	洋泾街道15分钟社区生活圈规划		共筑美好社区：以居民参与为核心的党建微花园营造与社区规划
	长宁区新华路街道第二轮15分钟社区生活圈行动规划		见微知著：上海社区更新实践与反思
	徐汇区15分钟社区生活圈行动规划统筹		社区微更新的上海实践
	南京东路街道社区生活圈规划及更新实践		见微·知微·构筑：浅谈上海社区生活圈更新的诉求、创意与方法
	行政区划与15分钟社区生活圈规划		小眼睛看社区
	从产业社区到创新社区：生活圈的视角		小社区·大战略：四平街道"15分钟社区生活圈"营造
	系统治理与精准更新视角下的社区规划探索		以精细化设计促进社区更新，社区生活圈建设之四平经验
	滨水空间规划与市民生活		15分钟生活圈的链接激活：口袋公园及桥下空间实践
	下绣花功夫 演精细之美		社区艺术功能化
	从"艺术进社区"到"艺术社区"：以连环画为个案		社区商业与社区活力：场景塑造的功能与意义
	环境设计中的时间性审美		更新·共生
	上海城市区域更新政策与实务		定海之窗：以存量空间再生激发社区公共活力
	气候变化下的健康韧性社区		江川路社区适老化更新改造
	共同营造我们的绿色生态社区		陆家嘴街道基层消防安全治理走出"四维一体"新模式
	城市规划中运用"15分钟生活圈"的设计原理		城市公共空间提升案例：228街坊的更新与蝶变
	宝山区"15分钟社区生活圈"建设理念及大场镇建设实践		社区微更新的精细化实施：以上海临港社区营造项目为例
	宝山区"15分钟社区生活圈"建设理念及罗店镇建设实践		社区微更新多元主体参与的典型模式及设计案例
	宝山城乡规划的百年演进与未来展望		15分钟生活圈中的公共艺术介入
	上海市乡村社区生活圈规划导则编制与思考		开门见园：上海公园开发与更新的时代文明实践
	地景变迁与乡村发展		健康社区规划与设计
	全域土地综合整治与乡村社区生活圈行动		儿童友好城市
	乡村社区生活圈		城市生物多样性与亲自然活动
	全域土地综合整治创新实践		共享建筑、共享城市
	上海乡村建筑遗产保护实践		与蝴蝶共生
	走向可持续社区更新		社区治理视角下的上海社区微更新实践与思考

更新实践	社区微更新与生境花园实践	更新实践	叶榭井凌桥乡村振兴示范村规划和建筑设计思考
	儿童友好型社区中的基础设施与时空陪伴		田园综合体的思考与实践
	石泉与南东：社区更新的不同路径	社区营造	人民城市背景下参与式社区规划实验
	城市微更新跟环境提升的适度介入		社区参与式微更新与持续营造的案例与实践
	眼动追随支持的城市街道精准更新		人民城市视角下社区微更新的参与式规划设计方法
	228街坊功能重塑和社区治理创新		社区微更新多元主体参与的典型模式及设计案例
	上海两万户花园：从城市更新到社区生活圈行动		参与式社区规划与营造实践：以江浦街道"辽源花苑"更新为例
	社区建筑学的经验和反思—南丹邻里汇的实践		在地性乡村社区营造实践与探索
	"苏河之眸"设计介绍		社区更新和社区营造创新实践
	新泾镇绿八社区微更新		基于社区公共空间的关系营造
	社区规划与社区空间更新		从社区花园到参与式社区规划
	苏河驿站的实践工作		"后设计"提升社区凝聚力：设计介入为先导的社区公共空间改造浅谈
	上音：从历史风貌到音乐街区		黄浦江东岸滨江公共空间·多元主体共建共治共享的更新实践
	外滩街道生活圈的实践与思考		228街坊建设历程及运营经验
	从微小的变化出发：乌中驿站与桂东菜场		从网红到长红，高陵集市15分钟社区生活圈探索
	中山公园、中环桥下空间更新		黄浦江东岸滨江公共空间·多元主体共建共治共享的更新实践
	人民的城市：上海沪东工人居住区的规划发展史		228街坊建设历程及运营经验
	最动人的底色，最温暖的亮色：上海城市景观发展十年		从网红到长红，高陵集市15分钟社区生活圈探索
	儿童参与视角下的社区更新		空间艺术季主场馆策展思路解析
	两旧一村改造与社区生活圈重塑		从全域行动到在地实践：上海"15分钟社区生活圈"2023行动与南京西路街道社区规划试点
	遗产保护与城市更新		
	焕彩水环：人民水岸的微观尺度		划好圈、布好点，列好"15分钟社区生活圈"业态建设清单
	南京市社区微更新实践：走向善治，积微成著		九星家园党群服务站管理运营
	从老闵行到未来江川：江川路街道产城融合生活圈建设		乡村社区生活圈营造
	选题从社区中来、成果到社区中去：社区微更新教学实践	治理体制	共创美好社区：社区规划师的角色思考
	高华小区"美丽家园"综合修缮案例介绍		上海社区治理创新案例解析
	熟人社会的亲融，美好生活的共构：九星家园党群服务站设计理念		上海市杨浦区社区规划师实践探索及思考
			社区治理中的陪伴式规划设计实践：以广州市社区设计师系列工作为例

"人民城市大课堂"着力拓展丰富授课形式，将课堂教学与现场教学灵活结合，强化展示交流与实地体验，生动展现建设成效。如在静安区南京西路街道"绿房子"开展的一期"人民城市大课堂"，聚焦近年来城市生物多样性保护的关注热点，以"社区生境花园"为培训主题，由"绿房子"生境花园设计师对设计理念和空间巧思进行现场介绍和实地参观，更有效加深听课人员对生境花园为社区发挥高生态价值的理解和感受（图6-3-2）。又如在金山区金山卫镇塔港村举办的"人民城市大课堂"，是由市、区、镇、村共同组织开展的居村层级课程培训，乡村责任规划师结合田间地头的规划设计与乡村人居环境提升的建设成效，为听课人员实地介绍乡村社区生活圈的特色化需求，挖掘提升乡村生产生活生态要素价值的思路方法，以及与城镇社区生活圈存在个性化差异的

图6-3-2 "人民城市大课堂"在"绿房子"活动现场

图6-3-3 "人民城市大课堂"在金山卫镇塔港村活动现场◎金山区规划和自然资源局

行动流程等。乡村责任规划师还就未来乡村怎样建、如何建,引导村民共同讨论畅想,旨在通过潜移默化的宣传科普,逐步加深村民对乡村社区生活圈建设理念的理解和认识,共同投入共建美好乡村(图6-3-3)。

6.4 引入社会力量共建

"15分钟社区生活圈"工作涉及政府、辖区内企事业单位、社区组织机构、社区居民等多元利益主体,是一个各方表达需求、追求多方利益平衡的过程。为更好应对社区工作的复杂性和多样性,相较于传统的政府主导模式,政府通过搭建平台,建立公平公正的参与机制,以及发挥公共财政的杠杆作用,吸引和撬动社会各方力量共同参与进来,转变为多方共建共治的格局。这种格局有助于促进不同利益主体之间交流合作、达成共识,为社区带来更多资源,缓解基层政府的管理压力和财政投入。具体来说,可从调动社会组织、邀请企事业单位共建两方面开展。

6.4.1 广泛调动社会组织

社会组织是指除政府与企业组织之外的、向社会提供某个领域公共服务的各类组织,具有非政治性、非盈利性、自治性、志愿性等特征。[1]

随着我国行政体制改革深入推进,以及人民群众的需求日趋多样化,我国政府正逐步从过去的全能型政府向服务型政府发展,恢复社会和市场中的其他力量。尤其在公共服务领域,筛选适合由社会组织提供和社会组织具有专业优势的社区事务和公共服务,通过政府购买服务等方式交由社会组织承担,政府发挥统筹、协调、指导和监督作用,即政府与社会组织的分工合作,是实现公共服务社会化的一种典型形式。从目前已开展的"15分钟社区生活圈"规划建设工作来看,根据社会团体、社会服务机构、基金会等社会组织的专业和资源优势不同,一般可提供三种类型的公共服务。

1. 作为专业机构培育社区自治能力

社区治理的核心理念是强调居民自主解决社区问题的能力。社会组织通常通过共建社区公共空间等方式,动员组织居民围绕共同关心的社区公共议题进行协商讨论,培养居民的公共精神和参与意识,不断挖掘培育在地力量和社区能人,培育社区自组织,促进社区内生力量发育。如浦东新区东明路街道为更好实现"宜居东明,人民社区"的愿景,于2020年引入专业指导机构——四叶草堂,联合开展为期三年的"东明实验",以解决社区问题为出发点,以城市微更新为手段,以社区花园网络为空间载体,创新参与式社区治理路径。通过组织工作坊培训、"萌力街区"计划、社区花园节等活动,首先将全体社区居民作为社区规划的主体,并从中选择具有一定专业知识、又愿意融入社区的居民开展先锋种子计划,逐步培育成为居民社区规划师,并充分整合社区范围内学校、商户、企业等社会共创力量。目前,通过三年的"东明实验",东明社区现有各类规划师780多人,居民区活动团体超过420个,并有效吸引了一批年轻的"社区达人"力量投入社区,共同参与社区治理。(图6-4-1)

2. 作为枢纽平台链接整合社会资源

以社区基金会为代表的社会组织作为社区"资源蓄水池",对于解决社区自有资金不足、社会资源渠道有限等问题可以发挥积极作用。充分利用基金会的整合优势,为社区与社会搭建双向交流、链接资源的平台。如浦东新区陆家嘴街道在缤纷社区建设过程中,积极引入由

[1]　陈洪涛、王名《社会组织在建设城市社区服务体系中的作用——基于居民参与型社区社会组织的视角》,《行政论坛》2009, 16(1)。

爱心企业、媒体和专业公益人士，共同组建"陆家嘴社区公益基金会"，在崂山三村居委会"不任意的任意门"项目中，基金会协助社区链接设计团队，多次召开民意听证会，并利用各类平台及相关公益性社会组织自筹资金13万余元；在"逗乐园"项目中，通过易拉宝宣传与奖状激励的方式，发动居民自筹资金近3万元。两轮微更新不仅提升了社区环境品质，更为创新社区微更新运作机制和社会化筹资模式提供了新的治理样板（图6-4-2）。

3. 作为孵化载体助力社区文化建设

发挥社会组织在丰富群众性文化活动方面的作用，引导居民积极参与文化、教育、科普、慈善等活动，提升社区居民的精神文明和道德素养，助力营造向上向善、与邻为善、守望互助的良好社区氛围。如在地化社会组织——"大鱼社区营造发展中心"（图6-4-3），由上海市长宁区培育发展，除提供专业设计类公益服务外，还致力于塑造社区文化品牌、营造文化氛围。在社会组织的改造运营下，将虹仙居民区的一处地下防空洞改造为邻里共享客厅"闲下来合作社"（图6-4-4），社区居民可以通过提交策划申请，入驻成为社区主理人，承担地下室空间活动组织和管理维护责任，有效缓解社区公共空间匮乏、青年文化活动需求无法满足的问题。同时以橘子为形象打造"15分钟社区生活圈"社区专属IP，开展社区共创系列活动，包括"一平米行动""人人营造师""新华·美好社区节"等，并推出在地刊物《新华录》（图6-4-5），从精神文化层面为社区居民提供交流激发、美好创生的平台。

6.4.2 企事业单位融入共建

发挥在地企事业单位承担社会责任的积极性和担当，在盘活社区空间资源、增强社区资金来源、满足居民品质型服务需求等方面，分担部分职能，提升公共服务效率。同时，社区可通过为小微空间、基础设施赋予在地单位"冠名权"等回馈反哺机制，提高在地单位参与社区治理的积极性与主动性，从而形成双向共赢的局面，在创造经济价值的同时创造社会价值，共同促进社区更可持续发展。根据既有"15分钟社区生活圈"实践经验来看，一般可以通过补充公共要素、公益项目

图6-4-1　东明路街道依托社会组织开展"东明实验"，培育社区力量 © 四叶草堂

图6-4-2　浦东新区陆家嘴街道崂山三村居民区"不任意的任意门" © 浦东新区规划和自然资源局

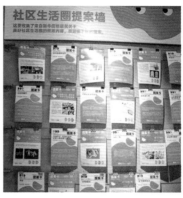

图6-4-3 长宁区新华路街道"新华·社区营造中心"活动 © 大鱼社区营造发展中心

图6-4-4 长宁区仙霞新村街道"闲下来合作社" © 大鱼社区营造发展中心

图6-4-5 长宁区新华路街道"橘子" IP 及在地刊物《新华录》© 大鱼社区营造发展中心

215

认领、政企合作运营、共享服务资源等四种介入方式，引导在地单位更好融入共建。

1. 有效补充社区公共要素

利用好规划地块开发、存量地块更新的契机，与地块权利人进行协商，为社区补齐亟需的公共服务设施和空间，有助于提升地块价值，实现政府、企业和社会的多方共赢。如闵行区借助力波啤酒厂城市更新项目，经与物业所有人数次研讨论证，通过补充公共要素、实施代建并部分移交产权的形式，有效促进地区产城融合，具体包括：增加租赁住房，将部分办公用地调整为租赁住房，共计756套，涵盖一房至四房户型，充分满足在园区及周边就业的各类家庭的租住需求，大大提升园区企业便利度；注重打造公共配套，提供3.23公顷绿地对公众开放，占项目总面积的30%以上，绿地与梅陇公园相连，共同形成周边市民的活动空间，大幅提升地区生态品质（图6-4-6）。长宁区新华路街道依托上生·新所更新，经与企业协商，通过综合设置服务设施、附属空间开放共享等手段，为所在社区提供约7000平方米的社区级公共服务设施，新增不少于1.25公顷公共空间，将原来封闭单一的工作厂区改造成有公共功能、能看灯光秀、能逛露天市集的7×24小时开放社区。

2. 认领共建社区公益项目

充分挖掘社区单位资源，建立联动互动的平台，以公益为纽带，以项目为桥梁，把有资源的企业单位与有需求的社区居村串联起来，切实解决老百姓急迫需求。如浦东新区陆家嘴街道在陆家嘴社区公益基金会和社会企业合作，共同发起"为爱上色"公益艺术项目（图6-4-7），邀请墙绘艺术家团队与社区居民、企业志愿者一同共执画笔，以"儿童关怀及动物保护"为主题开展"参与式"墙绘创作，不仅为城市街头创作

图6-4-6　力波啤酒厂更新后提供开放式文化创意园区及公共空间

图6-4-7 浦东新区陆家嘴街道"为爱上色"公益行动

出了一幅幅独特的人文艺术风景，唤醒更多城市人对儿童以及濒危动物的关注，同时也通过引导社区居民参与社区营造，培育共同治理意识，有效提升社区凝聚力。

3. 引入社会企业合作开发

鼓励采用"国有企业带动、政企合作、市场化运作"的创新模式，在政府指导监管下，引入社会企业参与，通过策划、规划、设计、建设、运营一体化合作的方式，促进社区的可持续发展。如青浦区章堰村村委会与国有企业以1:9的资金比例成立合资公司，共同参与章堰村综合开发，结合章堰村的特色与发展趋势，重点围绕"睦邻友好、未来创业、创新生产"三个场景打造乡村社区生活圈，进一步融合城乡发展，实现乡村经济价值。目前已规划建设了章堰村幸福社区、文化馆、培训中心、图书馆、餐饮、酒店、商店等各类配套设施，使村民能在家门口享受到各类服务。浦东新区陆家嘴金融城在"缤纷社区"建设中，确立了"业界共治"的公共治理架构，为金融城区域内的机构和企业共同参与公共事项的决策提供有效平台，以"东亚、太平、东方汇经"三幢商务楼宇公共空间改造项目为例，探索实现红线内外统一设计、统一施工、统一管养工作模式的创新，由企业、政府共同出资，形成拼盘资金统一施工，在后期建立共同的养护基金，确立统一的管养机制，力争做到各个业主之间的诉求平衡，公共利益与商业利益之间的利益平衡。又如浦东新区金湾地区由区属国企整体开发，综合考虑科创产业培育、文化展示需要以及周边居民休闲互动需求，着力打造"15分钟产业社区生活圈"，推动研发与生活场景共融。企业将沿曹家沟的原垃圾处理车间改造为金湾产城实验室，为园区内企业搭建交流平台，举办产业论坛、提供招商引育服务，并作为水边驿站，也可为周边居民提供饮水、休憩等基

图6-4-8 由垃圾处理车间改造成为的金湾产城实验室，并举办产业论坛活动Ⓒ上海金桥（集团）

图6-4-9 南京西路街道社区规划公众参与手册

图6-4-10 "乡村振兴实验基地"建设行动

本服务；结合地区开发，规划还将持续贯通曹家沟滨水沿岸，形成长约2公里的线形公园，整体提升地区景观品质，同时园区内的艺术空间、展示空间、休闲空间等都将面向居民及公众开放（图6-4-8）。

4. 联动共享专业服务资源

通过政府搭建平台，凝聚社区企事业单位、小商户和热心人士等各类主体力量，建立服务资源区域化联动共享模式，为社区提供专业服务支撑，为困难人群、老年人、失无业对象、未成年人提供贴心关爱。如徐汇区徐家汇街道以党群服务中心为阵地，启动"璀璨生活同行人"项目，目前已有超百家企业、单位、小商户加入，包括由多家医院共同组成的"徐家汇—军医社区健康服务融合体"，定期进社区义诊，举办健康讲座，为居民提供家门口的健康服务；社区热心企业在土山湾党群服务中心开展助残公益项目，设立残疾人公益岗位和实训基地，帮助残障人士融入社会。又如上海市城市规划设计研究院发挥社区专业技术优势，与属地街道及区规划资源局三方合作，成立"上海静安·南京西路街道社区规划实践基地"，通过共建平台化运作（图6-4-9），一方面可以更好服务和反哺属地社区，提供公益性的陪伴式社区规划服务，助力构建

"丰盛、活力、人文、韧性"的南京西路社区，另一方面推动青年社区规划师走出工位、走入街巷，"脚上带泥、鞋上沾土"，开展技术探索与实践，构筑起"青年规划师的成长家园"（图6-4-10）。此外，规划师们也与上海市浦东新区临港新片区四团镇大桥村、青浦区金泽镇双祥村共建"乡村振兴实验基地"，通过"乡村振兴实验室＋试验田"的多元复合功能，集结更多科研院所和企业力量，开展智慧农业、环境监测、低碳技术等应用场景探索和研究，以产学研合作助力乡村社区生活圈建设。

6.5 激发居民全程参与

"15分钟社区生活圈"的规划和实施工作强调的是社区治理。社区居民不仅是需求反映者，同时也是建设实施后的体验者和最终受益者，因此相较于法定规划着重于编制公示和批后公示的两个环节，社区规划与社区治理工作需要更大限度地发挥社区居民的能动性，让社区居民在整体策划、需求摸底、方案设计、实施运营、评估成效的全过程、全周期都参与到工作中，全方位出谋划策、贡献智慧，逐步实现居民自我服务、自我管理的可持续社区自治生态。公众参与具体可分为建立全过程参与机制、拓宽参与人群覆盖、丰富参与活动形式等三方面。

6.5.1 构建全过程公众参与路径

从上海既有实践经验来看，推动"一图三会"社区协商制度，是符合社区机制体制情况、适应空间治理需求的一种有效路径。"一图"是指老百姓看得懂、各方能满意、未来可落地的"社区蓝图"和"设计方案图"；"三会"是指事前征询会、事中协调会和事后评议会。由街镇指导居委会、业委会组织"三会"，引导社区居民全过程深度参与社区规划、项目设计建设和运营维护。在形成"一图"的事前，通过"征询会"等方式广泛征集居民意愿，摸清居民需求；事中，通过"协调会"公示、投票等方式吸纳民意民智，实现众创众筹、群策群力，选出居民满意的规划设计方案；事后，通过"评议会"等方式，请居民对规划设计方案的优劣及项目实施效果的情况进行反馈评价。各区在此基础上各有实践和创新，如浦东新区在金桥镇佳虹社区缤纷社区建设过程中，由设计师携手缤纷社区规划导师制订改造方案，并根据居民意见进行修改，形成规划师和居民之间的良性沟通，相互合作，增强居民参与改造公共空间的热情和社区认同。静安区在美丽家园行动中在"三会"基础上，进一步建构"一代理"平台（图6-5-1），即群众事务代理制度，由居委会为社区居民代为协调解决社区公共事务。静安区彭浦新村街道彭五小区依托"三会一代理"制度，讨论制定《居民公约》，明确居民行为准则；出台《自治平台章程》，将平台建设管理与自治项目运作相结合；建立小区内居民自主巡查发现问题后与居委物业联合处置的工作机制。

同时，全过程人民民主的实现离不开党政力量的推动，党建引领基层治理已经成为很多社区推动居民自治共治的机制保障。依托党群服务阵地体系、党建治理微网格等方式，在社区搭建全链条、全覆盖的社区治理网络，有效推动了"党组织""社区空间"与"社区居民"的要素整合。如嘉定区菊园新区街道通过搭建"一个社区党建服务中心＋若干分中心＋多个党建服务站＋N个党员工作室"体系，构建了以楼组微治、社区自治、区域共治为核心的党建引领社会治理的"三治经"创新模式，以党员带动楼组微治，以社区党组织促进社区自治，以共建单位构建区域共治，激发社区治理合力。又如崇明区"以岛为叶、以网为脉"，打造党建"叶脉工程"，在全区358个村居基础上，根据辖区范围、居住集散程度、群众生产生活习惯等因素，以300~500户为标准，划分998个党建微网格，推动党建网格和城市运行管理网格有序衔接，提高管理精细度。每个微网格配备网格长，同时整合庭院学堂、睦邻修身点等阵地资源，为开展议事协商工作提供保障，实现"人到格中去、事在网中办、服务零距离"。

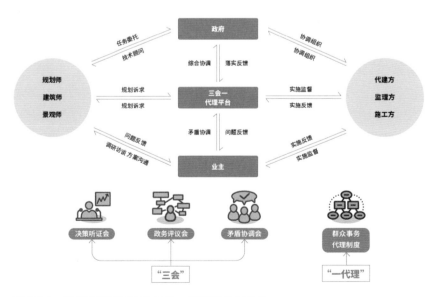

图6-5-1　静安区美丽家园"三会一代理平台"模式

6.5.2 激发多元人群参与动能

"15分钟社区生活圈"行动在补齐民生短板的同时，更要倡导全龄友好，引领各类人群全面发展。为此，在组织公众参与中，要结合辖区人口特征，全面动员，尤其要关注一老一小、白领及产业人员、新就业群体以及村民等特色需求，有的放矢地策划公众参与议题或活动，提高社区多元人群参与度。

1. 培养"社区达人"发挥引领作用

鼓励挖掘、培养、组织一批热心公益、积极参与社区公共事务、具有特长技能且群众基础好的"社区达人"队伍，根据"社区达人"的学识水平、专业特长及服务领域，通过培训赋能、搭建平台，帮助他们在社区治理中找到自己的专属"发力点"。如闵行区吴泾镇为将社区内"愿参与、想表达、会组织、能干事"的"社区达人"更好聚起来、用起来，形成集发现、挖掘、培养、使用"四位一体"的"社区达人"培养路径。依托周边高校教学资源，组建"美好社区"治理学院吴泾分院，邀请专家讲师为"社区达人"开展小班化、滚动化的培训，提升他们在资源链接、项目策划、协商议事、组织动员和应急处突等五方面的能力，并根据能力特长，按照党员先锋、关系调解、平安建设、文化艺术、智慧助老、公益组织、环境保护等七个类型对"社区达人"进行认证授牌，推动"社区达人"更有针对性认领基层治理项目，以十足干劲和十足信心持续参与到社区治理之中。

2. 以"儿童视角"赋能社区治理

社区是与儿童生活最密切相关的环境，能带来难以忘怀的情感归属和场所记忆，对儿童身份认同和地理归属感的形成至关重要。[1]可以借助小微空间的营造，由孩子们自主构思方案，提名并票选自己喜欢的方案，并参与到小微空间的实际搭建中，通过与自然的接触培养孩子们的动手能力和观察能力，增强儿童对社区空间的责任感和社区事务的参与感。如杨浦区五角场街道创新"党建＋少先队"共建模式，在国定支路党建微花园参与式设计活动中，将部分设计权交给同学们，以儿童视角提出对党建微花园的空间活化提案和对国定支路的整体规划设计，并邀请小小规划师们在微花园种植及领养植物，由改造前空间利用率低、绿化品质较差的街头绿地，变为学生们上下学路上可停留、可休憩的公共空间（图6-5-2）。

1　刘赛、刘梦寒、沈瑶等《老旧社区中儿童空间意象特征研究——以丰泉古井社区行动研究为例》，《现代城市研究》2023（3）。

3. 带动在地企业和白领群体与社区共成长

针对青年白领群体对社区缺乏认同感、归属感、参与感等痛点问题，必须抓住青年的兴趣特点，找到契合企业所需所能的结合点，让青年逐步从旁观者变为参与者和主导者，促进青年群体逐步认知社区、融入社区、参与社区，增强在社区的归属感、价值感、获得感。如浦东新区陆家嘴街道面对青年白领这一群体建立"楼事会"机制，相当于楼宇垂直社区的"居委会"，楼宇经济发展的"办事处"。聚焦于白领群体关心的职业规划、技能提升、亲子托育、就医问诊等需求，"第二楼长"将

图 6-5-2　五角场街道国定支路党建微花园参与式设计活动 © 四叶草堂

图 6-5-3　万里街道万有引力新业态新就业群体党群服务中心 © 万里街道办事处

党群服务部门、楼宇业主和物业管理方以及入驻企业等聚集在一起，广泛链接资源，让白领能够在楼宇里舒适地、开心地工作生活，从而带动整个区域里面的企业能够良性向好、向上发展。

4. 引导新就业群体融入社区参与服务

外卖骑手、快递小哥等新就业群体普遍工作时间长、工作强度大，在注重为他们完善公共配套服务的同时，可发挥其流动性强的工作特性，赋予其实体性角色，如社区观察员、平安巡查员、志愿服务员等，打开新就业群体参与社区治理的渠道，加强凝聚发展。如普陀区委组织部在万里街道打造了全市首个新就业群体综合服务中心，引入就餐、休憩、健身运动、职业技能提升等功能服务，实现"饿了能就餐、累了能歇脚、休闲有书读、出行有保障"；并推出"公益积分"形式，吸引新就业群体成为"社情信息员""文明劝导员""平安巡查员""志愿服务员"等，以新身份积累积分用于兑换优惠服务（图6-5-3）。

5. 注重发挥村民在乡村治理中的主体作用

基于乡村村民人际互动强的优势，采用村民便于理解的形式引导村民逐步发挥主体参与作用。以"说"广泛收集民意，以"议"科学规范决策，以"办"合力抓好落实，以"调"护航乡村和谐，推进乡村治理由"为民做主"向"由民做主"到"与民共治"转变。如金山区朱泾镇为解决在人居环境、自留地归并、旅游产业管理等方面的问题，建立"三堂一室"微自治模式，"村民建言堂"通过"会上说""埭头说""线上说"和"田间说"等创新形式，及时搜集村民群众的好建议；"乡贤议事堂"邀请能人贤士参与乡村治理，共同商议出有利于村集体发展的"金点子"和"新路子"；"惠泾彩"法治讲堂定期开展普法教育；"老法师"调解工作室积极化解乡村项目建设等矛盾纠纷，维护乡村和谐稳定（图6-5-4）。

图6-5-4　朱泾镇待泾村乡贤议事堂及"老法师"调解工作室ⓒ金山区朱泾镇人民政府

6.5.3 拓展丰富公众参与形式

除做好常规的项目规划建设信息公示、意见征询等工作外,也可积极借助社区规划师、社会组织等专业力量,不断拓展公众参与形式和方法,通过通俗易懂的语言、亲民活泼的形式,降低公众参与的专业性门槛,让居民更直观便捷地了解生活圈理念、参与生活圈建设、感受生活圈成效。主要有以下四类公众参与形式。

1. 组织协作式规划,共谋社区未来

协作式规划是邀请相关利益方进入规划程序,共同体验、学习、变化和建立公共分享意义的过程,不同利益相关者采用辩论、分析与评定的方法,通过合作达成共同目标。针对一个社区议题,通过协作式的集体活动,充分了解并协调相关利益方的需求与想法,可以有效促进社区治理良性、可持续发展。如长宁区程家桥街道建立居民、街道、专业团队共同协作规划设计的机制,在虹桥机场新村改造项目中,将闲置仓库改造成"社区居民参与小站",开展"儿童参与式工作坊""机场'心'新村——未来社区想象日"等一系列协作式规划活动,邀请居民对社区内的护学小径、商业街、停车位等提出需求畅想和设计建议(图6-5-5)。"社区参与式博物馆"项目中,不仅在方案设计阶段充分征询居民建议,还通过居民协商,建立博物馆日常管理机制,实施轮值馆长,将博物馆打造成为社区共治共建的空间载体。杨浦区四平路街道瞄准对标"需求侧",秉持"居民参与"原则,在抚顺路睦邻中心建设过程中,通过"居民开放日""设计工作坊""运营工作坊"等一系列公众参与活动,邀请社区居民共同商讨睦邻中心的功能设置、改造设计方案和运营管理要求,让居民在关键建造节点全程参与设计与建设(图6-5-6)。

图6-5-5 程家桥街道虹桥机场新村"社区居民参与小站"与社区参与式博物馆开放日◎程家桥街道办事处

2. 开展社区营造，共建社区家园

以社区花园等小微公共空间为载体，广泛发动社区居民参与社区营造，具有成本低、易实施、小而美的特点。随着社区居民和多元主体参与的深入，社区花园除了正常的社区园艺种植活动、花园堆肥、浇水等日常维护之外，还会发生更多有趣的活动，如自然教育、科普宣传、读书会、露天电影、共享食堂等。通过社区空间的设计和社区行动的实践，提高社区居民的参与度和合作意识，促进邻里交流，实现社会关系的再造。如奉贤区奉浦街道开展椅子工作坊社区营造行动，通过将绿化带边角料或荒地转化为共享植物园，以艺术融入、美育修身为手段，广泛发动社区居民共同参与社区花园营造，既疏导化解居民开荒种菜和私自圈占绿地建私家花园问题，又培育居民的社区主人翁意识与劳动精神。街道还发起"小小董事长"系列未成年人自治活动，由孩子们担任轮值主席，主导策划绿化提升、关爱老人、文明养宠、文化学习等社区活动，培养未成年人参与社区治理的积极性和创造力（图6-5-7）。

图6-5-6　四平路街道抚顺路社区睦邻中心"居民开放日""运营工作坊"活动
◎四平路街道办事处

图6-5-7　奉浦街道开展椅子工作坊社区营造行动与"小小董事长——春日风筝节"
自治活动◎奉浦街道办事处

3. 举办特色市集，集聚社区人气

通过举办各类开放式限时活动，如便民市集、文创市集、美食市集、公益市集、文化表演等，可以将更多便利惠民服务、文化体验活动延伸到居民家门口。培育社区特色集市品牌也有助于吸引更多社区之外的市民游客前来参与互动，维持社区商业空间人气，扩大社区商业知名度与品牌影响力，为居民提供更多的就业机会和收入来源，促进社区的经济发展和创新，实现社区的良性循环。如奉贤区南桥镇杨王村打造"Our Young 阿瓦杨"新乡村文化品牌，举办"YONG 城 YEAH 市"、百姓舞台、"阿瓦杨"等公益集市，以杨王村的资源和历史文化为基底，通过运营各类乡村文旅品牌活动，为本村居民提供多样化的服务，也为村集体经济带来可观营收。杨浦区大学路基于对夜经济、数字经济、直播带货等消费趋势的研判，锚定"数字 + 文创"融合的发展理念，采用"政府搭台、企业唱戏、社区支持"模式，开启周末限时步行街，定期举

图 6-5-8　大学路限时步行街活动

图 6-5-9　东昌新村星梦停车棚内"龙门石窟""三星堆"展览现场 © 王南溟

办舞台表演、文创集市、互动游戏、艺术空间等不同主题的线下活动,迎合周边居民、高校学生、青年白领等不同消费和体验需求,并通过对接在线新经济企业,为入驻商户免费开通企业账号,打造"夜间流动直播间",进一步提升大学路限时步行街的影响力与辐射范围(图6-5-8)。

4. 策划节事活动,激发社区活力

通过组织各类文娱活动,既可以丰富居民的业余生活,也有助于加深对社区空间、设施活动和日常事务的了解,推动其从旁观者变为参与者,强化居民对社区的归属感和幸福感。如普陀区万里街道结合世界城市日进社区,举办万里"15分钟社区生活圈"定向赛,200多名体育爱好者、社区居民、亲子家庭通过打卡沿途"网红景点",直观、切实感受老旧街区改造、河道清理整治、景观绿化升级等社区治理成果。浦东新区陆家嘴街道东昌新村在居民和志愿者的自发行动下,把原本堆放杂物的车棚整理干净腾出空间,"变废为宝",改造为整洁雅致的"星梦停车棚",以"文化进社区"为理念,由社会组织发动,通过街道引入艺术家、社工机构、策展人等多方资源,对接上海大学博物馆的专业资源,把"博物馆同款"带到社区居民身边,接连举办"三星堆""龙门石窟""岩彩画展"三期展览,让每一名进车棚取放车辆的居民,都可以欣赏到高水准的文物艺术品(图6-5-9)。

6.6 推进运营长效维护

一般来说,社区各类项目建设以政府资金保障为主,根据项目类型分类筹措资金,其中大中型项目提前列入政府的年度财政预算,小微项目结合项目特点,由街道、相关委办局或业委会出资保障。在具体实践中,面对量大面广的老旧小区改造任务,政府投资重点聚焦市政、消防等涉及安全问题的基础类改造,空间品质方面的提升类改善可适当借助居民自筹或社会投资等方式,进一步拓展资金来源。当公共服务设施或空间建成后进入运维管理阶段,市场和各类社会力量的介入,可以一定程度缓解街镇在人力和财力投入方面的压力。根据参与主体的不同,可以分为引入市场化运营、社会共建共维两种形式。

6.6.1 创新可持续运营模式

在政府保障基本公共服务供给、发挥托底作用的基础上,面向多元化、个性化、特色化需求,市场方能够更加敏锐、深度地捕捉动态变化趋势,发挥专业化和市场机制优势,实现社区服务的提档升级,并可通过市场化运营反哺公共支出;各类社会力量也可以发挥自助互助等特色专长,提供推动社区能力建设、强化关系纽带、营造互助氛围等方面的社区服务。政府、市场、社会三者相辅相成,通过公共服务吸引人流、商业服务带来收益反哺,公益服务提升服务品质[1],从而实现社区的"自我服务"和"自我造血"。主要有以下三类路径。

1. 以空间换服务

即政府将持有的社区服务设施或空间提供给社会组织或市场机构进行运营,通过给予一定的建设资金补助、租金减免、运营补贴、水电气价格优惠等方式,降低运营方开展社区服务的成本;作为反哺,运营方以公益或微利形式提供相应的社区服务。针对一老一小、文化、体育、家政、物业、便民早餐、维修缝补等与居民日常生活密切相关的业态,鼓励积极探索专业性机构连锁化、托管式运营等模式,引导市场经营主体进驻社区,拓展连接更多服务资源,形成可持续的社区微利型商业"造血"机制。[2]如普陀区真如镇街道高陵集市的前身为传统菜场,是真如镇的国有资产,为迎合消费需求变迁,采用公私合营模式升级改造为一站式社区综合集市,其中首层3600平方米的菜场部分由企业负责投资建设,二层2700平方米的社区一站式综合服务由街镇财政资金投资建设,兼具党群服务、老年人日间照护、养育托管、社区食堂、共享健身房等功能。建成后的高陵集市交由企业以统一运营管理,集市二层社区级公共服务设施产生的硬件装修费用,街镇允许企业从租金中抵扣,在节约成本同时更加保障公共服务的运营质量(图6-6-1)。

2. 经营性服务反哺公益性服务

在社区一站式服务综合体的功能配置中,可将经营性服务空间和公益性服务空间的比重控制在合理的比例,提升设施"造血"能力。在老旧小区改造中,"唤醒"沉睡中的社区存量低效空间,授权企业对其进行改造提升并享有长期的整体运营权;作为反哺,企业也要负责

图6-6-1　真如镇街道高陵集市及二层公共服务设施:社区食堂、共享健身房、儿童成长中心◎真如镇街道办事处

引入民生相关的服务业态，并给予后者一定的租金优惠。这种方式既有利于闲置资源的盘活利用，也有利于支持具有社会责任感和服务能力优势的企业扎根基层、服务百姓。如北京市朝阳区劲松街道引入民企愿景集团，投入3000万元对劲松一区、二区开展智能化改造、适老化提升等综合整治。作为投资回报，愿景集团获得社区内低效闲置空间20年的经营权。愿景集团通过在社区内以"简易低风险"形式搭建便民服务设施用作菜市场，将社区外废弃锅炉房改造成为社区商业中心，将花园下挖两层设置立体停车场并在地上一层建设社区商业配套等手段，获得社区商业空间出租及停车管理等经营收入，以此逐步收回前期改造投入成本，实现"微利可持续"运营。同时，为服务居民生活便利，基于需求调研，引入与民生相关的维修、理发、便民商铺等社区服务业态，并对此类店铺仅收取不足外部入驻商家一半的租金，反哺社区（图6-6-2）。

3. 培育社区在地力量，与社区服务互哺

依托区域化党建平台，积极拓展社区内部社会资源，如社区两委、辖区企业、志愿服务团体、社区能人等，探索引入更多"社区合伙人"，培育社区互助型社会组织，以免费或低偿的方式提供社区服务，贡献内生力量。建立社区基金，为整合多方资源、实现与社区服务的互哺互助提供更为规范、可持续的支持，每年从社区服务收益金中提取一定比例（如5%~10%）注入社区基金，支持社区能力建设和自组织建设，为社区服务培育在地的有生力量；反之，社区基金又可经由社区协商购买重要的公益性服务。如成都市成华区二仙桥街道下涧槽社区（图6-6-3）创新推行"一元租金、资源换服务"模式，将灯光球场、邻里月台、邻里小站分别委托市场化专业机构管理和运营，开设养老、助残、培训、家政、文体等5大类26项特色服务，年均为周边居民低偿提供各类服务1000余场次，价值超过700万元，节省运维管理成本100余万元。

1　刘佳燕、李宜静《社区综合体规建管一体化优化策略研究：基于社区生活圈和整体治理视角》，《风景园林》2021, 28(4)。

2　奚文沁《社会创新治理视角下的上海中心城社区规划发展研究》，《上海城市规划》2017(2)。

图6-6-2　北京市朝阳区劲松街道劲松小区内的美好理发、美好会客厅、副食工坊

图6-6-3　成都市成华区二仙桥街道下涧槽社区邻里小站、党群服务中心 © "健康成华"

除专业机构收益的70%用于服务主体自我发展外，剩余25%用于枢纽型社会企业升级孵化平台，5%汇入社区基金，作为反哺社区服务实现良性循环的有效保障。引入四川省歌舞剧院等优质社会组织和企业，孵化培育居民自组织21个，特色资源的活化转化、服务载体的专业化运营，有效打破社区公共服务由政府兜底供给的传统模式，以及属地服务能力的局限性，让社区公共服务品质得到极大提升，财政资金得到大量节省。

6.6.2 凝聚合力共建共维

社区居民共同参与社区公共设施和空间的建设、运营、管理，共同维护建设成果，是开展社区治理的重要过程，也是社区凝聚力营造的过程。通过实践发现，从社区居民身边的、最为熟悉的"宅前屋后"小微空间更新入手，更容易引起他们的关心关注，主动参与的意愿也更高。将居民从家中"引"出来，关注他们所关注的议题，培养共同兴趣爱好与社区生活方式，增强人与人之间的相互连接，建构形成稳定的"熟人社区"关系，是"15分钟社区生活圈"维持可持续生命力的关键。

1. 共同建设社区家园

社区居民参与建设的过程意义和价值远比实际建设品质和效率重要。在共建中，必须要引导居民从力所能及的事情着手，尝试一些新的体验，收获一些新的知识，感受到获得感和满足感，从而建构起对社区深厚的情感。通过亲手建设自己的家园，让居民切实成为社区的"主人翁"。如杨浦区四平路街道的百草园和五角场街道的创智农园，就是由社会各方与社区居民合力建设完成的。在百草园营造中，由社会组织拆分建设工序和步骤，结合成年居民和小朋友各自的特色特长以及施工能力，制作施工排班表，组成浇水施肥组、捡拾垃圾组、整理花园

1　刘悦来、尹科娈、魏闽等《高密度中心城区社区花园实践探索——以上海创智农园和百草园为例》，《风景园林》2017(9)。

2　刘佳燕、谈小燕、程情仪《转型背景下参与式社区规划的实践和思考——以北京市清河街道Y社区为例》，《上海城市规划》2017(2)。

3　刘悦来《高密度中心城区社区花园实践探索——上海市杨浦区创智农园和百草园》，《城市建筑》2018(25)。

组，没有施工经验的居民们花了近一个月的时间建成百草园。虽然在专业施工队看来，这些工作量只要一星期就能完成，但居民的参与热情和收获体验却证明：过程远比结果重要。创智农园的参与共建则体现在更丰富的社会维度上，农园墙面上的魔法门墙绘是由设计师创作的，社区花园展上的"律草园"是由律师个人出资建造的，一米菜园区以及分布在农园各处的认养植物是由来自上海各区域的都市居民负责种植和打理的，附近高校学生会在暑假以志愿者的身份为农园出谋划策，还有来自园艺、景观、设计、空间创意、社区服务等各类单位打造的、带有企业特色的迷你花园，更增加了创智农园的多样性（图6-6-4）。[1]

2. 共同维护建设成果

在建设结束后，公共服务设施和空间可持续性的活力除了依靠政府相关部门对于硬件空间的定期管理外，更依赖于社区内生力量，如"社区达人"、居民自治小组等开展的日常主动维护，制定自治规章、规范使用准则、商定志愿排班、组织主题活动等。通过一部分社区居民的先行自发行为，鼓励以居民影响居民，逐步拓展到更大范围居民公共意识的增强，其本质也是对社区权责利关系的认知和重构。[2]如杨浦区四平路街道的百草园目前有"一老""一小"两个自治兴趣小组，"一老"是社区里的老年花友会，他们在社区中分享养护管理的心得体会，并组织相关的主题活动；"一小"是指百草园小志愿者队伍，他们能够独立完成给蔬菜搭架子，给植物浇水、施肥等简单的日常养护工作[3]。孩子们还成立了公共的微信群来讨论花园值班，探讨关于和老年人活动空间矛盾的问题，关于社区养狗的问题。这些超越花园空间的讨论，更是加深了孩子们对社区以及社会的责任。如今，小志愿者已成为社区营造和花园管理的重要力量（图6-6-5）。又如长宁区新泾镇乐颐生境花园建成后，居民自发成立的"家园同心树"志愿团队，以及园林系统

图6-6-4　市民参与创智农园的种植打理 © 四叶草堂

图 6-6-5　小朋友放学后在四平路街道的百草园活动 © 四叶草堂

退休专家组成的"乐颐专家组"，纷纷对动物栖息活动、植物群落生长进行常态化跟踪记录；热心居民"环保F4组合"承包了花园的清扫维护；垂钓小组主动将钓到的各类本土鱼类定期投放到鸢尾池塘中，为花园中的貉、黄鼬等提供食源；花园里的瓜果蔬菜成熟后，"都市农夫"志愿者采摘后送给小区独居、高龄老人等，人与自然和谐共处的同时，也拉近了人与人之间的距离。

6.7 依托城市事件扩大影响

城市事件具有长远性、全局性、稀缺性、主动性和活动性的特性，对城市的发展具有重大的助推作用，具体包括：在物质层面上促进城市公共物品完善，推动城市旧城改造及城市空间结构调整；在经济层面上促进当地经济增长；在社会层面上可推动重塑城市形象，增强社区认同感。[1]

在社区引入具有良性触媒作用的艺术实践、公共文化、公众参与等城市事件，可以为社区及周边区域带来正面的连锁反应，在激活社区空间、提升整体品质的同时，赋予社区独特的特色内涵和空间价值，引导社会各方关注社区发展并激发思考。通过以点带面的方式，促进社区持续、渐进发展，使城市变得更加充满活力，也更加充满魅力。

6.7.1 艺术事件赋能社区

艺术事件作为城市空间品质提升的推手在城市空间之中不断地创造视觉焦点与话题讨论。其中，以在地化艺术创作为特点的大地艺术节，成为城镇乡村打造文化名片、焕发本土魅力、涵养艺术气质的重要实践。例如日本著名的越后妻有大地艺术祭和濑户内国际艺术祭，

1　方丹青、陈可石、陈楠《以文化大事件为触媒的城市再生模式初探——"欧洲文化之都"的实践和启示》，《国际城市规划》2017, 32(2)；黄厚渝《微更新背景下泉州市金鱼巷使用后评价（POE）研究》，建筑学硕士学位论文，华侨大学，2020年；吴志强《重大事件对城市规划学科发展的意义及启示》，《城市规划学刊》2008(6)。

2　李翔宁、姚伟伟《艺术点亮城市——艺术事件赋能城市更新的实践与思考》，《上海艺术评论》2023, (6)；严帅帅《南海大地艺术节：以艺术的方式打开南海》，"规划上海SUPDRI"微信公众号，2023年5月24日，https://mp.weixin.qq.com/s/zMRxSLLGvjVQLi7-LqShXA。

3　徐毅松《空间赋能，艺术兴城——以空间艺术季推动人民城市建设的上海城市更新实践》，《建筑实践》2020(S1)；陈成、王明颖《艺术，使社区容纳更多的自由、梦想和创造》，《上海艺术评论》2022(4)。

影响远播世界的同时，也在中国引发广泛持久的关注。2021年景德镇市浮梁县寒溪村推出的"艺术在浮梁"村落艺术计划，在不到半年的时间里，吸引了约5万人到访小小的村落，让更多人更加认可大地艺术节的模式。2022年南海大地艺术节以"最初的湾区"为主题，以"艺术在樵山"为主线，邀请15个国家和地区的134组（位）艺术家在南海西樵176平方公里地域中创作了73个艺术作品，以自然为场景，在村落和田野中展开，以在地艺术讲述广东省佛山市的南海故事，成为南海近十年来最"出圈"的一次艺术事件，为县域经济体以文化赋能经济产业发展做出成功尝试。[2]

上海城市空间艺术季（图6-7-1）秉承"文化兴市、艺术建城"的宗旨，自2015年起以双年展制已连续举办五届，旨在"举办一届展览活动、传播一次文化热点、留下一批大师作品、美化一片城市空间"，引发社会关心关注，共同参与探讨城市空间与人类生活的互动关系，探索营造空间多元属性，赋予城市生活多元体验，展示城市文化内涵和价值，成为城市和市民间宣扬正向价值观和城市之美的有效媒介。[3]

每届上海城市空间艺术季的主题均紧密围绕城市发展热点，其中2021上海城市空间艺术季（第四届）首次将视角聚焦于市民身边的社区，围绕"15分钟社区生活圈——人民城市"的主题，以全市20个样本

第一届徐汇西岸艺术中心◎西岸集团

第二届浦东民生码头八万吨筒仓◎田方方

第三届杨浦滨江毛麻仓库◎田方方

第五届徐汇西岸原白猫洗涤剂厂库房◎田方方

图6-7-1　历届上海城市空间艺术季主展馆

社区为展场，以柴米油盐等日常生活品为展品，以艺术创作展示为媒介，吸引更多市民关注社区、走进社区、参与社区发展建设，更直观有效地向社会传达和展示上海推进"15分钟社区生活圈"建设的"五宜"理念和行动实效。（图6-7-2至图6-7-4,表6-7-1）

1. 在地艺术创作赋予社区独特文化价值

社区里可用于展览展示的空间有限，如何激活社区空间、将艺术与生活结合、提升文化价值，成为2021上海城市空间艺术季策展的重点。策展设计师、艺术家们以追溯社区历史、解读社区人文脉络为题创作艺术作品，让社区居民在街角巷尾偶遇艺术、发现惊喜，唤醒居民对社区过往生活的回忆感受，引发居民对社区未来发展的思考向往。在普陀区曹杨社区展场中，20多位艺术家们以雕塑、装置、摄影艺术、墙绘等在地艺术创作方式，连点成线，串联起百禧公园、曹杨环浜、曹杨公园、

图6-7-2　2021上海城市空间艺术季主题演绎展区——上生·新所©是然建筑摄影

图6-7-4　2021上海城市空间艺术季主题演绎展区——3D打印艺术装置"云空间"：流动盘绕的飘带形式艺术装置，将抽象的城市轮廓转化为半透明的像素化网格，通过网格的疏密变化，呈现出都市天际线的动态形式©王可

图6-7-3　2021上海城市空间艺术季主题演绎展区——"社区盒子"©是然建筑摄影

表 6-7-1　2021 上海城市空间艺术季各展区分布及主题活动

	展区	展览主题及活动内容
主题演绎展区	长宁区新华社区 上生·新所	通过国内外 100 余个案例，呈现 15 分钟社区生活圈的理念和目标、规划和行动、优秀案例以及场景体验等内容
重点样本社区	长宁区新华社区	以"美好新华"为主题，集中展示一批 15 分钟社区生活圈建设项目，并在此基础上重点呈现公共艺术之细胞计划和共建共治之人人街区计划，发动更多居民参与社区艺术营造
	普陀区曹杨社区	以"幸福曹杨"为主题，围绕曹杨一村、百禧公园、环浜贯通等项目实施，体验社区历史风貌、市井商业、社区服务、健康休闲、文化展示、林荫街道等幸福生活
样本体验社区	徐汇区田林社区	以"花开蒲汇塘"为主题，将原钦青花卉市场结合蒲汇塘滨水区建设更新为滨水文化公园，着力呈现高品质滨水景观与社区滨水生活新场景
	浦东新区陆家嘴社区	以"融合·陆家嘴"为主题，精心推出梅园街道、东园街道和滨江街道 3 条参观路线，让更多的艺术形式走进社区，走入生活
	黄浦区瑞金二路社区	推出以南昌路街区为核心的社区营建，呈现"乐享海派街区·走读瑞金生活"的策展主题
	杨浦区四平社区	通过艺术化的城市家具和导览导示系统串联社区公共服务设施点位，传递沉浸式的社区文化艺术体验
	静安区临汾社区	通过艺术家驻地创作，社区居民共创等方式，将 17 组公共艺术作品融入生活空间，让居民在家门口与艺术相遇
	长宁区虹桥社区	以"活力 IN 虹桥"为主题，以古北市民中心为主展馆，以古北国际融情街区、虹开发商贸暖情街区、传统邻里亲情街区为分展场，结合黄金城道银杏生活节，举办精彩纷呈的市民活动
	虹口区四川北路社区	与多伦美术馆开展艺术合作，集中展示恒丰里、东照晓亭、李白故居等重点项目
	闵行区梅陇社区	以"梅陇蝶变，给你一个喜欢上海的新理由"为主题，通过上海力波、益梅小院、莲花路 TOD 三个展示区域，让市民从"参观者"转变为"体验者"
	宝山区科创湾展区、吴淞社区、杨行社区	以公共空间提升、绿地建设和区域功能更新为实施路径，有效缝合割裂空间，推进园区和社区融合发展
	浦东新区临港新片区申港社区	以"未来社区"为主题，通过星空之镜城市公园、花柏路、方竹路等道路提升，宜浩广场、馨苑广场缤纷社区建设等一系列民生项目体现社区的温暖
	松江区九里亭杜巷社区	呈现当代中国农民自建房小区在社区环境优化、公共服务设施改善、居住品质提升方面的更新成果，积极打造邻里级生活圈
	嘉定区菊园新区	以"转角遇到美"为主题，展现近年来在公共空间、服务设施等方面的"15 分钟社区生活圈"建设成果
	浦东新区惠南镇海沈村	重点打造乡村社区生活圈的四大社区生活场景：旅游休闲主场景、海沈艺术文创场景、桥北自然生态场景和远东邻里友好场景
	青浦区重固镇章堰村	将乡村社区生活圈建设与古村落保护和更新相结合，充分体验邻里友好、总部服务、创新生产、未来创业等乡村社区生活圈场景

曹杨一村、社区文化中心、花溪路等生活性公共空间，成为社区展现艺术氛围、融合生活烟火的特色空间脉络。其中，设置在曹杨新村街角绿地、街头广场的《廊下母子》《红桥故事》等雕塑作品，以艺术手法讲述曹杨故事，传递出曹杨人对美好生活的憧憬与向往；参与式影像艺术"曹杨的微笑"通过影像记录生活在曹杨社区居民的幸福表情，表达出他们"生活在曹杨、幸福在曹杨"的人生态度（图6-7-5）。

2. 在作品创作中连线社区，探讨社区议题

艺术对于社区，不仅仅是视觉美化的作用，也不是精致的装扮与装修。通过艺术作品的共同沉浸式、体验式创作，引发公众关注一些"习以为常"的社区问题，以更加开放的心态提出解决方案的各种可能性。让艺术像细胞一样介入到社区稳定的生活体，从内到外拓展艺术与社会的关系。以2021上海城市空间艺术季长宁区新华社区展场为例，2.2平方公里就是一个微型世博会，结合社区服务设施的改造，设置7处场景体验馆，包括安居新华、乐业新华、漫游新华等宣扬"五宜"主题的体验馆，并在此基础上重点呈现公共艺术之细胞计划和共建共治之人人街区计划，组织开展"做一天新华人""美好街区提案工作坊"等公众参与活动，发动更多居民参与社区艺术营造，真实呈现和体验社区生活圈行动的工作现场（图6-7-6）。

6.7.2 众创众规集成创新

在众规、协作式规划、公众参与等新理念的引导下，依托互联网和新媒体，如何通过众规众创平台拓展影响力，汇聚城市与社区的各界资源和技术优势，聚焦城市公共服务和社区事务治理的创新创业的孵化，实现公众参与和万众创新的有机整合与共赢，编出公众想要的规划，成为各方关注和探索的热点。我国一些大城市开展了一系列公众参与城市规划的创新实践，比如"上海2035"城市总体规划在编制过程中提出"开门做规划"的目标，旨在构建社会各方共同参与的工作格局，

图6-7-5 2021上海城市空间艺术季普陀区曹杨社区展场：街头雕塑《红桥故事》与参与式影像艺术"曹杨的微笑"© 是然建筑摄影

图6-7-6 2021上海城市空间艺术季长宁区新华社区展场：艺术作品《跷跷板》与《美好新华·玩乐间》© 上海城市空间艺术季

除政府部门外，共有百余位国内外专家、40多家高校和科研机构团队参与其中，依托网上问卷调查等形式吸引1.9万余市民长期关注并实际参与。

自2016年起，上海围绕"开放、共享、创新"，按照"高起点规划、高水平设计、高质量建设、高标准管理"定位，组织开展上海市城市设计挑战赛，通过调动专业团队和公众的积极性，探索城市规划设计方法和模式创新。每届挑战赛立足上海实际，聚焦若干社会关注面广、民生诉求强、创新要求高的公共性或民生类项目，通过网络公开发布，面向全球广泛征集项目设计方案和构思创意。至2023年已成功举办六届，吸引国内外30多个城市的千余支设计团队参与，在专业领域产生较大影响，引领全球城市设计行业风向，也为世界深度认识上海打开了一扇窗口。其中2023年上海市城市设计挑战赛新增小微空间城市设计竞赛赛道，旨在推广"15分钟社区生活圈"理念，通过设计赋能、集成营造，营造一批为民所用、急民所需、贴心关怀的小体量多功能服务驿站"六艺亭"设施，用品质丰富城市内涵，用艺术彰显城市魅力，用设计点亮美好生活。设计方案征集包括通用型和实地型两类：通用型关注适应不同类型空间场所的普适性、模块化设计，重点突出"思想火花"（图6-7-7）；实地型强调与在地环境的积极融入、协调共存，成为社区生活网络的"点睛之笔"（图6-7-8）。

2024年4月，围绕构建"四个人人"城市治理共同体，以营造更多有用、多用、好用的"人民坊"推广范式为目标，上海市规划和自然资源局联合全市16个区共同开展"人民坊"设计方案征集。各区通过提前征询需求、评估盲区，在社区依水附绿之处、老百姓最需要的地方，选取一处"人民坊"基地开展建筑功能、空间布局、建筑风貌、场地环境等方面的设计，策划可持续运营方案（图6-7-9）。在建设体量上，青浦凤溪青东之心人民坊、嘉定江桥北虹之星人民坊、金山汇龙湖社区公服设施等，建设规模都超过1万平方米，可充分容纳丰富集成的功能服务；黄浦滨江人民坊、长宁华阳人民坊、虹口江湾镇街道第四市民驿站等的建筑规模则仅有1500平方米左右，更考验空间的复合融合与高效布局。通过此次公开征集，不仅依托"一图三会"等方式充分倾听人民群众的"金点子"，为周边百姓量身定制设计、丰富生活内涵、突出地域特色，也更进一步激发设计师对社区生活打造的思考和参与，激发社会各方对上海"15分钟社区生活圈"营造的关注与支持，发挥辐射作用，引领绿色低碳，把居民的"需求清单"转化为"满意清单"。

项目包括3个不同尺寸功能的方案：基础型置于城市街巷，满足日常社交聚集；提升型置于城市绿地，释放人群压力；复合型置于滨江公园，塑造弹性混合的生态客厅。设计使用模块化系统，5米×5米×4.5米的基本单元体随意组合成不同大小的城市胶囊，有效激发人与城市的公共交往，连接多样的生活脉络，营造充满活力的社区生活圈。

图6-7-7　通用型六艺亭卓越贡献设计：城市胶囊S/M/L效果图© 李少康、钱江琳

徐汇基地：为了重新塑造昔日老工业建筑的特色，铸晖亭使用钢结构作为建筑主体，整体呈现银灰色调，透露出工业历史和故事的氛围。多功能空间的设计类似于灯塔的体量，模糊了室内外的分界，借助天光和纯白材料创造富有艺术气息的室内空间。整座建筑阐释了城市工业化历史记忆的独特意义。

闵行基地：悠然亭位于锦心园东北角，项目的选址考虑周围的生态环境，不仅避让中心草坪，保护公园的草坪特色，也与自然环境相协调。建筑采用钢结构与木结构屋面。建筑向 3 个方向伸展，分别包含卫生间、休息室和咖啡厅。这种布局考虑到人们的各种需求，使悠然亭成为一个多功能的场所。

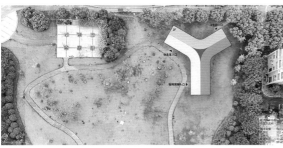

图6-7-8　实地型六艺亭卓越贡献设计：铸晖亭（徐汇基地）与悠然亭（闵行基地）效果图©上海盖拉克西建筑设计

浦东新区花木街道三合一综合体·叠院绿坊：将垃圾处理站置于半地下室，并以草坡覆盖，最小化对居民生活的影响；建筑以高低错落的绿坊组织形态，尽量远离居民楼，减少视线遮挡，并通过地下空间消解体量，形成叠院。景观延续东侧绿地，高低起伏，可观可游，不同标高的入口自然形成建筑内部丰富的空间，为人民提供舒适的活动场所。◎华东建筑设计研究院孙晓恒团队

虹口区江湾镇街道第四市民驿站·每天社区生活节：基于对江湾镇的生活场景观察，提出"每天社区生活节"的想法，让非日常的办事场所回归日常的生活场所，从地理地点的被动物质实体转为对市民生活每天每刻的主动浸润。打开一条公共的路径，让人们如小公园般穿行。将一层最便捷的空间留给老人和儿童，结合二层挑廊置入的公共服务功能，吸引更多年轻人的造访。结合屋顶置入市民园艺中心、社区大讲堂、露营草坡等，让全年龄段都可享受生活的便利，烟火万象，全龄乐活。◎华东建筑设计研究院刘彬团队

松江区印象富林人民坊·同檐之丘 人人之境：人群圈层叠加形成人民坊基本的立体形态，场地漫游路径交织起各个公共服务功能。设计通过演绎传统坡屋顶形成多义的人人之檐，提供标志形象并营造丰富的空间，为多样活动的产生提供容器。绵延的人人之丘纳入景观和活力，消弥空间边界，向内与室内功能连接，向外与滨水体育运动联动，形成全域滨水公共活动体验。◎同济大学建筑设计研究院

奉贤区河畔会客厅·贤合坊：作为奉贤社区精神高地的共享空间，对公共空间进行整合，从而使教堂与公园行成内发性活动场所，利用城市空间融合地方特色促进居民文化交流。河岸林中，人们在游走、玩耍、散步，形成和谐共融可持续社区空间。建筑北侧沿街虚实穿插，减少视觉压迫，与教堂高塔呼应，并用景观廊架限定空间，共同构成完整的城市界面。◎汇张思建筑设计事务所

图6-7-9 人民坊方案征集卓越创新奖方案效果图（部分）

6.8 推广数智技术赋能

数字化和智能化对居民日常生活的影响和活动空间的重塑已日渐突显，不仅包含公共服务设施物理空间的重构，也包括社区治理和生活方式的转变。因此，面对超大城市人口密集、流动性强和人民参与城市治理的意识和热情越来越高涨的局面，借助大数据、大模型、人工智能，VR/AR（虚拟现实/增强现实）等新兴数字技术提升城市公共服务数字化供给，契合超大城市数字化社区治理的需求，成为未来"15分钟社区生活圈"发展的趋势。

结合近年来"15分钟社区生活圈"在数字化方面的探索实践，为更好地提供智慧化、均等化的社区服务，需要灵活运用数字技术数据集成、流程标准、传递高效等功能和特点，构建未来社区数字化场景矩阵，开发适宜居民便捷生活、社区高效管理、政府精细治理的智慧化服务场景，构建社区数字生活新图景。

6.8.1 数字化提升社区服务效能

数字技术的发展已成为提升"15分钟社区生活圈"内公共服务设施的服务效能的关键驱动力。通过引入数字服务供应商，为社区内的服务设施提供一个统一的服务入口和基础平台，实现线上社区服务，打破了原有社区设施仅能提供现场服务的局限性，从而使服务不再受限于地理位置。此外，在公共服务设施建设完成后，进入运营使用阶段，可能出现设施闲置或使用率不足的问题。利用数字技术，可以实时监测各类服务设施的使用效率，避免采用问卷调研等人力、财力投入较大且数据收集不完整的评估方式，从而更快速地发现服务需求，更精准地匹配服务效能，并提供更多元化的服务体验。同时，数字技术还能实现运营信息的精准推送，让服务更加个性化和智能化。

1. 引入社区数字服务供应商提供技术支撑

以平台汇聚生态，加速社区生活圈数字化。通过构建一体化智慧服务平台，汇集社区各类服务场景，形成社区管理"一本账"和社区服务"应用超市"，实现服务要素统一调度，服务品质统一标准，服务数据统一管理，服务功能统一集成。通过平台汇聚、处理和分析数据，打通社区生活圈供应链服务协同的信息"堵点"，基于智能算法在服务供应商寻源、社区需求、服务效率、运营管理、资源调配等方面体现出倍增效果和强大优势。如浙江省杭州市临安区青山湖街道搭建"青和翼"全域智治系统（图6-8-1），打造"电子路长、青山云卫士、青小翼、邻里治"等高质高频应用，构建群防群治、共建共治新格局，助力社区基层治理实现数字化、智慧化管理，提高公共服务线上线下效能。

2. 丰富设施服务功能和延伸服务距离

以智能技术重构城乡社区生活服务链，打造"线上虚拟社区"，提供覆盖政务、工作、娱乐、公共服务和生活互助等全场景的便捷智能服务新模式，可以进一步促进社区资源的高效利用和优质整合，将社区服务从家门口延伸到屏幕前。如运用"互联网＋智慧医疗"模式，在社区内布局远程会诊室、自助云诊室等用于智慧医疗等场景的专用空间，通过智慧预检功能，分担高等级医院常规病患医治压力；借助互联网医疗、移动诊疗等信息化手段，提供远程链接专家诊断服务，实现高水平医疗服务均等化，搭建医疗线上线下一体化服务体系。

3. 实时监测评价社区服务设施运行水平

运用物联网传感器和智能感知设备，实时收集社区内公共服务设施的使用数据，全天候、多角度地记录设施的使用率、高峰时段、人群特征等运行指标，即时上传至云端数据库。借助大数据分析技术，对海量的数据进行深度挖掘和解读，结合相应指标体系综合评估各公共服务设施的实际利用率、居民满意度、供需平衡状况等，从而精准描绘出每项设施在"15分钟社区生活圈"内的运行状态和效益。如上海市虹口区凉城新村街道通过对社区内设施物联网（图6-8-2）的建设，对服务人员管理、卫生设施监测、社区养老服务、社区停车管理等设施联网，对社区进行全方位感知、全天候实施数据监测，将监测数据在"社区综合管理执法指挥平台"汇总，通过大数据计算社区内居民的生活轨迹和行为习惯，针对性的提高社区服务水平和安全保障。

4. 智能推送社区活动和设施运营信息

以数字化科技助力基层减负，让技术和数据能力普惠到基层，赋能到末梢，应用到日常。通过将社区生活圈内各项设施的位置、运营时间、预约入口和用户评价等内

图6-8-1 浙江省杭州市临安区青山湖社区应用界面 © 浙江建设

容植入数字地图中，方便居民快速查询周边设施，一键导航至设施地址。如普陀区曹杨新村街道和浦东新区陆家嘴街道依托"天地图·上海"平台上线推出数字生活圈地图（图6-8-3），通过动态查询地图，居民可点选切换"5、10、15分钟"三个圈层范围，查看在不同步行时间内能够到达的区域和服务点位，并一键查询导航路线；在静态全景地图中，居民可按照"宜居、宜业、宜游、宜学、宜养"对已建成设施进行分类检索，帮助居民轻松找到所需。后续，还可以运用大模型等数字技术，根据社区居民的设施使用习惯和使用偏好，向居民智能推送符合居民偏好的社区活动和服务信息。

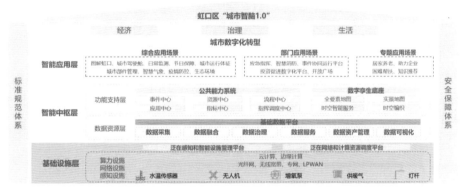

图6-8-2　虹口区"城市智脑1.0"©浪潮云

图6-8-3　普陀区曹杨新村街道"15分钟社区生活圈地图"©上海市测绘院

6.8.2 数字化创新社区治理模式

"15分钟社区生活圈"通过社区数字化平台的建设,催生全新、高效和具有包容性的社区治理新模式。通过将社区服务、公共事务、居民参与等各种功能整合,实现数据共享、业务协同和在线办理,提高治理效率,降低行政成本,使居民在社区生活圈内可以完成大部分事务处理。

1. 实时收集反馈居民意见建议

数字治理最大的优势在于通过拓宽线上参与渠道,鼓励社区居民随时随地报送信息、反映问题、议事协商,通过社区官方公众号、小程序或社区专属APP等方式,为居民提供方便、快捷的意见反馈渠道,并结合地图定位和图片视频等方式向管理部门准确反馈意见建议。从而实现居民意见的实时收集和快速反馈。如长宁区新华路街道通过开发设施方案评选功能,设置专门评选板块,在社区各类项目建设过程中向居民展示不同设计方案,请居民进行投票,选择自己喜欢的方案,提高居民参与社区建设的积极性。又如宝山区创新性建立社区数字治理平台"社区通"(图6-8-4),在居(村)民端上通过"议事厅"沟通居委与居民沟通的桥梁。"议事厅"既有"回应模式",由居民提出问题和需求,经过居民、居委、基层党组织等多方主体的协商,进行回复并确定后续

图6-8-4 宝钢二村居委会运用"宝山社区通"开展社区线上治理 ©宝山区民政局

计划;也有"打勾模式",由居委会梳理发布居民关心的议题列表,居民勾选感兴趣的议题,根据票数选出最受欢迎的议题。通过两种模式处理多元利益冲突问题,保障协商的效率与效能,还体现民主与科学的决策过程。

2. 实现社区信息共建共治共享

数字化为社会治理的动态、协同、开放提供了新基础,将不同层级、条线部门之间数据共享,改变过去条块化、分割化的治理困境。充分释放数据价值,形成动态治理模式,快速解决社区治理堵点。通过系统和数据打通,缩减社会服务流程,提高了社区治理效率。如浦东新区陆家嘴街道结合区域特色和工作实际打造数字基座,整合汇聚包含热线、应急、综治、110非警务类警情、119报警信息等24项监管数据(图6-8-5),统筹辖区内各类要素,向上实现与区级部门的高效数据对接、向下在居民区实现数据全面调用,横向与街道各部门实现全面数据共享。

6.8.3 数字化拓展社区体验场景

结合AR/VR(增强现实/虚拟现实)技术的发展,能够进一步丰富社区体验场景,提供更加沉浸式和互动式的服务体验。AR和VR技术可以模拟真实世界的环境,让居民在社区内就能享受到各种文化、娱乐和教育活动,如虚拟旅游、远程教育、在线健身等,极大地拓展了社区服务的边界和内容。

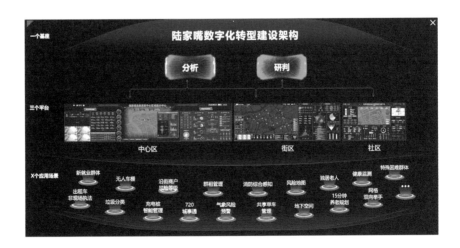

图6-8-5 陆家嘴街道数字基座构架

1. 构建线上线下虚实互动体验场景

通过VR、AR等方式，实现社区服务空间虚实融合，同时可将与社区内的消极空间、特色历史建筑相结合打造虚实结合、跨时空的空间场景。结合元宇宙等新技术提升社区文体体验，支持社区居民艺术创作、体育锻炼，为社区内儿童提供互动学习等体验空间，以数字化打造更加多元的线上线下交往环境和更具温度的社区空间。如静安区石门二路街道在居民家门口建设一站式文化数字化乐园，运用虚拟现实技术设立了交互式文化体验专区，提供数字阅读、数字培训、数字创作、数字休闲等服务，增强公共文化和综合服务互动性和趣味性，为社区居民创造更好的数字化生活。

2. 引入绿色低碳人文社区生活体验

将数字化场景与绿色低碳的生活方式相结合，引导社区居民构建个人低碳账户，在日常生活中践行低碳理念，获取低碳积分，兑换低碳产品。如浙江杭州亚运村未来社区以徽章为绿色载体，融合杭州特色的宋韵美学底蕴和数字智能的现代化科技，鼓励居民通过在"云上通"注册低碳账户，将回收包装盒、无塑购物、垃圾分类、绿色骑行、步行出行、参观无废生活馆等低碳行动通过拍照上传至个人账户。通过AR/VR和AI自动识别技术，发放碳积分，兑换低碳礼品。

目前，上海已建成全市统一的社区基础信息数据库和"社区云"平台，将居民急难愁盼的日常生活需求与城市部门管理领域对接匹配。社区管理数据集中反映在街道城运中心管理控制显示大屏上，各类数据一目了然，方便统筹管理；社区网格员通过终端接入口主动及时上报社区问题；社区居民通过统一入口，在社区云上与居委零距离沟通交流，进行线上社情民意表达和参与社区治理。

结　语

2014年首次提出并持续推进的上海"15分钟社区生活圈"，是在"人民城市"重要理念引领下，契合时代发展要求、承载美好生活向往的一项意义深远的社会营造行动。历经多年坚定不移地创新探索与实践，上海聚焦社区规划建设，已经率先形成一套较为成熟的理念目标、行动方法和工作机制。

理念目标上，着眼于人民对美好生活的向往，建设人民城市最佳实践地。突出"五宜多策"，以"宜居、宜业、宜游、宜学、宜养"为导向，补齐服务短板，提升空间品质，塑造魅力特色，打造全龄友好、"十全十美"的"15分钟社区生活圈"。

行动方法上，着眼于高质量发展、高品质生活，实现社区"圈圈出彩、生活焕彩"。突出设计赋能，尤其是打造"1+N"标志空间，在市民最方便的地方设置"人民坊"，整合多样服务要素，强化功能复合集成；在风景最优美的地方嵌入"六艺亭"，见缝插针、巧用空间、点亮环境，为市民提供交往活动、应急庇护的生活场所。

工作机制上，着眼于实现全过程人民民主，积极探索开放贯通的"四个人人"城市治理共同体。突出"一图三会"，以一张"社区蓝图"统筹社区规划建设，明确社区发展目标、落实空间发展架构、合理安排项目建设。以"三会"制度推动社区治理创新，依托事前征询、事中协调、事后评议等方式充分听取民意民智，构筑共建共治共享新格局。

同时，基于上海阶段性工作成果的总结凝练，关于"15分钟社区生活圈"的探讨与实践一直在进行，不断寻求理念认识与行动范式的迭代演进。

其中，立足当前城市发展包容多元、低碳韧性、数智互联等新趋势、新阶段，建设更加公平、便捷、健康、智慧且可持续的理想社区，促进人与社会、自然之间的协调发展，是历史与现实的双重选择，也承载着推动城市治理模式优化升级的时代新命题，这些都对上海"15分钟社区生活圈"的建设与发展提出了更高的标准与要求。

此外，面向未来更精彩的理想社区生活场景，上海"15分钟社区生活圈"需要紧紧围绕人的需求，继续从服务、空间、治理的三个支柱出发，守正创新，进一步强化时空统筹、精准配置、精细设计，全面提升社区的包容度与可适应性。回溯过往，要尊重在地的时间共识与个体感知，彰显社区不同历史时期的人文记忆与场所精神；回应当下，有待培育更广泛、深入的社区参与，激发社区更蓬勃的在地共治与内生活力；展望未来，须探索数智赋能社区发展的更多新领域，加强虚实空间与服务交互，延伸元宇宙社区服务场景，促进社区多元化服务的精准决策和高效配置。

汇聚星火力量，共建美好社区。让我们共同期待上海"15分钟社区生活圈"更加精彩的未来，为探索中国特色超大城市治理现代化的新路贡献更多"上海方案"。

参考文献

包哲韬, 周林, 2021. 城市公共空间的复兴——巴塞罗那超级街区计划的经验和启示 [J]. 建筑与文化 (3):94-96.

北京清华同衡规划设计研究院 (国际城市发展与治理研究所), 2020-01-03. 重点地区规划系列十一: 瑞典哈马碧生态城规划理念解读 [EB/OL]. [2024-06-07]. https://mp.weixin.qq.com/s/SuGVhYM1rbl7iB37b2jgCQ.

卞硕尉, 奚文沁, 2018. 城市15分钟社区生活圈的规划探索——以上海市、济南市的实践为例 [J]. 城市建筑 (36):27-30.

柴彦威, 李彦熙, 李春江, 2022. 时空间行为规划: 核心问题与规划手段 [J]. 城市规划 (12):12-15.

柴彦威, 张雪, 孙道胜, 2015. 基于时空间行为的城市生活圈规划研究——以北京市为例 [J]. 城市规划学刊 (3):61-69.

柴彦威, 张雪, 孙道胜, 2016. 社区生活圈的界定与测度: 以北京清河地区为例 [J]. 城市发展研究 (9):1-9.

陈成, 王明颖, 2022. 艺术, 使社区容纳更多的自由、梦想和创造 [J]. 上海艺术评论 (4):70-72.

陈洪涛, 王名, 2009. 社会组织在建设城市社区服务体系中的作用——基于居民参与型社区社会组织的视角 [J]. 行政论坛, 16(1):67-70.

陈鹏, 2013. "社区" 概念的本土化历程 [J]. 城市观察 (6):163-169.

陈锐, 钱慧, 王红扬, 2016. 治理结构视角的艺术介入型乡村复兴机制——基于日本濑户内海艺术祭的实证观察 [J]. 规划师, 32(08):35-39.

陈小兰, 千庆兰, 谭有为, 2022. 创新街区非正式交流空间质量评价 [J]. 城市观察 (6):94-111, 162-163.

陈泳, 王全燕, 奚文沁, 等, 2017. 街区空间形态对居民步行通行的影响分析 [J]. 规划师, 33(2):74-80.

陈钰杰, 姚圣, 2023. 日本生活圈发展述评与经验教训 [C]// 中国城市规划学会. 人民城市, 规划赋能——2023中国城市规划年会论文集 (11城乡治理与政策研究). 北京: 中国建筑工业出版社:13.

程蓉, 2018a. 以提品质促实施为导向的上海15分钟社区生活圈的规划和实践 [J]. 上海城市规划

(2):84-88.

程蓉, 2018b. 15分钟社区生活圈的空间治理对策 [J]. 规划师, 34(5):115-121.

城市规划学刊编辑部, 2020. 概念·方法·实践: "15分钟社区生活圈规划" 的核心要义辨析学术笔谈 [J]. 城市规划学刊 (1):1-8.

崔嘉慧, 2019. 巴塞罗那超级街区对中国街区制的经验启示 [C]// 中国城市规划学会. 活力城乡, 美好人居——2019中国城市规划年会论文集, 北京: 中国建筑工业出版社.

崔鹏, 李德智, 陈红霞, 等, 2018. 社区韧性研究述评与展望: 概念、维度和评价 [J]. 现代城市研究 (11):119-125.

戴明, 程蓉, 李萌, 等, 2022. 城市更新背景下 "15分钟社区生活圈" 的上海探索 [J]. 中国土地 (9):14-17.

邓智团, 2018. 第三空间激活城市创新街区活力——美国剑桥肯戴尔广场经验 [J]. 北京规划建设 (1):178-181.

范霄鹏, 张晨, 2018. 浅议生态社区营造策略——以台湾桃米村为例 [J]. 小城镇建设 (6):69-75.

方丹青, 陈可石, 陈楠, 2017. 以文化大事件为触媒的城市再生模式初探——"欧洲文化之都" 的实践和启示 [J]. 国际城市规划, 32(2):101-107, 120.

房亚明, 王子璇, 2023. 从应急到预防: 面向城市韧性治理的社区规划策略 [J]. 中共福建省委党校 (福建行政学院) 学报 (2):91-100.

斐迪南·滕尼斯, 2020. 共同体与社会 [M]. 张巍卓译, 北京: 商务印书馆.

费孝通, 1996. 学术自述与反思 [M]. 上海: 三联书店.

冯连姬, 2021. 基于生活圈的城市社区公共服务设施布局优化分析 [J]. 住宅与房地产 (30):15-16.

付毓, 田菲, 2023. 需求导向下上海乡村社区生活圈规划导则编制思路 [C]// 中国城市规划学会. 人民城市, 规划赋能——2022中国城市规划年会论文集 (16乡村规划). 北京: 中国建筑工业出版社:12.

高银霞, 王金亮, 何茂恒, 2010. 低碳社区建设浅谈 [J]. 环境与可持续发展, 35(3):40-43.

郭林, 2013. 香港养老服务的发展经验及其启示

[J]. 探索 (1):150-154.

国家卫生和计划生育委员会, 2013. 社区卫生服务中心站建设标准（建标163-2013）[S]. 北京：中国计划出版社.

国家卫生健康委, 2019-10-08. 托育机构设置标准（试行）[EB/OL].[2024-08-05]. https://www.gov.cn/gongbao/content/2020/content_5477327.htm.

过甦茜, 2017. 面向问题和需求的上海社区规划编制方法和实施机制探索 [J]. 上海城市规划 (2):39-45.

和泉润, 王郁, 2004. 日本区域开发政策的变迁 [J]. 国外城市规划 (3):5-13.

何瑛, 2018. 上海城市更新背景下的15分钟社区生活圈行动路径探索 [J]. 上海城市规划 (4):97-103.

郝海燕, 2014. 美国的社区治理 [J]. 中国民政 (6):27-29.

郝钰, 贺旭生, 刘宁京, 等, 2021. 城市公园体系建设与实践的国际经验——以伦敦、东京、多伦多为例 [J]. 中国园林, 37(S1):34-39.

胡安华, 2023-08-07. "居室＋服务"适老更享老 [N]. 中国城市报 (17).

黄厚渝, 2020. 微更新背景下泉州市金鱼巷使用后评价（POE）研究 [D]. 华侨大学.

黄明华, 吕仁玮, 王奕松, 等, 2020. "生活圈"之辩——基于"以人为本"理念的生活圈设施配置探讨 [J]. 规划师, 36(22):79-85.

黄怡, 2021. 社区规划 [M]. 北京：中国建筑工业出版社:368.

黄怡, 2022. 社区与社区规划的空间维度 [J]. 上海城市规划 (2):1-7.

江嘉玮, 2017. "邻里单位"概念的演化与新城市主义 [J]. 新建筑 (4):17-23.

江曼琦, 田伟腾, 2022. 中国大都市15分钟社区生活圈功能配置特征、趋势与发展策略研究——以京津沪为例 [J]. 河北学刊, 42(2):140-150.

姜晟, 刘刊, 2020. 城市更新背景下图解社区十五分钟生活圈现状研究——以上海36个存量更新社区为例 [C]//2020中国建筑学会学术年会论文集. 北京：中国建筑工业出版社:344-350.

鞠鹏艳, 2011. 创新规划设计手段引导北京低碳生态城市建设——以北京长辛店低碳社区规划为例 [J]. 北京规划建设 (2):55-58.

卡洛斯莫雷诺, 2024. 将时间维度融入城市规划的呼吁 [J]. 罗雪瑶译. 国际城市规划, 39(3):1-2.

雷国雄, 吴传清, 2004. 韩国的国土规划模式探析 [J]. 经济前言 (9):37-40.

李大伟, 原雨舟, 2022. 公共艺术赋能乡村振兴的海外经验——以日本越后妻有大地艺术节为例 [J]. 创新, 16(5):30-38.

李萌, 2017. 基于居民行为需求特征的"15分钟社区生活圈"规划对策研究 [J]. 城市规划学刊 (1):111-118.

李翔宁, 姚伟伟, 2023. 艺术点亮城市——艺术事件赋能城市更新的实践与思考 [J]. 上海艺术评论 (6):31-33.

李颖, 李战军, 2011. 日本公共就业服务体系及特点的借鉴研究 [J]. 吉林省教育学院学报, 27(4):52-53.

李志敏, 汪长玉, 2016. 台湾生活文创型社区的发展历程及开发经验 [J]. 经营与管理 (8):23-27.

李志敏, 王衍宇, 2015. 台湾生活文创型社区营造经验及启示 [J]. 福州大学学报（哲学社会科学版）, 29(02):25-33.

李梓怡, 刘丽伟, 2023. 贯彻公平普惠理念，赋能家庭助力托育——芬兰0～3岁婴幼儿照护服务的主要做法及启示 [J]. 早期儿童发展 (1):38-48.

李紫玥, 唐子来, 欧梦琪, 2022. 墨尔本"20分钟邻里"规划策略及实施保障 [J]. 国际城市规划, 37(2):7-17.

联合国环境规划署（UNEP）, 2022. 2022年排放差距报告：正在关闭的窗口期——气候危机急需社会快速转型 [R].

廖远涛, 胡嘉佩, 周岱霖, 等, 2018. 社区生活圈的规划实施途径研究 [J]. 规划师, 34(7):94-99.

林林, 阮仪三, 2006. 苏州古城平江历史街区保护规划与实践 [J]. 城市规划学刊 (3):45-51.

刘爱君, 郑培国, 2022. 农文旅融合背景下田园综合体典型案例研究——以日本Mokumoku农场为例 [J]. 山西农经 (22):9-12＋16.

刘佳燕, 李宜静, 2021. 社区综合体规建管一体化优化策略研究：基于社区生活圈和整体治理视角 [J]. 风景园林, 28 (4):15-20.

刘佳燕, 谈小燕, 程情仪, 2017. 转型背景下参与式社区规划的实践和思考——以北京市清河街道Y社区为例 [J]. 上海城市规划 (2):23-28.

刘健, 张译心, 2023. 15分钟城市：巴黎建设绿色便民城市的实践 [J]. 北京规划建设 (4):24-29.

刘泉, 钱征寒, 黄丁芳, 等, 2020. 15分钟生活圈的空间模式演化特征与趋势 [J]. 城市规划学刊 (6):94-101.

刘赛, 刘梦寒, 沈瑶, 等, 2023. 老旧社区中儿童空间意象特征研究——以丰泉古井社区行动研究为例 [J]. 现代城市研究 (3):45-51.

刘希宇, 赵亮, 2019. 北京市回龙观科创社区发展机制研究——以腾讯众创空间为例 [J]. 规划师, 35(4):57-61.

刘悦来, 2018. 高密度中心城区社区花园实践探索——上海市杨浦区创智农园和百草园 [J]. 城市建筑 (25):94-97.

刘悦来, 尹科娈, 魏闽, 等, 2017. 高密度中心城区社区花园实践探索——以上海创智农园和百草园为例 [J]. 风景园林 (9):16-22.

马文军, 李亮, 顾娟, 等, 2020. 上海市 15 分钟生活圈基础保障类公共服务设施空间布局及可达性研究 [J]. 规划师, 36(20):11-19.

OMA & East China Architectural Design Research Institute Co. 上生·新所城市更新 [J]. 建筑实践, 2021(06):142-163.

帕克 R E, 伯吉斯 E N, 麦肯齐 R D, 1987. 城市社会学: 芝加哥学派城市研究文集 [M]. 宋俊岭等 译, 北京: 华夏出版社:110.

彭菲, 2021. 当公共艺术介入 15 分钟社区生活圈: 以第四届上海城市空间艺术季为例 [J]. 公共艺术 (6): 6-17.

钱征寒, 刘泉, 黄丁芳, 2022. 15 分钟生活圈的三个尺度和规划趋势 [J]. 国际城市规划, 37(5):63-70.

秦梦迪, 2024. 产权视角下的城市社区更新治理机制研究 [D]. 导师: 童明, 肖扬. 同济大学博士学位论文:6.

清华大学战略与安全研究中心, 2023. "智慧国家"愿景及优势整合路径: 新加坡人工智能发展战略 [J]. 人工智能与国际安全研究动态 (4).

日本国土交通省, 2021. 地域生活圏について [EB/OL].[2022-11-26]. https://www.mlit.go.jp/policy/shingikai/content/001389683.pdf.

日本文部科学省, 2020. 避难所となる学校施設の防災機能に関する事例集 [Z].https://www.mext.go.jp/a_menu/shisetu/shuppan/mext_00484.html.

上海市城市规划设计研究院, 2023-01-10. 上海城市发展战略规划研究报告 2022[R/OL].[2024-08-05]. https://ghzyj.sh.gov.cn/gzdt/20230111/bde13a754c634dc195f9bcdebc965640.html.

上海市规划和国土资源管理局, 上海市规划编审中心, 上海市城市规划设计研究院, 2017. 上海 15 分钟社区生活圈规划研究与实践 [M]. 上海: 上海人民出版社:155.

邵源, 李贵才, 宋家骅, 等, 2010. 大珠三角构建优质生活圈的"优质交通系统"发展策略 [J]. 城市规划学刊 (4):22-27.

深圳市规划和自然资源局, 深圳市教育局, 2023-06-02. 深圳市基础教育布局专项规划（2022—2035）[EB/OL].https://www.sz.gov.cn/

cn/xxgk/zfxxgj/ghjh/csgh/zxgh/content/post_10627537.html.

司维, 2023-05-12. 巴黎: "社区生命力计划"的介入式"治疗"[EB/OL]. 上海城市空间艺术季. [2024-05-05]. https://mp.weixin.qq.com/s?__biz=MzAwMDU1ODY4MA==&mid=2650395160&idx=1&sn=774b5039dce6f750629a928a0e37136a.

宋维尔, 方虹旻, 杨淑丽, 2020. 基于"139"理念的浙江未来社区建设模式研究 [J]. 建筑科学与工程 (23):16-21.

睢党臣, 曹献雨, 2018. 芬兰精准化养老服务体系建设的经验及启示 [J]. 经济纵横, (6):116-123.

孙道胜, 柴彦威, 2018. 日本的生活圈研究回顾与启示 [J]. 城市建筑 (36):13-16.

孙道胜, 柴彦威, 2020. 城市社区生活圈规划研究 [M]. 南京: 东南大学出版社.

孙德芳, 沈山, 武廷海, 2012. 生活圈理论视角下的县域公共服务设施配置研究——以江苏省邳州市为例 [J]. 规划师, 28(8):68-72.

孙青, 2022. 中国居民住房状况的新变化 [J]. 人口研究, 46(5):117-128.

孙文凯, 2020. 家庭户数变化与中国居民住房需求 [J]. 社会科学辑刊 (6):160-166.

王超, 张帆, 柴兆晴, 等, 2022. 基于全社会视角的通勤成本体系构建与测度 [J]. 城市发展研究, 29(3):98-107.

王春晓, 2000. 住区外部人性化空间环境的设计策略 [J]. 住宅科技 (2):10-14.

王华文, 杨鹍, 邹屹恒, 等, 2023. 成都市 TOD "137"圈层规划模式及"All in One"理念研究与实践 [J]. 科技导报, 41(24):74-81.

王峤, 臧鑫宇, 2018. 城市街区制的起源、特征与规划适应性策略研究 [J]. 城市规划, 42(9):131-138.

王烨, 沈娉, 张嘉颖, 2022. 新加坡适老化住宅建设特征与经验 [J]. 建设科技 (21):57.

王永健, 2021. 日本艺术介入社区营造的现实逻辑与经验——以濑户内、越后妻有、黄金町艺术祭为例 [J]. 粤海风 (3):53-62.

翁奕城, 2006. 国外生态社区的发展趋势及对我国的启示 [J]. 建筑学报 (4):32-35.

吴秋晴, 2015. 生活圈构建视角下特大城市社区动态规划探索 [J]. 上海城市规划 (4):13-19.

吴秋晴, 2019. 上海近期社区规划师制度的实践困境与对策浅议 [J]. 上海城市规划 (s1):48-52.

吴秋晴, 2023. 面向实施的系统治理行动: 上海 15 分钟社区生活圈实践探索 [J]. 北京规划建设 (4):30-38.

吴文，2010. 现代社区实地研究的意义和功用 [M]//论社会学中国化. 北京:商务印书馆.

吴志强，2008. 重大事件对城市规划学科发展的意义及启示 [J]. 城市规划学刊(6):16-19.

吴志强，王凯，陈韦，等，2020. "社区空间精细化治理的创新思考"学术笔谈 [J]. 城市规划学刊(3):1-14.

奚东帆，吴秋晴，张敏清，等，2017. 面向2040年的上海社区生活圈规划与建设路径探索 [J]. 上海城市规划(4):65-69.

奚文沁，2017. 社会创新治理视角下的上海中心城社区规划发展研究 [J]. 上海城市规划(2):8-16.

奚文沁，2024. 在系统谋划与精细设计中点亮社区生活——上海社区生活圈规划实践探索 [J]. 人类居住(1):20-23.

向德平，华汛子，2019. 中国社区建设的历程、演进与展望 [J]. 中共中央党校（国家行政学院）学报(6):106-113.

香港旅游发展局，2024-06-07. 茂萝街7号 [EB/OL]. https://www.discoverhongkong.cn/china/interactive-map/7-mallory-street.html.

香港市区重建局，2024-06-07. M7茂萝街7号 [EB/OL]. https://mallory.ura-vb.org.hk/.

佚名，2022-01-14.瑞典哈马碧生态城的新生：从工业区到全球零碳城市典范 [N/OL]. 世界城市日，[2024-06-07]. https://mp.weixin.qq.com/s/T55UXrLs8HyKCbS5PSTywg.

肖作鹏，柴彦威，张艳，2014. 国内外生活圈规划研究与规划实践进展述评 [J]. 规划师，30(10):89-95.

许克松，罗亮，李泓桥，2024. "一直在路上"：城市青年极端通勤的困局与破局之策 [J]. 中国青年研究(1):54-61.

徐晓燕，叶鹏，2010. 城市社区设施的自足性与区位性关系研究 [J]. 城市问题(3):62-66.

徐毅松，2018. 迈向卓越全球城市的世界级滨水区建设探索 [J]. 上海城市规划(6):1-6.

徐毅松，DONG Wanting，2020. 空间赋能，艺术兴城——以空间艺术季推动人民城市建设的上海城市更新实践 [J]. 建筑实践(S1):22-27.

严帅帅，2023-05-24. 城市纵览——南海大地艺术节：以艺术的方式打开南海 [EB/OL]. 规划上海 SUPDRI. [2024-06-07]. https://mp.weixin.qq.com/s/zMRxSLLGvjVQLi7-LqShXA.

杨保军，赵群毅，2012. 城乡经济社会发展一体化规划的探索与思考——以海南实践为例 [J].城市规划(3):38-44.

杨辰，唐敏，2023. "15分钟城市"：后疫情时代法国城市更新的探索与启示 [J]. 北京规划建设

杨辰，辛蕾，欧阳宏，等，2024. 基于主客观评价的社区生活圈公共服务设施优化策略研究——以南宁市中心城区为例 [J]. 上海城市规划(1):9-16.

杨辰，张宁馨，2022. 邻里单位—居住小区—社区生活圈：从上海曹杨新村看当代中国住区规划理论的演变 [J]. 时代建筑(2):30-37.

杨晰峰，2019. 上海推进15分钟生活圈规划建设的实践探索 [J]. 上海城市规划(4):124-129.

杨晰峰，2020. 城市社区中15分钟社区生活圈的规划实施方法和策略研究——以上海长宁区新华路街道为例 [J]. 上海城市规划(3):63-68.

尹峻，王林，傅梦颖，2024. 生活圈视角下的社区生活便利度评价研究 [J]. 城市勘测(1):31-35.

喻歆植，2017. 英国邻里规划实践对我国社区治理的启示 [J]. 开放导报(12):20-24.

于一凡，2019. 从传统居住区规划到社区生活圈规划 [J]. 城市规划(5):17-22.

原珂，2023. 城市社区蓝皮书：中国城市社区建设与发展报告（2022）[R]. 北京：中国社会科学文化出版社.

恽爽，康凯，田昕丽，2023. 从政策角度解读一刻钟便民生活圈建设：国内多地政策对比研究 [J]. 北京规划建设(4):15-20.

张帆，张敏清，过甦茜，2020. 上海社区应对重大公共卫生风险的规划思考 [J]. 上海城市规划(2):1-7.

张磊，2019. 都市圈空间结构演变的制度逻辑与启示：以东京都市圈为例 [J]. 城市规划学刊(1):74-81.

张敏，张宜轩，2017. 包容共享的公共服务设施规划研究——以纽约、伦敦和东京为例 [C]//中国城市规划学会. 持续发展，理性规划——2017中国城市规划年会论文集（11城市总体规划）. 北京：中国建筑工业出版社:10.

张苏卉，谭然，2024. 微更新视域下社区公共艺术的生态性研究 [J]. 上海文化(4):89-101.

张艳，郑岭，高捷，2011. 城市防震避难空间规划探讨——以西昌市为例 [J]. 规划师，27(8):19-25.

章明，陈波，鞠曦，2023. 确定性与非确定性的共生——空间生产视角下的上海杨浦滨江公共空间再生 [J]. 风景园林，30(6):20-26.

章征涛，宋彦等，2018. 从新城市主义到形态控制准则——美国城市地块形态控制理念与工具发展及启示 [J]. 国际城市规划，33(4):42-48.

赵宝静，奚文沁，吴秋晴，等，2020. 塑造韧性社区共同体：生活圈的规划思考与策略 [J]. 上海城市规划(2):14-19.

赵聚军, 2014. 保障房空间布局失衡与中国大城市居住隔离现象的萌发 [J]. 中国行政管理 (7):60.

赵彦云, 张波, 周芳, 2018. 基于POI的北京市"15分钟社区生活圈"空间测度研究 [J]. 调研世界 (5):17-24.

浙江省人民政府办公厅, 2023. 关于全域推进未来社区建设的指导意见（浙政办发〔2023〕4号）[GB/OL]. https://www.zj.gov.cn/art/2023/1/19/art_1229697772_2457781.html.

郑思齐, 张英杰, 2010. 保障性住房的空间选址：理论基础、国际经验与中国现实 [J]. 现代城市研究, 25(9):18-22.

中华人民共和国财政部, 中华人民共和国农业农村部, 等, 2023-07-06. 关于有力有序有效推广浙江"千万工程"经验的指导意见 [EB/OL]. [2024-08-05]. https://www.gov.cn/lianbo/bumen/202307/content_6890255.htm.

中华人民共和国商务部, 中华人民共和国发展改革委, 中华人民共和国民政部, 等, 2021-05-31. 商务部等12部门关于推进城市一刻钟便民生活圈建设的意见 [EB/OL]. [2024-08-05]. http://m.mofcom.gov.cn/article/ghjh/202105/20210503066255.shtml.

中华人民共和国自然资源部, 2021. 社区生活圈规划技术指南（TD/T 1062—2021）[S/OL]. https://www.guoturen.com/wenku-120.

周俭, 周海波, 张子婴, 等, 2023. 社区更新的规划与实践——上海曹杨新村 [M]. 北京:中国建筑工业出版社.

朱孟华, 刘刚, 马东辉, 等, 2023. 纽约市韧性社区防洪规划的经验与启示 [C]// 中国城市规划学会. 人民城市, 规划赋能——2022中国城市规划年会论文集（01城市安全与防灾规划）. 中国建筑工业出版社:12.

朱一荣, 2009. 韩国住区规划的发展及其启示 [J]. 国际城市规划, 24(5):106-110.

住房和城乡建设部城市交通基础设施监测与治理实验室, 中国城市规划设计研究院, 百度地图, 2022-07. 2022年度中国主要城市通勤监测报告 [R].[2024-08-05]. https://huiyan.baidu.com/cms/report/2022tongqin/2022年度中国主要城市通勤监测报告.pdf.

Anon, 2022-12-14Making New York Work for Everyone [EB/OL].[2024-04-12]. https://edc.nyc/sites/default/files/2022-12/New-NY-Action-Plan Making_New_York_Work_for_Everyone.pdf.

Kim M, 2013. Spatial Qualities of Innovation Districts: How Third Places are Changing the Innovation Ecosystem of Kendall Square[D]. Massachusetts Institute of Technology.

McKinsey Global Institute, 2023. Empty Spaces and Hybrid Places: The Pandemic's Lasting Impact on Real Estate [R].

New York Open Data. Open Date For all New Yorkers [EB/OL].[2024-06-07]. https://opendata.cityofnewyork.us/.

Singapore Ministry of Digital Development and Information (MDDI). Smart Nation [EB/OL]. [2024-06-07]. https://www. smartnation.gov. sg/.

图书在版编目(CIP)数据

践行"人民城市"理念,推进上海"15分钟社区生活
圈"探索与实践. 理念篇 / 上海市规划和自然资源局,
上海市规划编审中心, 上海市城市规划设计研究院编著.
上海:上海文化出版社, 2024. 8. -- (人民城市营造系
列丛书). -- ISBN 978-7-5535-3047-5

Ⅰ. TU982.251

中国国家版本馆 CIP 数据核字第2024PE6405 号

出　版　人:姜逸青
责任编辑:江　岱　王宇海
装帧设计:atelierAnchor 锚坞　刘育黎

书　　　名:践行"人民城市"理念,
　　　　　　推进上海"15分钟社区生活圈"探索与实践
　　　　　　——理念篇
作　　　者:上海市规划和自然资源局
　　　　　　上海市规划编审中心
　　　　　　上海市城市规划设计研究院　编著
出　　　版:上海世纪出版集团　上海文化出版社
地　　　址:上海市闵行区号景路 159 弄 A 座 3 楼　201101
发　　　行:上海文艺出版社发行中心
地　　　址:上海市闵行区号景路 159 弄 A 座 2 楼　201101
印　　　刷:上海雅昌艺术印刷有限公司
开　　　本:787mm×1092mm　1/16
印　　　张:16.5
版　　　次:2024 年 8 月第 1 版　2024 年 8 月第 1 次印刷
书　　　号:ISBN 978-7-5535-3047-5/TU.039
定　　　价:138.00 元
告　读　者:如发现本书有质量问题请与印刷厂质量科联系。
　　　　　　联系电话:021-68798999